世界葡萄酒地理

WORLD WINE
GEOGRAPHY

李政◎编著

广东旅游出版社
GUANGDONG TRAVEL & TOURISM PRESS
悦读书·悦旅行·悦享人生
中国·广州

图书在版编目（CIP）数据

世界葡萄酒地理 / 李政编著. — 广州：广东旅游出版社，2024.4
ISBN 978-7-5570-3271-5

Ⅰ.①世… Ⅱ.①李… Ⅲ.①葡萄酒—介绍—世界 Ⅳ.①TS262.6

中国版本图书馆CIP数据核字(2024)第056488号

世界葡萄酒地理
SHIJIE PUTAOJIU DILI

出 版 人：刘志松

特约编辑：燕　婉

责任编辑：王湘庭

装帧设计：广州瑞文文化传播有限公司

责任校对：李瑞苑

责任技编：冼志良

出版发行：广东旅游出版社

地　　址：广州市荔湾区沙面北街71号首层、二层

印　　刷：广州清粤彩印有限公司

印厂地址：广州市天河区柯木塱南路5号

开　　本：889mm×1194mm　1/16

印　　张：14.75

字　　数：220千字

版　　次：2024年4月第1版

印　　次：2024年4月第1次印刷

定　　价：233.00元

写 在 前 面

　　本书汇总了全球 40 多个截至 2021 年依然有规模化出产葡萄酒的国家，是以各个产酒国的主要产酒地区、产区、子产区、小产区的地质状况、地貌特点、气候特征、风土要素、植被生态等地理知识为主线，再辅以各国、各地葡萄园的源由、酒庄的建成史、葡萄酒的酿造工艺生产流程、葡萄酒产业的法律法规与分类评级制度、葡萄酒行业的经营概况、葡萄酒界的典故传说、葡萄酒界的大事记、著名酒企的成长历程、著名酒款的品牌故事、经典酒款的标志性辨识特征等内容，综合汇叙了全球酿酒葡萄种植与葡萄酒酿造的古今产业状况，是一本引领广大葡萄酒行业从业人士、葡萄酒爱好者迅速融入葡萄酒圈的工具书。

目录
contents

阿尔及利亚
Algeria

阿尔及利亚的葡萄栽培历史可以追溯到公元前 2 世纪罗马帝国对阿尔及利亚的统治时期，一直持续到穆斯林征服北非的 7—8 世纪。由于伊斯兰教义禁止饮酒，在穆斯林统治期间，阿尔及利亚的葡萄酒业遭到了沉重打击。

自 1830 年，阿尔及利亚被法国统治，又渐渐恢复了葡萄种植和葡萄酒酿造。在 19 世纪中，阿尔及利亚出口了大量葡萄酒到法国，填补了法国因葡萄根瘤蚜疫情造成的酒业市场空白。此后，更是引用来自德国巴登地区的现代酿酒技术，大大提高了阿尔及利亚的整体葡萄酿酒水平。

阿尔及利亚葡萄酒业在 20 世纪 30 年代末达到鼎盛，葡萄园面积曾达 40 万公顷，葡萄酒产量超 21 亿升，葡萄品种主要是佳丽酿。在 1950 年前，阿尔及利亚的葡萄酒约有 2/3 供应出口。1962 年，阿尔及利亚独立，随着法国侨民、军队等主要消费者的撤出，本地消费市场迅速萎缩。法国还大大减少了从阿尔及利亚进口葡萄酒的数量，这迫使阿尔及利亚的葡萄酒厂重新开辟国际市场。1969 年，前苏联以远远低于市场的价格每年从阿尔及利亚进口 5 亿升葡萄酒。

阿尔及利亚政府在 1975 年后开始在经济上不再过度依赖酒精产业，因此鼓励葡萄园业主转种其他农作物，加之城市建设扩张也进一步减少了葡萄园的数量，葡萄酒产量持续下降。目前阿尔及利亚全年的葡萄酒产量仅有约 7000 万升，在国际市场上的占有率已非常小。

阿尔及利亚位于非洲西北部，北邻地中海，东邻突尼斯、利比亚，南与尼日尔、马里、毛里塔尼亚接壤，西与摩洛哥、西撒哈拉交界，是一个北非国家。阿尔及利亚属于典型的地中海气候，冬季温和，夏季干燥炎热。东部地区的年均降雨量约 600 毫米，西部靠近摩洛哥地区的年均降雨量为 400 毫米。

阿尔及利亚土壤肥沃多沙，出产的葡萄果实有独特的风格，产区从浩特斯高原（Houts Plateaux）一直延伸至摩洛哥边界。

阿尔及利亚的葡萄酒年产量约 25 万吨（大部分为干酒），红葡萄酒占 90%，桃红葡萄酒占 8%，白葡萄酒占 2%。出产的葡萄酒普遍带有成熟的水果风味，酒精度较高，酸度较低。在酿制过程中，葡萄通常只进行短暂的发酵便直接装瓶，很少经过橡木桶熟成。

★ **主要种植的白葡萄品种：** 克莱雷、白玉霞、霞多丽
★ **主要种植的红葡萄品种：** 紫北塞、佳丽酿、神索、赤霞珠、梅洛、西拉
★ **主要葡萄产区：** 特莱姆森（Coteaux de tlemen）、泰萨拉山（Monts du Tessalah）、达哈拉山（Dahra hills）、扎卡山（Coteaux du Zaccar）、科托德马斯卡拉（Coteaux de Mascara）、美狄亚（Medea）、艾因·贝塞姆·布里亚（Ain Bessem Bouria）

美国
American

美国是排在法国、意大利、西班牙之后的世界第四大葡萄酒生产国，境内的 50 个州都有葡萄种植和生产区域，其中加利福尼亚州的葡萄酒产量占全国总产量的 80% 以上，美国被国际葡萄酒业界归为新世界产酒国。

300 多年前，那些来美洲大陆探险的欧洲殖民者开创了美国的葡萄种植和酿酒史，他们在北美地区发现了许多葡萄树，并将这些原生态的葡萄园区称为"文兰"（Vinland）。之后，他们在现新墨西哥州的圣安东尼奥镇附近开始试种欧洲葡萄品种。

1933 年，美国政府废除"禁酒令"之后，美国近代葡萄酒业开始发展起来。美国酒商从欧洲引进了大量优质葡萄品种和法国的酿酒技术，并在加州投资了不少大型的葡萄园和酿酒厂。

1978 年，当时的美国酒类、烟草、武器管理局规定，要根据气候、地理条件来设立法定葡萄种植区和产酒区。由此，产生了"美国葡萄酒产地制度"（American Viticultural Areas，简称 AVA）。1980 年 6 月，奥古斯塔（Augusta AVA）成立，这是根据 AVA 制度来设立的第一个葡萄种植区。美国现有 187 个法定葡萄种植区和产酒区。

★**主要葡萄产地：**加利福尼亚州（California）、俄勒冈州（Oregon）、华盛顿州（Washington）、密苏里州（Missouri）、纽约州（New York）、新泽西州（New Jersey）、爱达荷州（Idaho）、肯塔基州（Kentucky）、马萨诸塞州（Massachusetts）、密歇根州（Michigan）、爱荷华州（Iowa）、科罗拉多州（Colorado）、亚利桑那州（Arizona）、马里兰州（Maryland）、新墨西哥州（New Mexico）

—— 加利福尼亚州 ——

加利福尼亚州，简称"加州"，它北接俄勒冈州，东连内华达州、亚利桑那州，南邻墨西哥，西临太平洋。加州涵盖了美国西海岸约 2/3 的面积，跨越 10 个纬度，土壤和气候变化很大，有地中海和大陆性两种气候。全州葡萄园存在很大差异，靠近海岸的凉爽地区更适合喜欢气候凉爽的葡萄品种，如黑皮诺和霞多丽；靠近内陆则因为气候炎热而多种植赤霞珠、仙粉黛。

该地区葡萄种植面积超 17 万公顷，主要在门多西诺县与里弗赛德县南端之间约 1100 公里的范围内，划分有 107 个 AVA 法定产区。

加州出产的葡萄酒风格简朴，果味明显，酒精度偏高。霞多丽白葡萄酒用苹果乳酸发酵，经橡木桶熟成，带有黄油味，酒体丰满；长相思白葡萄酒具有活泼的酸味，充满鲜花气息。夏桐酒庄（Chandon）、卡内罗斯酒庄（domainecarneros）、路易王妃酒庄（Roederer Estate）和玛姆纳帕酒庄（Mumm Napa）等许多法国香槟酒庄也在加州建有酿酒厂。

★**主要种植的白葡萄品种：** 霞多丽、长相思

★**主要种植的红葡萄品种：** 赤霞珠、梅洛、黑皮诺、西拉、仙粉黛

★**主要葡萄产区：** 索诺玛县（Sonoma County）、圣巴巴拉县（Santa Barbara County）、纳帕谷（Napa Valley）、塞拉丘陵（Sierra Foothills）、蒙特利县（Monterey County）、中央山谷（Central Valley）、圣地亚哥（San Diego）、帕索罗布尔斯（Paso Robles）、门多西诺县（Mendocino County）、莱克县（Lake County）、马林县（Marin County）、圣路易斯奥比斯波（San Luis Obispo）

·索诺玛县·

该产区在加州的北部，离旧金山的金门大桥约30公里，靠近圣帕布鲁湾，濒临太平洋，是加州葡萄酒产业的摇篮。产区座落有190个酒庄，是美国葡萄酒业重要的生产区域。当地的葡萄酒从业者们有着工匠精神，出产的酒款品质优异，产量被严格控制。仙粉黛、赤霞珠、黑皮诺等几个葡萄品种的品质非常突出，出产的葡萄酒类型多样，既有雄浑的赤霞珠葡萄酒，又有香醇的霞多丽葡萄酒，还有当地特产的仙粉黛葡萄酒，酿制的酒品获得国际葡萄酒界的一致好评。产区内有以黑皮诺闻名的俄罗斯河谷（Russian River Valley）和以仙粉黛闻名的乾溪谷（Dry Creek Valley）等13个已划分的葡萄种植园区。最著名的酒庄是始建于1970年的金舞酒庄（Kenwood Vineyards），其葡萄种植面积约达22公顷。

★**主要种植的白葡萄品种：** 长相思、灰皮诺

★**主要种植的红葡萄品种：** 赤霞珠、黑皮诺、梅洛、西拉、仙粉黛

·圣巴巴拉县·

自20世纪六七十年代以来，该产区葡萄种植和酿酒业兴起，圣巴巴拉县产区的发展越来越好，现在已成为加州顶尖酒款的主要产地。产区地形呈矩形，在加州中部海岸的最南端，南边、西边都是太平洋的海岸线。沿海岸线遍布丘陵和河谷，从西南部的圣塔丽塔山、圣伊内斯山到东北部的洛斯帕德雷斯国家森林公园地形差别很大，大量源于山区的水流冲刷经过这里，冲积形成了很多山谷、平原，最终流入太平洋。主要葡萄种植园区多在山谷、河谷两旁的斜坡区域。当地风土状况复杂多样，属多变的海洋性气候，秋季干燥少雨。葡萄生长季偏长，成熟缓慢，果实酸度很高。葡萄种植面积约7000公顷，其中白葡萄的面积约3700公顷，红葡萄的面积约为1335公顷，酿

制的酒款果香浓郁，口感细腻，品质上乘，极具陈年潜力。

★**主要种植的红葡萄品种：**霞多丽、黑皮诺、西拉、赤霞珠、歌海娜

★**四个AVA法定子产区：**快乐谷（Happy Canyon）、圣塔玛丽亚谷（Santa Maria Valley）、圣伊内斯山谷（Santa Ynez Valley）、圣塔丽塔山（Santa Rita Hills）

·纳帕谷·

纳帕谷在圣巴勃罗湾地区的北侧，旧金山湾地区的东北角，离旧金山约1小时车程，是世界最著名的葡萄酒产区之一。纳帕谷邻接两条山脉，西接索诺玛县，整个纳帕谷从西北至东南纵深约57公里。这里经过几千年的火山活动，土壤含有超过30多种经确认的火山、海洋和冲积物痕迹，形成了独特的地质环境与气候形态。气候温和，白天晴朗温暖，夜晚凉爽，葡萄的生长季节很长。

在产区出产的众多葡萄酒款中，口碑最好的是以当地赤霞珠葡萄酿制的纳帕红酒，品质优异，已跻身世界顶级酒款行列。当地建有很多雅致的酒庄，其中最出名的是卓奇山酒庄（Grgich Hills Estate）。20世纪70年代初，卓奇山酒庄代表美国参加在巴黎举行的国际品酒会获得冠军，因此开始蜚声国际，纳帕谷也成为一致公认的全球特级葡萄酒产区。

★**主要种植的白葡萄品种：**长相思

★**主要种植的红葡萄品种：**赤霞珠、黑皮诺、霞多丽、梅洛、仙粉黛

·塞拉丘陵·

该产区的葡萄酒史始于19世纪中期，那时加州刚发现金矿，大批欧洲人涌到这里淘金，他们也带来了葡萄藤、种植和酿酒技术。

产区处于内华达山的山脚与山腰之间，海拔200—900米，日暖夜凉。土壤类型多样，多数贫瘠，不利于葡萄的产量，但却十分易于产出高品质的葡萄果实，贫瘠的土质迫使葡萄藤的根茎向地底深处生长，使得葡萄果实的风味更浓郁复杂，香气特别。

这里于1987年获得AVA资格，是美国最大的AVA产区，面积达100万公顷，从加州南部的马里波萨县延伸到北部的尤巴县。现有过百家酒庄、酿酒厂，规模都不太大，多数是家族经营的葡萄园和酒厂。

★**主要种植的红葡萄品种：**仙粉黛、西拉

·蒙特利县·

该产区在加州的中部海岸，海岸线崎岖，沿海遍布村庄。20世纪60年代，这里才开始大规模地种植葡萄，经历了十多年才开始有酒款出口供应国际市场。

产区的葡萄种植面积有约 2.8 万公顷，大部分在莎丽娜谷，莎莉娜河横穿其中。气候很受从蒙特利湾吹来的凉爽空气影响，加上海岸、山谷等地理差异，使得各子产区的产品风格迥异。莎莉娜谷附近很适合霞多丽、黑皮诺的生长，出产的酒款口感爽脆清新，酒体轻盈；圣贝纳贝、圣露卡斯等地因为海风减弱，气温稍高，较适合种植赤霞珠、仙粉黛、梅洛等品种，出产的酒款口感丰富、强劲，酒体丰满。

★**主要种植的白葡萄品种：**雷司令、白皮诺

★**主要种植的红葡萄品种：**霞多丽、黑皮诺、赤霞珠、梅洛、仙粉黛

★ **8 个 AVA 法定子产区：**沙龙（Chalone）、阿罗约塞科（Arroyo Seco）、圣特露西亚高地（Santa Lucia Highlands）、圣露卡斯（San Lucas）、梅斯谷（Hames Valley）、卡梅谷（Carmel Valley）、圣安东尼奥（San Antonio）、圣贝纳贝（San Bernabe）

·中央山谷·

该产区面积很大，约占加州北部的 2/3，西侧是太平洋海岸，东侧是内华达山脉，沿海岸线纵深约 650 公里。中央山谷由两个山谷构成，包括加州北部的萨克拉曼多河谷和南部的圣华金河谷，两个山谷在萨克拉曼多与圣华金河三角洲处汇集，是圣弗朗西斯科湾的自然延伸带。中央山谷是加州的农产品基地，也是加州的葡萄种植基地，产量占加州的一半以上。

产区内以出产老藤仙粉黛葡萄而闻名的 AVA 子产区是洛迪（Lodi），其地处萨克拉曼多、圣华金河三角洲，水源充足，冲积类土壤营养丰富，是典型的地中海气候，白天炎热，夜晚清凉，昼夜温差大，葡萄果实拥有独特的风味，酸度、成熟度高。

★**主要种植的白葡萄品种：**白诗南、鸽笼白、霞多丽

★**主要种植的红葡萄品种：**巴贝拉

★**主要的子产区：**弗雷斯诺县（Fresno County）、洛迪（Lodi）、马德拉县（Madera）、河流交汇处（River Junction）、特雷西山（Tracy Hills）、约洛县（Yolo County）

·圣地亚哥·

圣地亚哥是加州最南端的一个郡，北侧是奥兰治和里弗赛德郡，南侧与墨西哥接壤。产区属温和的海洋性气候，四季多变，白天炎热，夜晚清凉，土壤肥沃，土质多样，地形复杂，遍布山谷和丘陵，葡萄种植面积约 3.6 万公顷，出产的葡萄酒主要供应当地市场，当地也正通过一年一度的"圣地亚哥海岸美酒与美食节"向国际市场推介其酒款。

产区历史最悠久的酒庄是伯纳多酒庄（Bernardo Winery），该酒庄从 1889 年就已开始种植葡萄和酿酒。1927 年，该酒庄由一个意大利移民家族接手，经营至今。

★**主要种植的白葡萄品种：**霞多丽

★**主要种植的红葡萄品种：**仙粉黛、赤霞珠

★**主要的 AVA 法定子产区**：拉蒙娜谷（Ramona Valley）、圣帕斯夸尔谷（San Pasqual Valley）

·帕索罗布尔斯·

该产区在加州的圣路易斯奥比斯波县，旧金山、洛杉矶之间，北部与圣路易斯奥比斯波、蒙特利相邻，南部靠近埃德纳谷产区，东部倚靠桑塔－露琪亚海岸山脉，是加州最大的法定葡萄种植产区（AVA），葡萄面积约 27 万公顷。

当地以温暖的内陆气候为主，东部温暖干燥，葡萄果实果味浓郁，单宁柔顺，产量很大；西部常年受海洋大风吹袭，适宜种植喜爱凉爽气候的葡萄品种，葡萄果实酸度很高，单宁突出，成酒的陈年能力很强。土壤由超过几十种类型相互混杂，大部分都是深色土壤，排水性都很好，都很适合种植葡萄。

★**主要种植的白葡萄品种**：霞多丽

★**主要种植的红葡萄品种**：赤霞珠、西拉、仙粉黛、黑皮诺

·门多西诺县·

该产区是加州最北边的产区，在旧金山市北边约 145 公里处，周边是加州海岸山脉和太平洋红木森林区，内陆区气候炎热，沿海区较凉爽。

产区种植的葡萄品种很多，产量最大的是霞多丽、黑皮诺和赤霞珠，在内陆区有些老藤意大利品种，如桑娇维塞、内比奥罗、丹魄等，是当初意大利传教士在当地留下的痕迹。有很多葡萄园是采用生物动力法来种植葡萄，很推崇使用有机葡萄酿酒，是美国取得葡萄有机论证比例最高的产区，也是全球最环保的葡萄酒产区。

产区因为阿尔萨斯（Alsace）酒款开始受到国际葡萄酒友的关注。当地最出名的酒庄是路易斯·罗德尔酒庄（Louis Roederer），它以酿造法国风格的美式起泡葡萄酒闻名。另外，帕尔杜奇酒庄（Parducci）、菲泽酒庄（Fetzer）的产品也很受市场欢迎。

★**主要种植的白葡萄品种**：霞多丽

★**主要种植的红葡萄品种**：黑皮诺、赤霞珠

★**主要的 AVA 法定子产区**：安德森谷（Anderson Valley）

·莱克县·

该产区在门多西诺县的东侧、纳帕谷的北侧，属温暖的内陆区域，海拔 396—762 米，产区中部是加州最大的天然湖——清湖。随着海拔的不同，产区内各个葡萄种植区的气候各异，尤其受清湖的影响，风土也有不同变化。

产区靠近纳帕谷的北部地带温暖干燥，特别适宜种植赤霞珠；清湖的湖区周围天气凉爽，适合种植长相思。出产的长相思酒款品质上乘，口碑很好，是莱克县产区的标志产品。

★**主要种植的白葡萄品种：** 长相思

★**主要种植的红葡萄品种：** 赤霞珠、梅洛、仙粉黛、西拉

★**五个AVA法定子产区：** 本莫尔谷（Benmore Valley）、清湖（Clear Lake）、格维诺谷（Guenoc Valley）、高谷（High Valley）、红山湖县（Red Hills Lake County）

·马林县·

该产区在加州的海岸地区，东北边与加州北部海岸产区连接，向南过了金门大桥就是三藩市，是加州的新兴葡萄产区，规模不大，葡萄种植面积仅有35公顷，有13家酿酒厂。

产区受太平洋、旧金山湾和圣保罗湾的影响，气候非常凉爽，主要种植雷司令等喜凉爽气候的葡萄品种。近些年，黑皮诺已成为该产区的明星品种，酿出的酒款口感独特，深受市场欢迎。

★**主要种植的白葡萄品种：** 雷司令、霞多丽

★**主要种植的红葡萄品种：** 琼瑶浆、梅洛

·圣路易斯奥比斯波·

该产区在加州的中部海岸地区，北边越过丘陵地区与中央山谷接壤，南边与蒙特利县连接，东西处于太平洋海岸和圣路易斯山之间。当地地处北纬34—35度，是加州最凉爽的地方，日照少，常有日雾。产区葡萄种植面积约1.25万公顷，现有酿酒厂200多家。

产区虽风土条件不佳，但经过当地经营者们的努力，出产的白葡萄酒款品质高，具有爽脆轻盈的特点。由霞多丽、黑皮诺混酿的起泡酒品质让人赞叹；仙粉黛、赤霞珠混酿红葡萄酒酒精度高，风格强劲，也很不错。

★**主要种植的白葡萄品种：** 霞多丽

★**主要种植的红葡萄品种：** 仙粉黛、赤霞珠、黑皮诺

★**四个子产区：** 帕索罗布尔斯（Paso Robles）、艾德娜山谷（Edna Valley）、大阿罗约（Arroyo Grande）、纽约山（York Mountain）

俄勒冈州

俄勒冈州位于美国西北海岸，西临太平洋，北接华盛顿州，东邻爱达荷州，南连加利福尼亚州和内华达州。该地区的气候受海滨、海拔的影响，全年都较凉爽，夏季温和，秋季潮湿，南部靠近加州的地方较干燥。土壤类型主要是花岗岩、火山岩和黏土。

因为气候凉爽，当地非常适合种植黑皮诺，种植面积占比超过一半。俄勒冈州的葡萄产区主要分布在海岸山脉和瀑布山之间，其中最著名的产区是威拉米特河谷产区（Willamette Valley）。当地夹于山谷、海岸山脉中的丘陵地带，正是种植葡萄的优良环境，最优质黑皮诺红葡萄酒就是产自这里，俄勒冈州大部分酒庄也都在这里，虽然酒庄规模都不大，产量也不大，但基本都是采用当地特有的工艺去酿酒，纯手工制作。出产的黑皮诺单品葡萄酒单宁丝滑，风格优雅，风味复杂，具有浓厚的地方特色，辨识度很高。

★**主要种植的白葡萄品种：**霞多丽、雷司令、灰皮诺

★**主要种植的红葡萄品种：**黑皮诺、梅洛、赤霞珠、西拉、仙粉黛

★**主要的 AVA 法定产区：**哥伦比亚峡谷（Columbia Gorge）、南俄勒冈州（Southern Oregon）、威拉米特河谷（Willamette Valley）

华盛顿州

华盛顿州临近太平洋，位于马里兰州、弗吉尼亚州之间的波托马克河与阿纳卡斯蒂亚河的交汇处，地处哥伦比亚盆地的中央。当地地处北纬 46 度，属副热带湿润气候，四季分明，日夜温差大，日照时间长，能帮助葡萄果实成熟，夜晚的寒凉又能使果实的酸度保留下来，使出产的酒款口感结构均衡。境内有不少河流，包括哥伦比亚河、沃拉沃拉河等，这些河流对温度起到了很大的调节作用，使夏季更凉爽，不需使用风机；冬季更温和，无需搭棚抵御霜冻。这里的土壤混杂着层次丰富的花岗岩、火山岩、沙土和淤泥，排水性好，养分充足，能抵御葡萄根瘤蚜的侵袭。

当地的产区因不同的位置、气候、土壤等风土特点，出产的酒款也各具特色。其中的哥伦比亚山谷（Columbia Gorge）产区，知名度最高，出产的酒款是华盛顿州地区的旗舰产品。目前华盛顿州葡萄酒产量已在美国排名第二，其中不乏优秀的酒款。

★**主要种植的白葡萄品种：**霞多丽、雷司令

★**主要种植的红葡萄品种：**梅洛、赤霞珠、西拉

★**六个 AVA 法定产区：**亚基马（Yakima）、沃拉沃拉（Walla Walla）、哥伦比亚山谷（Columbia Valley）、普捷湾盆地（Puget Sound）、红山（Red Mountain）、哥伦比亚峡谷（Columbia Gorge）

密苏里州

密苏里州在美国的中北部，西侧与堪萨斯州接壤，东侧与伊利诺伊州相邻，面积约 18 万平方公里，地处北纬 36—40 度之间。这里有美国第一个 AVA 产区奥古斯塔（Augusta），面积比较小。石丘酿酒厂（Stone Hill）位于著名的 AVA 产区赫曼（Hermann），是美国的第二大葡萄酒厂。在美国全国实施禁酒令那段时间，密苏里州地区的葡萄酒产业受到沉重打击，石丘酿酒厂的拱形地下酒窖甚至被迫用来改种蘑菇。

★ **主要种植的白葡萄品种：** 白谢瓦尔、维诺、塔明内
★ **主要种植的红葡萄品种：** 诺顿、香宝馨
★ **四个 AVA 法定产区：** 奥古斯塔（Augusta）、赫曼（Hermann）、欧扎克高地（Ozark Highlands）、欧扎克山（Ozark Mountain）

纽约州

纽约州在美国的东北部，是美国葡萄酒产量第三大的产地，该地区的地形、地貌很复杂，有冰川形成的峭壁深谷、芬格湖群、哈德逊河流冲积区等多种类型。土壤类型主要是花岗岩、页岩、淤泥和壤土，水分充足，营养丰富。当地气候深受湖泊和大西洋的叠加影响，白天温暖、夜间凉爽，年降雨量大，飓风盛行。

纽约州地区的葡萄种植史可以追溯到 17 世纪，是由荷兰移民和法国胡格诺派教徒在哈德逊山谷开始的。位于哈蒙兹波特（Hammondsport）的快乐谷酒庄（Pleasant Valley Wine Company）和位于哈德逊山谷的兄弟酒庄（Brotherhood Winery），都是美国最早期的酒庄之一。如今，从东海岸的长岛到中西部的伊利湖，遍布葡萄园区和 200 多家酒庄，但多数是家族模式经营。

当地 80% 以上的葡萄是本土的美洲葡萄（主要是康科德），还有些雷司令、霞多丽、黑皮诺等著名的国际品种，也有少量卡托巴、尼亚加拉、艾维拉、伊莎贝拉、黑巴科、德索娜、白谢瓦尔、卡玉佳、威代尔、维诺等杂交品种。出产的雷司令葡萄酒品质上乘，知名度很高；当地的霞多丽、黑皮诺葡萄，有时会用于酿造气泡葡萄酒；维诺葡萄则专用于酿造晚收葡萄酒、冰酒。

★ **主要种植的白葡萄品种：** 雷司令、霞多丽
★ **主要种植的红葡萄品种：** 康科德、黑皮诺
★ **四个 AVA 法定产区：** 伊利湖（Lake Erie）、芬格湖群（Finger Lakes）、哈德逊河（Hudson River）、长岛（Long Island）

———— 新泽西州 ————

新泽西州是美国 50 个行政州中面积最小的一个，目前葡萄酒产量在美国排名第七。它位于大西洋海岸区域，北侧是纽约州，西侧是宾夕法尼亚州。当地属温带海洋性气候，土壤有页岩、板岩、砂质壤土、砂砾等。

新泽西州建有很多葡萄园，共有 43 家酿酒厂，其中由法国移民路易斯·尼古拉斯·雷诺（Louis Nicolas Renault）于 1864 年创建的雷诺酒厂（Renault Winery）是美国最古老的酿酒厂之一，也是少数在经历美国禁酒令之后存活下来的酿酒厂。当地政府部门很重视葡萄酒产业的发展，制定并推行了"优质葡萄酒联盟计划（QWA）"，极大地推动了当地葡萄酒业的发展。

> ★**主要种植的白葡萄品种：**白谢瓦尔、霞多丽、雷司令
> ★**主要种植的红葡萄品种：**香宝馨、赤霞珠、梅洛
> ★**三个 AVA 法定产区：**中央特拉华州谷（Central Delaware Valley）、外海岸平原（Outer Coasta IPlain）、沃伦山（Warren Hills）

———— 爱达荷州 ————

爱达荷州与俄勒冈州、华盛顿州相邻，西南濒临太平洋，面积约 2150 万公顷，地处北纬 42—49 度之间。当地的葡萄园和酒庄多数在西部与俄勒冈州交界的区域，这里冬天气温在零度以下，夏天炎热干燥，虽然西侧距离太平洋仅约 650 公里，但受大陆性气候影响更大，冬季短，秋季长，有助于葡萄果实的完全成熟。

目前，该地区的葡萄酒产业很兴旺，葡萄园、酿酒厂越建越多，规模也越来越大，大有超越邻近的俄勒冈州、华盛顿的趋势。

> ★**主要种植的红葡萄品种：**黑皮诺、雷司令、赤霞珠、西拉、琼瑶浆
> ★ **AVA 法定产区：**蛇河谷（Snake River Valley）

———— 肯塔基州 ————

肯塔基州在美国的中东部，南侧是田纳西州，北侧是印第安纳州和俄亥俄州，面积约 1050 万公顷，地处北纬 36—39 度之间，属大陆性气候和亚热带湿润气候，夏季非常炎热，冬季寒冷多雪，

春季霜冻严重，位于肯塔基州北部边界的俄亥俄河，是当地两类气候的分界线。

当地的葡萄酒史始于 1798 年，是由一位酿酒师种下第一批葡萄藤并建立当地第一家酒庄，从而带动周边区域逐渐发展起来。至 19 世纪中期，该地区已是美国的第三大葡萄酒产地。然而，经历了美国内战与美国禁酒令的双重打击后，至今难复当年盛况。

★ **主要种植的白葡萄品种：** 威代尔、白谢瓦尔、

★ **主要种植的红葡萄品种：** 香宝馨、赤霞珠、品丽珠

★ **AVA 法定产区：** 俄亥俄河谷（Ohio River Valley）

马萨诸塞州

马萨诸塞州在美国的东北角，北侧是新罕布什尔州，南侧是康涅狄格州，东临大西洋，面积约 273 万公顷。葡萄园和酿酒厂多数在南部区域与东部海岸外的岛屿上，共约 30 多个酒庄。

处于马萨诸塞州与康涅狄格州、罗德岛州交界区域的新英格兰东南部（Southeastern New England）产区，属三方共同拥有。玛莎葡萄园岛（Martha's Vineyard）产区是岛屿种植区，在美国葡萄酒界的知名度很高，其中子产区科德角（Cape Cod）以出产优质葡萄酒而闻名，当地的特鲁罗葡萄园（Truro Vineyards），因著名的艺术家爱德华霍珀（Edward Hooper）曾在这里居住，并根据当地的景色创作了有名的作品而成为游客必访之处。

★ **主要种植的白葡萄品种：** 白谢瓦尔、霞多丽、雷司令、灰皮诺

★ **主要种植的红葡萄品种：** 马雷夏尔福煦、品丽珠、琼瑶浆

★ **AVA 法定产区：** 新英格兰东南部（Southeastern New England）、玛莎葡萄园岛（Martha's Vineyard）

密歇根州

密歇根州在美国的中北部，西侧为威斯康星州，南侧是印第安纳州，北侧、东侧是与加拿大的边境，面积约 1700 万公顷，地处北纬 42—47 度之间。当地夏季炎热，冬季寒冷，因境内有大片湖区产生的"调温效应"，保证了当地葡萄的健康生长，但葡萄生长期偏长。

密歇根州种植面积约 5460 公顷，是美国的第四大葡萄产地，出产的葡萄果实大部分用于制成果冻、葡萄汁，只有很小部分用于酿酒，酒款主要是冰酒。这里也是是美国樱桃酒的最大产地。

★**主要种植的白葡萄品种：**霞多丽、尼亚加拉、维诺

★**主要种植的红葡萄品种：**康科德、黑皮诺、香宝馨

★**四个 AVA 法定产区：**芬维尔（Fennville）、密歇根湖海岸（Lake Michigan Shore）、利勒诺半岛（Leelanau Peninsula）、旧使命半岛（Old Mission Peninsula）

爱荷华州

爱荷华州在美国的中北部，南侧是密苏里州，北侧是明尼苏达州，西北区域的地势较高，其余地方都是辽阔的平原，地处北纬 40—43 度之间。土壤主要有石灰岩、黏土、砂岩和壤土，土壤肥沃，物产丰富，被称为"美国粮仓"。当地夏季非常炎热，冬季非常寒冷，很多葡萄品种都不适合在这里大规模种植，因此主要种植的是当地古老的野生杂交品种，葡萄种植专家们也在积极开发能抗严寒的酿酒葡萄品种。爱荷华州的上密西西比河谷（Upper Mississippi Valley）在 2009 年通过 AVA 认证，是美国目前最大的法定葡萄种植产区，有 100 多家酿酒厂。

★**主要种植的白葡萄品种：**白谢瓦尔、塔明内

★**主要种植的红葡萄品种：**香宝馨

★ **AVA 法定产区：**上密西西比河谷（Upper Mississippi Valley）

科罗拉多州

科罗拉多州在美国的中西部，南邻新墨西哥州，北接怀俄明州，面积约 2700 万公顷，地处北纬 37—41 度之间。该地区属典型的大陆性气候，夏季炎热干燥，冬季寒冷，日照强烈，昼夜温差大，很适合种植耐寒的杂交葡萄品种。葡萄种植区域大多在落基山的斜坡上，海拔在 1200—2150 米之间，这里出产的葡萄酒口感活泼，颜色深浓，香气馥郁。

当地最早的葡萄藤是由 19 世纪时南部矿区的外籍劳工种下的，到 20 世纪初已发展成拥有过千个葡萄园的产区，之后因美国禁酒令而受到重创，直到 20 世纪 70 年代，当地的葡萄酒产业才逐渐恢复，至目前有葡萄种植面积约 405 公顷，100 多家酒庄，大部分集中在大峡谷产区。

★**主要种植的白葡萄品种：**霞多丽、雷司令、维欧尼

★**主要种植的红葡萄品种：**梅洛、赤霞珠、西拉、品丽珠

★**两个 AVA 法定产区：**大峡谷（Grand Valley）、西鹿（West Elks）

亚利桑那州

亚利桑那州在美国的西南部，南部与墨西哥接壤，西部与加州南部连接，面积约3000万公顷，地处北纬31—36度之间。当地很多高原、山区、盆地等区域年降水量都不足350毫米。气候炎热干燥，很不利于葡萄种植，只有东南部海拔1311—1646米之间的高原沙漠区比较适合葡萄的生长，那里聚集了不少古老的酒庄，出产的酒款口感独特，极具当地风土特点。

★**主要种植的白葡萄品种：**维欧尼、麝香、玛尔维萨

★**主要种植的红葡萄品种：**西拉、赤霞珠、仙粉黛

★ **AVA 法定产区：**索诺伊塔（Sonoita）

马里兰州

马里兰州在美国的东海岸，南侧是弗吉尼亚州，北侧是宾夕法尼亚州，东侧是特拉华州，面积约320万公顷，州内有一个宽达48公里的切萨皮克湾，海湾直入到州内中部160公里，将全州分成两半。该地区属海洋性气候，但西部区域会受临近的西弗吉尼亚州的内陆气候影响，夏季炎热，冬季寒冷，该地区属亚热带高地气候，不适合种植葡萄。当地葡萄种植面积约121公顷，年均产酒量约55万瓶，葡萄园、酒庄的规模都不大，主要集中在皮埃蒙特高原北部与巴尔的摩西部的结合带、切萨皮克湾地区与德尔马瓦半岛的连接带两个区域。

马里兰州的葡萄种植史始于17世纪中期，最早的葡萄种植区域是由欧洲移民在圣玛丽河的东岸开辟的。葡萄酒产业在20世纪80年代进入蓬勃发展期，之后陆续设立了一些行业管理机构和行业节日，包括马里兰葡萄种植者协会（Maryland Grape Growers Association）、马里兰酒庄协会（Maryland Wineries Association）、马里兰酒庄和葡萄种植者咨询委员会（Maryland Wineryand Grape Growers Advisory Board）、马里兰葡萄酒节（Maryland Wine Festival）等。

★**主要种植的白葡萄品种：**霞多丽、维欧尼、白谢瓦尔、灰皮诺

★**主要种植的红葡萄品种：**黑皮诺、赤霞珠、品丽珠、巴贝拉、桑娇维赛、香宝馨

★**三个 AVA 法定产区：**林加诺（Linganore）、卡托辛（Catoctin）、坎伯兰山谷（Cumberland Valley）

新墨西哥州

新墨西哥州是美国 50 个行政州之一，在美国的西南部，南侧、东侧与德克萨斯州接壤，西侧与亚利桑那州相邻，面积约 3160 万公顷，地处北纬 31—37 度之间。

这里是美国葡萄酒的摇篮，美国最早的第一批葡萄园在这里诞生，由西班牙传教士建立。当时酿制的葡萄酒主要用于与宗教有关的活动，那些由西班牙传教士种植的葡萄品种当时被叫做"弥生葡萄"（Mission）。新墨西哥州虽然是葡萄酒的诞生地，但由于气候原因一直发展很一般，在经历洪涝的天灾和美国长达七年的禁酒令后，甚至一直处于颓败状态，直到 20 世的 70 年代，当地才重新出现企业化的葡萄园和酒庄，至今约有 40 多家酿酒厂。

新墨西哥州的葡萄园都在海拔较高的地区，有些坡地的海拔在 1220 米以上，有些沙漠地区的海拔高达 1830 米。由于气候太炎热干燥，葡萄的生长期很短，果实的单宁含量少、高糖、低酸，使酿出酒款的风味、酒体、酒精度都不太平衡，口感松散，品质普通。

★**主要种植的白葡萄品种：** 维欧尼、白麝香、玛尔维萨

★**主要种植的红葡萄品种：** 西拉、赤霞珠、仙粉黛

★**三个 AVA 法定产区：** 梅西拉谷（Mesilla Valley）、中里奥格兰德河谷（Middle Rio Grande Valley）、米布雷斯山谷（Mimbres Valley）

阿根廷
Argentina

阿根廷是世界第五大葡萄酒出产国，葡萄种植的历史很久远，但系统化、商业化的经营始于19世纪中期，是由一些来自西班牙和意大利的移民引领的，他们带来了不少欧洲葡萄品种和酿酒设备，还引进了欧洲流行的混酿技术。20世纪90年代之前，阿根廷的葡萄酒产量很大，但酒款品质普通，基本都是供应本土市场。最近20多年间，有不少国际知名酒业公司在阿根廷投资建园、建厂，出产的酒款品质也有了较大提升，并逐渐获得世界各地的葡萄酒爱好者的认可。世界知名葡萄酒评论家罗伯特·帕克（Robert Parker）曾在采访中声称："阿根廷是近些年地球上最令人兴奋的新兴葡萄酒产地。"

阿根廷的葡萄种植区域主要在西部安第斯山脉的山麓地区，葡萄园的海拔普遍较高约在700—1400米之间，日照足，夜温低，果实的颜色深浓，糖分高，芳香四溢。

★ **主要种植的白葡萄品种：** 佩德罗 – 希梅内斯

★ **主要种植的红葡萄品种：** 马尔贝克

★ **主要葡萄产区：** 卡达马尔卡（Catamarca）、拉里奥哈（LaRioja）、内乌肯（Neuquen）、黑河（RioNegro）、萨尔塔（Salta）、圣胡安（SanJuan）、门多萨（Mendoza）

·卡达马尔卡·

该产区在阿根廷的北部，靠近安第斯山脉，平均海拔1500米，气候炎热干燥，昼夜温差大，土壤类型主要是成分复杂的冲积土，当地有出产优质葡萄的各种风土条件。以前只种植鲜食葡萄或生产少量的葡萄干，十多年前才开始种植酿酒葡萄并引进酿酒设备。

子产区菲安巴拉山谷（Rambala Valleys）地处南纬27度，葡萄园区多数在海拔1500米、沿山谷南北走向的坡地上，出产的特浓情葡萄酒口感辛辣，香气怡人，果味浓郁，赤霞珠葡萄酒单宁出色，酸度极佳，有很强的陈年能力。

★ **主要种植的白葡萄品种：** 特浓情

★ **主要种植的红葡萄品种：** 赤霞珠、马尔贝克、西拉

★ **主要子产区：** 菲安巴拉山谷（Rambala Valleys）、斯塔山谷（Tinogasta Valley）

·拉里奥哈·

该产区产区在阿根廷西部，是阿根廷最古老的葡萄酒产区，葡萄种植面积不大，气候炎热干燥，降雨少，湿度低，夏季日照强烈，日夜温差大。拉里奥哈产区最出名的酒款是由密斯卡岱、特浓情混酿制成的白葡萄酒，香料味十足，风味突出。当地的赤霞珠单品酒也很不错，具有喜酸度，高酒精度，口感强烈的特点。红葡萄酒也因为其明晰而清爽的酸度而表现出相当好的品质。

子产区法玛提纳山谷（Vallede Famatina）在拉里奥哈省的西北部，处于安第斯山脉的丘陵地带，地理位置和风土条件都很特别，使得当地出产的葡萄果实、葡萄酒款都极富个性，品质出众。

★ **主要种植的白葡萄品种：** 密斯卡岱、特浓情

★ **主要种植的红葡萄品种：** 伯纳达、赤霞珠、马尔贝克、西拉

★ **主要子产区：** 法玛提纳山谷（Vallede Famatina）

·内乌肯·

该产区在阿根廷的南部，与黑河产区相邻，是一个形成不久但发展势头很好的产区。产区内的葡萄园区和酒庄大多数分布在安第斯山脉山麓斜坡对面与黑河产区交界的平地区域。与阿根廷北部的其他葡萄酒产区的气候有些不同，这里温度比较清凉，雨多，风大，土壤肥沃优质，病虫害很少，出产的葡萄果实品质优异。

★ **主要种植的白葡萄品种：** 霞多丽、长相思、赛美蓉

★ **主要种植的红葡萄品种：** 赤霞珠、马尔贝克、梅洛、黑皮诺

·黑河·

该产区在阿根廷的巴塔哥尼亚高原，是阿根廷最南端的葡萄酒产区，地处南纬39度，年平均温度14摄氏度，年降雨量低，土壤主要是石灰土，葡萄成熟期较长，葡萄果实品质优异。葡萄园全部都在一条狭长的山谷内，水源充足，有着独特的峡谷微气候环境，十分适合种植霞多丽、长相思等白葡萄品种，出产的白葡萄混酿酒和起泡酒清新淡雅，独具魅力。

★ **主要种植的白葡萄品种：** 雷司令、长相思、霞多丽

★ **主要种植的红葡萄品种：** 梅洛、黑皮诺、马尔贝克、琼瑶浆

·萨尔塔·

该产区在阿根廷的北部，地处南纬24度附近，海拔1500—3000米，土壤类型主要是冲积土、桑迪表层土，日照充足，日夜温差大，周围的高山上常年积雪，大量的雪融水形成的河溪遍布域内，群山环绕的地型使产区上空形成"雨影区"，当地的各类风土条件都很利于葡萄的种植。

当地的子产区主要集中在萨尔查奇思山谷，那里四面环山，葡萄种植区域都在当地山系的山腰上，建有目前世界上海拔最高的葡萄园，如海拔 2000 米的亚克丘雅（Yacochuva）酒庄、海拔 2300 米的科洛姆（Colome）酒庄。在萨尔查奇思山谷子产区的太阳酒庄（INCA），有一款用赤霞珠、特浓情混酿的"太阳葡萄酒"，是阿根廷的热销酒款，香气浓郁，口感紧致，在国际市场上也有一定知名度。

★**主要种植的白葡萄品种：**霞多丽、特浓情

★**主要种植的红葡萄品种：**赤霞珠、马尔贝克、梅洛、丹娜

★**主要子产区：**萨尔查奇思山谷（Valles Calchaguies）、莫利诺（Molings）

·圣胡安·

该产区是阿根廷的第二大葡萄酒产区，产区内的大部分耕地用于种植酿酒葡萄。圣胡安产区气候炎热干燥，雨量很少，土地已大面积沙漠化、干旱，很不利于葡萄的种植，但因为有来自安第斯山顶的积雪融水而形成的溪流与哈查尔河的存在，弥补了水源不足的先天缺陷，保证了当地葡萄的生长需要。

产区的葡萄园基本都建在海拔 600—1200 米之间。除种植主要葡萄品种，这里还种植着当地特有的古老品种赤欧拉葡萄（Criolla）和瑟雷莎葡萄（Cereza），主要用于酿造低价微甜葡萄酒。

子产区图卢姆山谷（Tulum Valley）得益于当地的圣安胡河与山地形成的微气候，是圣胡安产区的最优质酒款的出产地，尤其是由霞多丽与特浓情混酿制成的白葡萄酒和由西拉酿制的单品红葡萄酒，市场口碑都很好。圣胡安产区除了盛产红、白葡萄酒外，还是阿根廷的白兰地酒、类雪莉烈酒和苦艾酒的主要产地。

★**主要种植的白葡萄品种：**霞多丽、长相思、特浓情、维欧尼

★**主要种植的红葡萄品种：**伯纳达、品丽珠、赤霞珠、马尔贝克、梅洛、西拉

★**主要子产区：**图卢姆山谷（Tulum Valley）

·门多萨·

该产区位于阿根廷安第斯山脉的山谷中，被笼罩在因当地特有地型而形成的"雨影区"内，气候炎热干燥，需从附近的河流抽水来灌溉葡萄种植区，以弥补当地土壤干旱、贫瘠的缺陷。目前已发展成了出产优质酿酒葡萄和葡萄酒的国际知名产区，也是阿根廷最大的产区，葡萄种植面积有 3 万多公顷，建有 400 多家酒庄、酒厂，葡萄酒产量占阿根廷全国总量的 70% 以上。

这里的葡萄园大多建在海拔较高的山麓谷地上，是世界上少有的高海拔葡萄种植区域。出产的马尔贝克葡萄品质非常优秀，酿造成的单品酒款色泽偏黑，果香醇厚，口感独特。用马尔贝克与梅洛、丹魄混酿制成的酒款也非常出色，已跻身阿根廷的高端葡萄酒行列。特浓情则拥有当地

独特的风味，酿出的白葡萄酒芳香浓郁，酒体丰满，果味十足，品质上乘。

产区内的若顿酒庄（Bodega Norton）被公认为是阿根廷最好的酒庄，其中有一款由梅洛、赤霞珠、马尔贝克混酿制成的经典干红葡萄酒，是阿根廷葡萄酒的代表作，在国际市场上有很高的知名度。产区内还有充满充满神秘色彩的、葡萄酒爱好者们的膜拜之地——世界上最古老的酒窖之一的菲卡酒庄（Finca Flichman）。

★**主要种植的白葡萄品种：**霞多丽、赛美蓉、特浓情、维欧尼

★**主要种植的红葡萄品种：**马尔贝克、赤霞珠、西拉、丹魄、伯纳达

★**三个法定(D.O.C)子产**区: 路冉得库约(Lujande Cuyo)、圣拉菲尔(SanRafael)、迈普(Maipu)

澳大利亚
Australia

澳大利亚的葡萄种植和酿酒历史比欧洲短得多,属于新世界产酒国。1791年1月24日,从好望角移植的葡萄藤在悉尼市总督府的花园中结出了澳大利亚历史上第一串葡萄果实。19世纪20年代至30年代间,葡萄种植业在澳大利亚的新南威尔士州、塔斯马尼亚州、西澳大利亚州、维多利亚州等地相继开启。

至20世纪30年代,南澳大利亚州成为该国产量最大的地区,其中的巴罗萨谷(Barossa Valley)产区发展成了澳大利亚的全国葡萄酒交易中心。早期的酒款是以葡萄加强酒为主,后来随着低温发酵技术的普及,红、白、起泡等葡萄酒才逐渐成为主流。

澳大利亚的葡萄酒产业在全球市场中的影响力已越来越大,特别是霞多丽白葡萄酒、西拉红葡萄酒,已成为国际市场中同类酒款中的质量标准。奔富酒业公司的葛兰许(Penfolds Grange)葡萄酒可与法国顶级名庄的产品媲美;另外,猎人谷(Hunter Malley)产区的赛美蓉白葡萄酒和库纳瓦拉(Coonawana)产区的赤霞珠红葡萄酒,都已是驰名世界的优质酒款。

澳大利亚的国土面积大,跨两个气候带,西澳大利亚州、南澳大利亚州、维多利亚州、塔斯马尼亚州等地属海洋性气候,冬春两季寒冷、雨多,夏秋两季炎热、干燥,昼夜温差小,充分的热量积累有利于葡萄果实的成熟。

澳大利亚没有土生土长的酿酒葡萄,现有的品种都是从南非、欧洲引进的,后来也有尝试研发和试种一些杂交合成品种,如森娜(Cienna)葡萄、特宁高(Tarrangg)葡萄等,但都不是很成功。

★**主要种植的白葡萄品种:** 霞多丽、长相思、赛美蓉、雷司令
★**主要种植的红葡萄品种:** 西拉、赤霞珠、梅洛
★**六大葡萄产地:** 南澳洲(South Australia)、维多利亚州(Victoria)、昆士兰州(Queensland)、新南威尔士州(New South Wales)、西澳州(Western Australia)、塔斯马尼亚州(Tasmania)

南澳洲

南澳州地区在澳大利亚的中南部,西邻西澳州,东北邻昆士兰州,东邻新南威尔士州,东南邻维多利亚州,北邻北领地。

1836年,英国移民乔治·斯蒂文森(George Stevenson)在南澳洲的阿德莱得镇建了一个葡萄园,几年后酿出了澳大利亚的第一批葡萄酒。1843年,英国维多利亚女王到访澳大利亚,宴席上喝的就是

这一款葡萄酒。至 20 世纪 30 年代中期，南澳州地区葡萄酒产业已发展得很好，并且取代了维多利亚州，成为澳大利亚产量最大的产地和葡萄酒交易中心，一直持续至今。

南澳洲地区气候炎热，干燥，少雨，易发旱灾，必须要通过人工灌溉以辅助葡萄的生长，靠近山区、海岸的区域则较湿润凉爽。这里的土壤类型主要是红土、石灰岩、泥灰土、沙黏土等。从平原至山区的各个海拔位置都遍布葡萄园。其中，巴罗萨山谷立区、河地产区的海拔低，葡萄园都在山谷内的低地上，伊顿山产区的海拔最高，有些葡萄园甚至建在高达 600 米的山腰上。

南澳洲地区是澳大利亚的高端酒产地，很多知名品牌和酒款都出自这里，如奔富酒庄（Penfolds）、翰斯科酒庄（Henschke）、克拉伦敦山酒庄（Clarendon Hills）等。

★**主要种植的白葡萄品种：** 雷司令

★**主要种植的红葡萄品种：** 西拉、赤霞珠、梅洛、歌海娜

★**主要产区：** 阿德莱得山区（Adelaide Hills）、阿德莱得平原（Adelaide Plains）、巴罗萨谷（Barossa Valley）、克莱尔谷（Clare Valley）、库纳瓦拉（Coonawarra）、伊顿谷（Eden Valley）、袋鼠岛（Kangaroo Island）、兰好乐溪（Langhorne Creek）、迈拉仑维尔（McLaren Vale）、本逊山（Mount Benson）、帕斯维（Padthaway）、河地（Riverland）、南福雷里卢（Southern Fleurieu）、南福林德尔士山区（Southern Flinders Ranges）、拉顿布里（Wrattonbully）

·阿德莱得山区·

该产区在阿德莱德市的市郊，是洛夫蒂山脉的一段，从北端的巴罗萨山谷、伊顿谷一直延续到南端的迈拉仑维尔、兰好乐溪的交界处，是南澳洲地区葡萄种植面积最大、历史最早的产区。葡萄园大多分布在海拔 480—700 米的山丘地带，炎热潮湿，日照充足。产区有 200 多个葡萄园和 50 多家酒庄，出产的酒款有不少是澳大利亚最高水准的代表，其中霞多丽白葡萄酒带有柑橘水果风味，伴有微妙的橡木桶味和矿物质味，层次复杂；长相思白葡萄酒酸味优雅，带有西番莲等热带水果的香气；黑皮诺红葡萄酒活力十足，单宁柔顺；赤霞珠、品丽珠的混酿红葡萄酒酒体丰满，口感强劲；混酿起泡酒果香清新，口感细腻。

★**主要种植的白葡萄品种：** 桑娇维塞、霞多丽、长相思、阿内斯、绿维特利纳

★**主要种植的红葡萄品种：** 黑皮诺、西拉、赤霞珠、品丽珠、丹魄、内比奥罗

★**两个子产区：** 伦斯伍德（Lenswood）、皮卡迪利山谷（Piccadilly Valley）

·阿德莱得平原·

该产区在阿德莱得市以北约 30 公里处，东靠洛夫蒂山脉，北接布诺萨，西临圣文森特湾，气

候炎热干燥。当地为了保证那些已超过百年的老藤葡萄果实的品质，严格控制产区的扩张和新增的葡萄藤数量，当地近十多年的产量都很稳定，酒款的品质都很优秀，深受国际市场的追捧。产区于2002年获得澳大利亚的产地保护标志（GI）。

葡萄种植区域分布在弗吉尼亚和角谷之间的平原地带，混杂在大量的玫瑰花场和蔬菜农场之中，当地的葡萄园主、种植者大部分是来自意大利的近代移民。他们自20世纪70年代初期就已在当地种植葡萄、酿酒，当初的一些酒庄、酒款品牌至今依然在营业，如多米尼范思哲酒庄（Dominic Versace）、乔·格里利酒庄（Joe Grilli）、乔·塞拉沃洛酒庄（Joe Ceravolo）等。

产区出产的葡萄酒口味浓重，具有明显的意大利风格，其中的赤霞珠、西拉、梅洛的混酿红葡萄酒酒色深厚，酒体饱满，带有热带水果的风味；西拉单品红葡萄酒多采自当地的成熟老藤，口感强劲，香料味十足；用霞多丽、鸽笼白、麝香、灰皮诺等品种互相搭配的混酿葡萄酒，口感复杂，果味充盈，展现出典型的意大利西西里岛风情。

★**主要种植的白葡萄品种：**麝香、霞多丽、鸽笼白、灰皮诺

★**主要种植的红葡萄品种：**赤霞珠、西拉、梅洛、桑娇维塞

·巴罗萨谷·

该产区是澳大利亚最古老的葡萄酒产区之一，在阿德莱得市的东北边，距离约60公里，覆盖塔伦达、安格斯顿、努尔奥巴三个镇集。这里最早的居民是20世纪40年代初期从西里西亚迁居过来的德国移民，后来又有英国移民，因此这里文化和生活习惯有着浓厚的英、德两国传统风情。

产区属大陆性气候，炎热干燥。主要种植的西拉葡萄生长期短，易早熟，结出的果实单宁重、糖分高。当地出产的酒款主要是西拉红葡萄酒，品质上乘，风格独特，酒体醇厚，酒色深红，口感强劲，带有巧克力和野生香料的风味，尤其是采用当地那些年过百年的老藤西拉葡萄果实酿制的酒款。产区还有少量出产的赤霞珠红葡萄酒、赛美蓉与霞多丽混酿的白葡萄酒、歌海娜与梅洛混酿的红葡萄酒等酒款，品质都很不错，随着国际市场的开拓，产量也正逐渐扩大。

产区内建有不少著名的酒企，包括奔富酒庄（Penfolds Winery）、皮德利蒙酒庄（Peter Lehmann）、泽佩尔兹菲尔德葡萄园（Seppeltsfield）、禾富酒庄（Wolf Blass）、御兰堡酒庄（Yalumba）。其中，奔富酒庄是澳大利亚产量最大、名气最大的葡萄酒企业，也是澳大利亚葡萄酒业界公认的标杆企业。它出产的葛兰许（Grange）酒款，品质优异。而成立于1966年、被称为"澳洲酒王"的禾富酒庄，其葡萄酒的出口量很大，行销全球50多个国家，旗下的知名品牌包括有"白金牌"系列、"黑牌"系列、"灰牌"系列等。

★**主要种植的白葡萄品种：**赛美蓉、霞多丽

★**主要种植的红葡萄品种：**西拉、梅洛、赤霞珠、歌海娜

·克莱尔谷·

该产区在南澳州地区南部的洛夫蒂山脉的北麓，距阿德莱德市约 130 公里，距巴罗萨谷产区约 60 公里。产区的葡萄种植历史始于 19 世纪 40 年代中期，是由为躲避迫害从西里西亚逃离到当地的耶稣会成员詹姆斯·格林（James Green）、约翰·霍罗克斯（John Horrocks）等人开启的，并逐步建成了七山酒庄（Sevenhill Cellars）。时至今日，这里仍由耶稣会的修道士负责经营管理，出产的葡萄酒多数用于宗教活动，仅少量供应市场。

产区长约 35 公里，宽约 10 公里，各子产区之间的土壤类型、海拔高度、气候的差异都很大，出产的葡萄果实和酒款的品质也很不同。出产的雷司令白葡萄酒很有活力，带有橙汁、柑橘的酸味，随着陈年还会有蜂蜜、烤面包的香味；西拉红葡萄酒颜色深厚、口感紧致，带有胡椒的味道；霞多丽、赛美蓉混酿的白葡萄酒口感柔软绵长，别具一格；赤霞珠红葡萄酒酒体丰满，味道浓重，带有黑色浆果的风味。

产区最主要的产品当属雷司令白葡萄酒，所有酒庄都在生产，当地还在 1995 年专门成立了雷司令酿酒师联盟，所有酒庄统一协作，以确保当地雷司令白葡萄酒的产量和品质。有趣的是，这里还有一条长达 20 多公里的自行车骑行专用道，被称为"雷司令山径"。它从南端的奥本一直到北端的克莱尔，沿途布满各个酒庄的产品体验门店、餐厅、旅馆和咖啡店，远处背景全是景色宜人的雷司令葡萄园。

★**主要种植的白葡萄品种：**雷司令、霞多丽、赛美蓉

★**主要种植的红葡萄品种：**赤霞珠

★**五个子产区：**七山（Sevenhill）、克莱尔（Clare）、沃特威尔（Watervale）、波兰山河（Polish Hill River）、奥本（Auburn）

·库纳瓦拉·

该产区在南澳州地区的石灰岩海岸，土壤类型主要是石灰岩和红色土壤。产区属地中海气候，温暖，湿润，风大，在葡萄生长期内的降雨量较低，当地葡萄园都需要人工灌溉。产区的赤霞珠红葡萄酒口感均衡，单宁细致，有着黑醋栗、薄荷、雪松的混合芳香；西拉红葡萄酒口感活泼，带有覆盆子、黑胡椒的香味；雷司令白葡萄酒产量不大，但口感独特，尤其是老藤果实酿出的酒款。

产区里的第一个葡萄园是 19 世纪 80 年代初由苏格兰移民约翰·瑞多克（John Riddoch）建立的雅璐（Yallum）葡萄园，他还在 1897 年开办了瑞多克酒庄（Riddoch Winery）。1951 年，塞缪尔·酝（Samuel Wynn）、大卫·酝（David Wynn）合资买下了瑞多克酒庄，改名为酝思酒庄（Wynns Coonawarra Estate），经营至今。

产区的国际知名度离不开雷德曼（Redman）家族做出的贡献。1901 年，年仅 14 岁的比尔·雷德曼（Bill Redman）在约翰·瑞多克的酒庄从学徒逐步成为酿酒师，之后他结合当地的风土条件，

创新和改良了不少种植和酿造的方法，提升了当地的葡萄品质和酒款质量。20 世纪 50 年代初，年过 60 岁的比尔·雷德曼推出了自己的葡萄酒品牌——胭脂红（Rouge Homme），该品牌现在已由家族的第四代成员接手经营。

★**主要种植的白葡萄品种：**雷司令

★**主要种植的红葡萄品种：**赤霞珠、西拉、梅洛、马尔贝克、味而多

·伊顿谷·

伊顿谷是南澳州地区中部的一个小城镇，名字据说是取自山谷内一棵刻有 "Eden" 字样的古树。产区处于巴罗萨山脉的山麓地带，海拔 380 米—629 米，葡萄种植区域沿起伏不平的山丘分布在莫卡塔、凯尼顿、伊甸山、史丙顿等地。当地气候凉爽、雨量充足，土壤主要是黏土、砂质壤土。葡萄的生长期、成熟期都很长，产量不稳定，适合种植的葡萄品种不多。

产区出产的雷司令白葡萄酒口感活泼，带有酸橙味道、菩提花香和矿物质风味，陈年后还会发展出烤木梨、金银花的香气；西拉红葡萄酒单宁细致，口感柔顺，带有胡椒、鼠尾草的气味。

产区的第一座葡萄园普西河谷酒庄是由英国人约瑟夫·吉尔伯特（Joseph Gilbert）于 1847 年建立的，也是澳大利亚第一个专门种植雷司令的葡萄园。翰斯科酒庄（Henschke Hill of Grace）和普西河谷酒庄（Pewsey Vale）拥有很高的国际知名度，在澳大利亚是与奔富酒庄齐名的酒类企业。

★**主要种植的白葡萄品种：**雷司令

★**主要种植的红葡萄品种：**西拉

·袋鼠岛·

袋鼠岛是澳大利亚第三大岛屿，1802 年 3 月 23 日，英国探险家马修·福林达思（Matthew Flinders）来到这里，并登上达力半岛（Dudley Peninsula）最高处的袋鼠顶（Kangaroo Head），之后将这里命名。

该产区葡萄种植历史始于 1839 年，第一批葡萄藤是英国移民威廉·加尔斯（William Giles）在金斯科特（Kingscote）种下的。现如今葡萄种植面积已有几百公顷，已成为澳大利亚一个极具国际知名度葡萄酒产区。

产区有 50 多个葡萄园和酒庄，种植区域遍布达德利半岛、美洲河、金斯科特、北海岸、中部地区、帕德那、南海岸等村镇，延绵 100 多公里。出产的赤霞珠红葡萄酒细腻馥郁，品质优异；西拉红葡萄酒，余味绵长，带有丰富的当地香料味；霞多丽白葡萄酒产量虽然不大，但独具特色，富含矿物质风味，很有市场潜力。

这里到了每年 11 月的最后一个星期六还有一个很应景的节日叫"葡萄开花节"，当地居民穿

着中世纪的服装，通宵达旦聚餐、喝酒，载歌载舞。

★**主要种植的白葡萄品种：**霞多丽、维欧尼、长相思、灰皮诺

★**主要种植的红葡萄品种：**赤霞珠、西拉、桑娇维塞、丹魄

·兰好乐溪·

该产区在南澳州地区的福乐留市的斯特拉萨尔宾镇，地处布雷默河的古老河滩上。这里由河流冲击形成的沙壤土富含有机质，使得葡萄长势很旺，树型茂密，产量高，品质也好。产区属地中海气候类型，气候温和，降雨主要在冬春两季，因此，葡萄园部分需要引河流水灌溉。

产区出产的赤霞珠红葡萄酒品质上乘，具有国际知名度，芳香馥郁，带有绿薄荷的风味；西拉红葡萄酒口感厚重，单宁精致，带有矿物质的风味。

当地最早的酒庄是布莱斯蒂酒庄（Bleasdale），由当地居民弗兰克·波茨（Frank Potts）在20世纪50年代初建立的。之后，居民沃夫布兰斯（Wolf Blass）、林达梅斯（Lindemans）等人又陆续建起各自的葡萄园和酒庄。现知名的酒庄除了弗莱彻酒庄，还有布雷默顿酒庄（Bremerton）、水畔轻风酒庄（Lake Breeze）、澳洲兄弟酒庄（Brothersin Arms）、雷登庄园（Raydon Estate）、奥特佛斯酒庄（Oddfellows）、安加斯平原庄园（Angas Plains）、克莱格特酒庄（Cleggett）、坦普布鲁尔酒庄（Temple Bruer）。

每年当地都会定期举办不少以葡萄酒为主题的活动，如4月的Bremer爵士音乐会，5月的澳大利亚全国酿酒师作品品鉴会，9月的葡萄酒艺术设计展览，11月的当地葡萄种植者、酿酒师运动会等。

★**主要种植的白葡萄品种：**霞多丽、华帝露

★**主要种植的红葡萄品种：**赤霞珠、西拉、梅洛、桑娇维塞、歌海娜

·迈拉仑维尔·

该产区在南澳州地区的福乐留市，是国际著名的有机葡萄和有机葡萄酒产地。产区土壤类型为砂质壤土、粘土和石灰岩。地中海气候使得这里气候温暖，又有湿润的洋流，非常适合葡萄生长。

19世纪30年代初，最早一批移民是来自英国德文郡的威廉·寇顿（William Colton）、查尔斯·托马斯·休伊特（Charles Thomas Hewett）等人。之后不久，威廉·寇顿建立达林加农庄（Daringa Farm）查尔斯·托马斯·休伊特建立奥克斯贝瑞农庄（Oxenberry Farm），种植谷物和蔬菜。直到19世纪30年代末，当地居民约翰·雷尼尔（John Reynell）、托马斯·哈代（Thomas Hardy）等人从欧洲引进了一批葡萄藤试种，开启了葡萄种植之路。19世纪50年代初，他们成立了海景酒庄（Seaview）和哈代酒庄（Hardy）。直至今日，当地已建有百来家葡萄园和酒庄。这些酒商极具创新意识，他们采用有机耕作和生物动力耕作的葡萄栽培方式，也栽培一些来自西

班牙、意大利和葡萄牙的葡萄品种，使得这里成为最早使用生物肥料种植葡萄的产区。

产区出产的酒款有很多，其中赤霞珠红葡萄酒口感浓郁丰满，单宁细致，带有成熟浆果、巧克力的香味；西拉红葡萄酒口感柔软醇厚，带有覆盆子、黑橄榄的气息；霞多丽白葡萄酒口感脆爽，酸甜平衡，易于佐餐；赛美蓉桃红葡萄酒口感清新淡雅，带有蓝莓的风味。

★**主要种植的白葡萄品种：** 霞多丽、赛美蓉、长相思、菲亚诺

★**主要种植的红葡萄品种：** 西拉、赤霞珠、丹魄、桑娇维塞、歌海娜、仙粉黛、多瑞加、巴贝拉

·本逊山·

该产区地处南澳州的石灰岩海岸，在阿德莱得市南侧约 300 公里处。产区的葡萄种植历史始于 20 世纪 80 年代初，最早的试种者是当地居民科林凯德（Colin Kidd），当时采用的品种是雷司令、麝香葡萄。20 世纪 80 年代末，当地居民比尔（Bill）、马格瑞特维尔（Margaret Wehl）等人开始系统地种植赤霞珠葡萄，建成了几百公顷的葡萄园。在他们的引领下，当地的农业经营者们纷纷放弃传统农作物转而种植酿酒葡萄。

产区出产的赤霞珠红葡萄酒口感厚重，带有黑醋栗、紫罗兰、雪松的香气；西拉红葡萄酒结构丰满，带有当地香料的气味；霞多丽白葡萄酒带有矿物质的风味。

产区的大型酒企包括有澳大利亚酒窖大师（Cellarmasters Australia）的黑金合欢树葡萄园（Black Wattle Vineyard）、法国罗纳地区的夏伯帝先生公司（M.Chapoutier）、保加利亚的澳洲克莱灵格酒庄（Kreglinger Australia）等。

★**主要种植的白葡萄品种：** 霞多丽、维欧尼、灰皮诺

★**主要种植的红葡萄品种：** 西拉、赤霞珠、梅洛

·帕斯维·

该产区在南澳州的石灰岩海岸，南侧是库纳瓦拉产区，属地中海气候，温暖湿润，时有春季霜害。土壤类型主要是壤土、红色石灰土、石灰岩，肥沃，透水。附近缺少天然水源，葡萄种植区域都需要人工灌溉。产区葡萄种植面积约 4000 公顷，葡萄园大部分建在平原地带，只有小部分处于东部丘陵地带的坡地上。

最早的外来投资者是来自英国的沙普（Seppelt），他根据英国联邦科学研究院、南澳州农业局的推荐，于 1963 年购买了当地 350 公顷的农用地，随即开建了葡萄园、酿酒厂。之后几年间，哈代公司（BRL Hardy）、爱河酒庄（Mildara Blass）、奥兰多云咸集团（Orlando Wyndham）、索斯考普公司（Southcorp Wines）等国际知名的酒业公司也相继来到这里投资。目前，来自美国的星座酒业（NYSE：STZ）是当地规模最大的酒企。

这里出产的酒款很多，如巨石酒业（Great Stone Wines）的泰南斯远景（Tynans View）、

巨石（Great Stone）等；莫朗博酒庄（Morambro Creek）的莫朗博（Morambro Creek）、吉吉岩（Jip Jip Rocks）等；罗森庄园（Lawsons）的西拉酒（Shiraz Wines）等。产量最大的霞多丽酿造的白葡萄酒非常优秀，带有独特的白桃、绿薄荷和桉树胶的混合香气，当地因此被称为澳大利亚的"霞多丽王国"。

★**主要种植的白葡萄品种：**霞多丽

★**主要种植的红葡萄品种：**西拉、赤霞珠

·河地·

该产区在南澳州地区的中东部，是澳大利亚葡萄酒产量最大的产区，约占南澳州地区总量的1/2和全国总量的1/4。产区地处平原地带，最高海拔仅约20米，可以在葡萄种植的开垦、灌溉、施肥、防疫、修剪、采收等方面实施大面积的、连续的机械化作业，极大提高了生产效率和质量。产区内的墨累河沿着伦马克、洛克斯顿、贝里、维克瑞等乡镇流经各个葡萄种植区域，为当地的葡萄生长提供了优质的天然水源。

这里因为拥有气候温暖、土壤肥沃、水源充足等优良的风土条件，所以葡萄产量很高，当地的种植农们为了保证葡萄果实的品质，会在每年葡萄藤发芽时剪掉一半的苞芽，并降低土壤的湿润度，以确保结成的果实成分不被稀释和冲淡。

出产的赤霞珠红葡萄酒浓烈醇厚，果香四溢；西拉红葡萄酒柔软和顺，亲切易饮；霞多丽白葡萄酒成熟圆润、高贵迷人。这里的葡萄酒虽然品质上乘，但平均售价不高，与旧世界的同类酒款对照，性价比很高。

葡萄果实除了用于本地酿酒，还会供应给巴罗萨谷、猎人谷等产区的酿酒厂。用了河地产区的葡萄果实酿造的酒款，其他地区产的葡萄酿造的酒大部分会在酒标上注明"澳大利亚东南部"（South Eastern Australia）的字样。

产区遍布葡萄园、酒庄和酿酒厂，其中有不少国际知名的大酒企，如赛琳娜酒业（Salena Estate）、王都酒庄（Kingston Estate）、安戈瓦酒庄（Angove's）、奥兰多云咸集团（Orlando Wyndham）、麦格根酒庄（Mc Guigan Simeon）、哈代酒庄（Hardy）、贝瑞公司（Berri）、列马伦公司（Renmano）等。

★**主要种植的白葡萄品种：**霞多丽

★**主要种植的红葡萄品种：**西拉、赤霞珠、丹魄、梅洛

·南福雷里卢·

该产区在南澳州地区的南福雷里卢半岛，距阿德莱得市区约50公里，北侧是迈拉仑维尔、阿德莱得山，东侧是兰好乐溪、金钱溪，西侧与袋鼠岛隔海相对。产区属地中海气候，湿润，大风，

日夜温差大，土壤类型主要是石灰岩、沙土、黏壤土、大砾石。当地的葡萄园大多分布在罗盘山、密彭佳、卡里拉以及第二谷之间的丘陵地带。

早在19世纪中期，南福雷里卢半岛就已是澳大利亚的农业和畜牧业基地，当时的葡萄种植业规模还很小，但现在当地已完全变成葡萄种植和酿酒的专业产区，遍布葡萄园和酒庄。

这里的酒款很多，其中的赤霞珠红葡萄酒带有树叶和红色浆果的风味，单宁厚重；梅洛红葡萄酒圆润丰满，活力十足；霞多丽白葡萄酒明亮轻快，有水果味清香。

★**主要种植的白葡萄品种**：雷司令、维欧尼

★**主要种植的红葡萄品种**：赤霞珠、马尔贝克、西拉

·南福林德尔士山区·

该产区地处南澳州地区的南福林德尔士山的崎岖山径两旁，南侧是克莱尔谷产区，西侧是斯宾塞湾，北侧、东侧是内陆地区。产区地跨高尔德线（南澳州的干、湿气候分界线），土壤主要是石灰岩和沙砾，大部分区域雨量充分，果实成熟期、采摘期比邻近的克莱尔谷产区、巴罗萨谷产区的都要早些，很适合种植赤霞珠、梅洛、西拉等品种。

当地的种植农们很有经验，出产的葡萄果实质量好，产量稳，货期准，除了满足当地的酿酒需求，还大量输出给其他产区的酿酒厂，如巴罗萨谷产区、克莱尔谷产区的查尔斯麦登公司（Charles Melton Wines）、彼特利蒙酒庄（Peter Lehmann）、贝灵哲布拉斯酒庄（Beringer Blass）、索斯考普公司（Southcorp）、亚伦巴酒厂（Yalumba）等。

产区盛产以赤霞珠、梅洛、西拉为原料的单品、混酿红葡萄酒，酒款大多色泽深浓，果香充盈，单宁结实，酸甜平衡，具有陈年潜力，很受国际市场的欢迎。

当地还十分重视以葡萄酒为主题的旅游项目，在每年10月举办"福林德尔士葡萄酒美食节"。

★**主要种植的白葡萄品种**：霞多丽、赛美蓉、维欧尼

★**主要种植的红葡萄品种**：赤霞珠、梅洛、西拉、丹魄、桑娇维塞、内比奥多、味而多

·拉顿布里·

该产区在南澳州的石灰岩山脊顶端，地形十分独特，表层土为红色石灰土，气候属大陆性气候。

在20世纪90年代以前，这里就有少量的小葡萄园和小酒庄，后来，大型酒企看中了其优越的风土条件前来投资，陆续建了一些规模较大的葡萄园和酿酒厂。这也促进了当地原有葡萄种植者、酿酒师们的改革创新，逐渐产生了一批精品酒庄和品鉴级酒窖，从而形成了今天的产区业态。

该产区是澳大利亚重要的葡萄酒原料供应基地，当地的葡萄果实除了用于本地酿酒外，其余大部分供应给全国各地的酿酒厂使用，如福斯特集团（Fosters）、哈迪公司（Hardy）、亚伦巴酒厂（Yalumba）等。赤霞珠红葡萄酒是当地产量最大的酒款，品质很好，口感浓郁复杂，单宁

柔顺，果香醇厚，有陈年能力，具有国际知名度。

★**主要种植的白葡萄品种：**霞多丽

★**主要种植的红葡萄品种：**赤霞珠、梅洛、西拉

维多利亚州

维多利亚州是澳大利亚内陆最小的州份，地处东南部的沿海地带，西侧是南澳州，北侧是新南威尔士州，南侧是海岸，大海对岸是塔斯马尼亚州。

1834 年，英国人约翰·拜特曼（John Batman）在墨尔本成立了行政区，吸引了大量欧洲移民迁居当地。几年后，新移民威廉·尤里（William Ryrie）除了务农、牧羊外，还在墨尔本郊外开种了当地的第一片葡萄农地。1839 年，瑞士人拉特罗布（Charles La Trobe）出任墨尔本的行政长官，随他一起迁居的瑞士移民带来了葡萄幼苗、葡萄种植和酿酒技术。他们的聚居之处吉朗周围的葡萄园，便成了当地最早的葡萄园。

1854 年，瑞士移民休伯特·德·卡斯特拉（Hubert de Castella）在优伶村建立酒庄，并开始企业化、商业化经营，到了 19 世纪 60 年代初，他们已可将产品大量出口到英国。然而，后来当地发生了葡萄根瘤蚜灾害以及由工会发动的禁酒运动，使刚刚兴盛起来的葡萄酒产业倍受打击，导致大量的葡萄种植者和酿酒师们离开当地，迁移到澳大利亚的其他葡萄酒产地。

那些早期的葡萄园和酒庄，多数建在墨尔本的南部海岸区域，直到 20 世纪初，遭受重创的葡萄酒产业才开始复苏，新建的葡萄园和酒庄则主要在墨尔本北部的路斯格兰镇附近。目前该地区有全国最多数量的葡萄酿酒厂，约 600 多家，但总产量只排全国第三。

★**21 个葡萄产区：**墨累河岸（Murray Darling）、天鹅山（Swan Hill）、格兰皮恩斯（Grampians）、亨提（Henty）、帕洛利（Pyrenees）、西斯寇特产区（Heathcote）、班迪戈（Bendigo）、高宝谷（Goulburn Valley）、上高宝（Upper Goulburn）、史庄伯吉山区（Strathbogie Ranges）、雅拉谷产区（Yarra Valley）、马斯顿山区（Macedon Ranges）、山伯利（Sunbury）、吉龙（Geelong）、莫宁顿半岛（Mornington Peninsula）、阿尔派谷（Alpine Valleys）、比曲尔斯（Beechworth）、格林罗旺（Glenrowan）、路斯格兰（Rutherglen）、国王谷（King Valley）、吉普史地（Gippsland）

·墨累河岸·

该产区在维多利亚州的西北部，是澳大利亚葡萄种植面积、酿酒产量排名靠前的产区，收成好的年份，产量占全国的 20% 以上，澳大利亚霞多丽白葡萄酒产量最大的产区就在这里。

产区属大陆性气候，夏季炎热干燥，年降雨量很小，但有来自维多利亚州北界的墨累河、达令河穿越全域，提供了当地葡萄的生长所需用水。19世纪70年代初，由英国移民乔治（George）、威廉·查菲（William Chaffey）等人在墨累河岸两旁最早开辟了葡萄园，当时主要出厂的是桶装加强型葡萄酒。

★主要种植的白葡萄品种：霞多丽、维蒙蒂诺、长相思、灰皮诺、维欧尼、白麝香、赛美蓉、鸽笼白

★主要种植的红葡萄品种：西拉、赤霞珠、梅洛、桑娇维塞、丹魄、多姿桃

·天鹅山·

该产区在维多利亚州的西北部，处于维多利亚州与新南威尔士州的交界地带，葡萄种植区大多分布在天鹅山市区的周围和墨累河的中段河岸两旁，墨累河穿越全区流向新南威尔士州，是当地农作物的主要灌溉水源。

产区产量最大的是霞多丽、西拉葡萄，出产标有"天鹅山"品牌的酒款越来越多，品质也越来越好，其中的霞多丽白葡萄酒成熟诱人，果味充盈；西拉、赤霞珠的混酿红葡萄酒酒体适中，口感平衡。

产区出产的葡萄果实除了满足当地的酿酒需求外，还大量供应给其他产区的酿酒厂，前来采购的知名厂商包括布朗兄弟公司（Brown Brothers）、贝思酒业公司（Best's）、圣安德鲁斯酒庄（St Andrews）、贝福酒庄（Beverford）等。

★主要种植的白葡萄品种：霞多丽、维蒙蒂诺

★主要种植的红葡萄品种：西拉、赤霞珠、桑娇维塞、丹魄、多姿桃

·格兰皮恩斯·

该产区在维多利亚州地区的西部，格兰皮恩斯国家公园、帕洛利山附近，其葡萄种植区域大多处于海拔200米—400米的坡地上。

产区最早的葡萄种植者都是法国的移民。19世纪50年代中期，安妮·玛丽（Anne Marie Blampied）与丈夫让·皮埃尔（Jean Pierre Trouette）、哥哥埃米尔（Emile）一起建立了当地第一家葡萄园——圣彼得斯（St Peters）。到了60年代初，查尔斯·洛特（Charles Pierlot）成立了西部大地酒庄（Great Western Estate），引进法国起泡酒传统酿造法，开始生产起泡酒。之后，他的酒庄被汉斯·欧文（Hans Irvine）、塞佩特·玛奇（Seppelt. Much）、多米尼克·兰卓金（Dominique Landragin）等人辗转接手经营，至今一直主营"格兰皮恩斯起泡酒"，产区也因此被称为"起泡酒产区"，是澳大利亚品质最好、产量最大的起泡酒生产基地。2007年4月，当地的大西部（Great Western）子产区的产品获得GI资格认证。

除了出产起泡酒外，产区还有一些以霞多丽、雷司令、赤霞珠、西拉为原料生产的酒款，品质也都很不错，特别是用赤霞珠、西拉混酿的红葡萄酒，结构均衡，单宁结实，带有独特的矿物质气息。

产区景色优美，吸引了来自世界各地的游客前来徒步探险，特别在每年4月份的格兰皮恩斯葡萄采摘节（Grampians Grape Escape），更是人山人海。

★**主要种植的白葡萄品种：**霞多丽、维蒙蒂诺

★**主要种植的红葡萄品种：**西拉、赤霞珠、桑娇维塞、丹魄、多姿桃

·亨提·

该产区在维多利亚州地区的西部，从东边霍普金斯河开始，到维多利亚州与南澳大利亚州的州界地带，偌大的面积都属于其种植区域。

19世纪20年代，英国移民亨提兄弟从朗塞斯顿辗转登陆波特兰海岸，他们种下了从欧洲带来的葡萄苗，成为整个维多利亚洲地区最早种植葡萄的，后来，产区就是以他们的姓氏命名的。

而产区的现代葡萄酒产业则是从1963年塞佩特（Seppelt）成立的卓姆伯格葡萄园（Drumborg）开始的。塞佩特引进了不少欧洲的优质葡萄品种和先进酿酒技术，并与位于北侧160公里的大西部酒庄合作生产了一些优秀的葡萄酒款出口到欧洲。这令当地名声大噪，从而吸引了很多投资者前来进驻，葡萄酒产业因此兴起。产区目前有近20个酒庄，产量都不大，但出产的酒款品质都很好。

产区出产的雷司令白葡萄酒清新爽口，陈年后单宁重，酸度高，会有浓郁的蜂蜜味；西拉红葡萄酒酸度平衡，单宁柔顺，带有橡木、热带水果等风味；黑皮诺红葡萄酒味杂跳跃，活泼易饮，带有黑色浆果、青草和香料的气息。

产区每年都会举办活动去推介当地葡萄酒、美食和农产品土特产，如瓦南布尔（Warrnambool）的美食美酒节、仙女岗（Port Fairy Folk Festival）的美食音乐节等。

★**主要种植的白葡萄品种：**雷司令

★**主要种植的红葡萄品种：**西拉、黑皮诺

★**主要子产区：**亨提州（Henty Estate）、克劳福德河（Crawford River）、特宁顿（Tarrington）、皮尔伯特山（Mount Pierrepoint）、博卡热（Bochara）

·帕洛利·

该产区在维多利亚州地区的西部，属温暖的温带气候，地处帕洛利山脉的大分水岭。帕洛利山脉的地势不高，产区较好的葡萄园多位于南部的山丘之间，地势一般在200—450米之间，那里有砂岩、石英、砂质粘土和壤土等不同土壤类型，降雨量为220毫米。那里气候很适合葡

萄生长，在葡萄生长季节有很高的日照强度和持续时间，却不受夏日猛烈阳光灼伤，有助于保持葡萄藤的健康和强壮。

该地区葡萄种植史已 150 多年了，最早的葡萄园在 1945 年以前倒闭了，紧接着在 20 世纪 60 年代，法国的人头马集团（Remy Martin）在该地区创建了葡萄园，用以服务白兰地酒的酿制。后来由于消费市场发生了较大的变化，转而生产起泡酒和日常餐酒。以其凉爽气候风格的西拉以及以传统风格酿造的黑皮诺和霞多丽起泡葡萄酒而闻名。出产的以西拉和赤霞珠为主的优质红葡萄酒浓郁醇厚，单宁紧致，带有黑色水果风味，还伴有独特的薄荷香。

当地建有很多酒窖、葡萄酒品鉴馆、酒吧、餐厅和旅馆，沿着巴拉瑞特与米尔杜拉之间的主要干线还有许多酒窖品鉴室供葡萄酒游客享用。当地每年会定期举办不少品酒会、酒乡游、美食节、音乐会、诗人朗诵会等以葡萄酒为主题的活动。

★ **主要种植的白葡萄品种：** 霞多丽、长相思

★ **主要种植的红葡萄品种：** 西拉、赤霞珠

·西斯寇特·

该产区在维多利亚州地区的中部，距墨尔本市约 100 公里，处于高宝谷产区和班迪戈产区之间的大分水岭北侧。

产区最早的葡萄藤是由德国移民亨宁·若森（Henning Rathjen）于 19 世纪 60 年代初种下的，之后不断有新移民加入种植，遂形成规模。至 20 世纪 60 年代，产区已在澳大利亚葡萄酒业界小有名气，尤其是碧玉山、埃派劳克山、麻黄山等区域出产的红葡萄酒，颇受好评。

出产的酒品主要是西拉红葡萄酒，各个酒庄基本有生产，品质都很好，口味浓郁，单宁细腻持久，带有黑色核桃的特殊香气，极具魅力，特别是野鸭溪酒庄（Wild Duck Creek Estate）的"鸭肥"（Duck Muck）牌酒款，曾于 1997 年在国际酒展中被美国酒评家罗伯特帕克（Robert Parker Jr.）评出 99 分的高分。

产区种植的西拉产量最大，占比 70% 以上。西拉葡萄果实除了本地酒庄争相用来酿酒外，还吸引了不少外地至甚外国的知名酒企前来求购，包括有晒莫丹公司（Shelmerdine）、沙都福公司（Shadowfax）、塔塔尼公司（Taltarni）、泰热力斯公司（Tyrrells）、卡莱依酒庄（Carlei Estate）、多米尼克·布特公司（Dominique Portet）、悬石酒厂（Hanging Rock Winery）等。

产区以葡萄酒为主题的旅游业也发展得很好，每年 10 月份的第一个星期，是西斯寇特美食美酒节（Heathcote Wine & Food Festival）。

★ **主要种植的白葡萄品种：** 玛珊、瑚珊

★ **主要种植的红葡萄品种：** 西拉、梅洛、赤霞珠、品丽珠、歌海娜、桑娇维塞、内比奥罗、丹魄

·班迪戈·

该产区在维多利亚州地区的中西部，距墨尔本市约 130 公里，葡萄种植区域处于维多利亚山脉的多石花岗岩山峰、山丘、溪流之间，遍布花岗岩坡面、洛登谷和金水岸等地。产区属地中海气候，夏季温暖干燥，冬季温和湿润，山区丘陵地带凉爽，风大。当地的葡萄种植区域大部分在海拔 240—390 米之间。

产区葡萄园最早是由来自欧洲的淘金矿工于 19 世纪中期建立的，在 19 世纪末曾遭受葡萄根瘤蚜虫害，经历了几度兴衰。2001 年，当地获得了澳大利亚官方的 GI 的资格认证。

产区产量最大的是赤霞珠和西拉葡萄，出产的赤霞珠红葡萄酒色泽深邃，口感健硕丰满，风味浓郁，带有淡淡的薄荷香气；西拉红葡萄酒口味厚重，浓郁强健，带有檀木香料的气味；霞多丽白葡萄酒口感复杂，回甘悠长；长相思白葡萄酒凛冽爽脆，芳香四溢。

★**主要种植的白葡萄品种：**霞多丽、长相思、雷司令、赛美蓉、维欧尼、麝香

★**主要种植的红葡萄品种：**赤霞珠、西拉、梅洛、黑皮诺、品丽珠、马尔贝克、马达罗、桑娇维塞、多瑞加

·高宝谷·

该产区在维多利亚州地区的中部，距墨尔本市约 180 公里，北侧是墨累河，南侧是布拉德福德；墨累河的支流高宝河穿行整个产区，在河岸旁形成不少溪流湖泊补充了因夏季少雨干燥而紧缺的葡萄生长用水。当地的葡萄园主要集中在纳甘比湖（Nagambie Lakes）子产区，其余的零散分布在谢珀顿、伊丘卡、莫奇森、西摩等城镇的周围。

产区的葡萄种植史始于 19 世纪 50 年代初，最早出现的品种是生长在纳甘比湖畔的西拉和玛珊葡萄，玛珊、瑚珊和西拉在当地产量最大。

这里有两个很出名的酒企，分别是已有 100 多年历史的德宝酒庄（Tahbilk）和建于 1969 年的迈尔顿酒庄（Mitchelton）。德宝酒庄是全球最早、最专业的玛珊葡萄的种植商与酿酒商，出产的酒款玛珊白葡萄酒口感细腻，余味悠长，带有坚果、柠檬、金银花的混合香气，非常特别。

每年 3 月份这里会举办"世界最长午餐日"（World's Longest Lunch）以及 10 月份的全澳西拉葡萄酒挑战赛（Great Australian Shiraz Challenge）等以葡萄酒为主题的大型活动。

★**主要种植的白葡萄品种：**玛珊、瑚珊、维欧尼、雷司令、华帝露、霞多丽

★**主要种植的红葡萄品种：**歌海娜、西拉、慕合怀特、梅洛、赤霞珠

·上高宝·

该产区在维多利亚州地区的中部，葡萄园遍布高宝河的上游河岸区域，是澳大利亚风景最漂

亮的葡萄酒产区之一。葡萄种植史始于 20 世纪 60 年代初期，是受周围地区影响而开启的，启动者都是些经验丰富的成熟酒企，出产的酒款都很高端。2003 年，当地获得澳大利亚官方的 GI 资格认证。

产区产量最大的是霞多丽、雷司令和西拉葡萄。出产的霞多丽白葡萄酒复杂浓郁，回味悠长；雷司令、琼瑶浆混酿的白葡萄酒优雅高贵，品味纯净，享有国际美誉；西拉红葡萄酒口感均衡，带有独特的花香；黑皮诺、梅洛混酿的红葡萄酒细腻持久，带有草本植物的气息。

产区是澳大利亚的著名旅游胜地，滑雪、登山、极限运动、森林探险、果园徒步、露营、捕鳟鱼、烤野兽肉等游玩、休闲项目一应俱全，吸引了大量来自世界各地的游客。每年 3 月，当地还举办高地葡萄收获节（High Country Harvest Festival）。

★**主要种植的白葡萄品种：**霞多丽、雷司令、琼瑶浆、灰皮诺、维欧尼、长相思
★**主要种植的红葡萄品种：**西拉、赤霞珠、梅洛、黑皮诺

·史庄伯吉山区·

该产区在维多利亚州地区中部，位于上高宝产区和高宝谷产区之间，南距墨尔本约 150 公里。其海拔高度为 160—600 米，气候凉爽，葡萄生长期长，时常有清凉的山风，冬天还有轻薄的积雪。土壤类型包括淤积沙土、古代花岗岩和沙质壤土等。

产区最早的葡萄种植者是英国移民艾伦·普兰科特（Alan Plunkett），他于 1968 年种下了第一批适宜冷凉气候下生长的雷司令、琼瑶浆葡萄。1994 年，著名的酩悦香槟酒业公司（Champagne Moet & Chandon）进驻当地，投建了大规模的葡萄园和现代化酿酒厂，经营霞多丽、长相思、黑皮诺、莫尼耶皮诺等葡萄品种及对应的酒款，大大提高了当地的生产水平。2001 年，当地正式获得澳大利亚官方的 GI 资格认证。

产区低坡地带温暖葡萄园出产的葡萄酿造的酒款味道柔软又醇厚。西拉红葡萄酒口感活泼，充满果香、香料等气息；黑皮诺、赤霞珠混酿红葡萄酒香醇厚重，饱满丰富，陈年后的品质极好；长相思白葡萄酒清新爽脆，散发着草本植物的生气；霞多丽白葡萄酒芳香柔顺，蕴含多种水果的风味。

当地有个一年一度的全国性葡萄酒展销会（Strathbogie Region Wine Show），对澳大利亚葡萄酒行业的影响很大，每次都能吸引全国甚至全球的业界精英们到此共聚一堂，交流研讨齐襄盛事。

★**主要种植的白葡萄品种：**霞多丽、长相思、雷司令
★**主要种植的红葡萄品种：**黑皮诺、西拉、卡本内、梅洛

·雅拉谷·

该产区在维多利亚州地区的菲利普港，是澳大利亚历史最悠久的产区之一，也被誉为世界上

最佳的寒冷气候的葡萄酒生产区域之一。

葡萄种植区域遍布当地的莉莉岱、希斯维尔、雅拉格兰、圣安德鲁斯等各个村镇。该产区最早的葡萄园建于 1838 年，到了 19 世纪 80 年代中期，因遭受葡萄根瘤蚜菌的灾害，整个行业元气大伤，至 20 世纪初期才逐步恢复。

产区出产的霞多丽白葡萄酒香醇优雅，余味绵长；黑皮诺红葡萄酒单宁细腻，口感紧致，带有红色浆果的风味，享有国际知名度；西拉、维欧尼的混酿红葡萄酒质地独特，花香芬芳；赤霞珠、梅洛、长相思的混酿红葡萄酒口感平衡、柔软，都有胡椒等香料的风味。

因拥有优越的风土条件，产区颇受一些大型酒企的青睐，已在当地建园、建厂的知名公司包括酩悦香槟酒业公司（Champagne Moet & Chandon）、香桐酒厂（Domaine Chandon）、德保利酒庄（De Bortoli）等。

产区自然风光迷人，原始生态旅游资源丰富，希斯维尔野生动物保护区、斯蒂文森瀑布等就在这里，它还是维多利亚州闻名遐迩的酒与美食的天堂。一年到头有各种活动，可参观葡萄园，品美味的葡萄酒。

★**主要种植的白葡萄品种：** 霞多丽、琼瑶浆、赛美蓉、玛珊、雷司令、灰皮诺、维欧尼

★**主要种植的红葡萄品种：** 桑娇维塞、内比奥罗、西拉、赤霞珠、黑皮诺、品丽珠、梅洛

·马斯顿山区·

该产区距墨尔本市约 80 公里处，坐落在海拔 400—600 米处，气候凉爽湿润，是澳大利亚大陆地区最冷的葡萄生长地。葡萄种植区域大多位于穿区而过的卡尔德高速公路的两旁，覆盖南部的兰斯菲尔德 – 马其顿 – 吉斯本、北部的凯尼顿和西部的戴尔斯福特等镇落。

产区出产的葡萄果实因风土原因大多具有高酸度，很适宜酿制起泡酒，尤其是霞多丽、黑皮诺起泡酒，酸甜明朗，充满活力，具有石英矿物的质地，带有新鲜柑橘的风味。黑皮诺红葡萄酒芬芳雅致，单宁柔顺；西拉、赤霞珠、梅洛的混酿红葡萄酒口感均衡，带有胡椒、甘草的香气；琼瑶浆白葡萄酒口感浓重复杂，很有个性。

近些年，克里平地葡萄园（Curly Flat Vineyards）、花岗岩山酒庄（Granite Hills）、常特山酒庄（Chanters Ridge）、菲热维尔酒业公司（Farrawell Wines）、考普威廉姆斯公司（Cope Williams）、爱好园葡萄园（Portee Vineyard）、悬巨岩酒业公司（Hanging Rock Wines）等酒企在开拓国际市场方面颇有成效。

产区还建有许多酒窖品鉴馆、酒吧、餐厅、旅馆等休闲娱乐场所，每年 10 月会举办葡萄萌芽节（Budburst Festival），吸引了世界各地的葡萄酒爱好者和游客到访。

★**主要种植的白葡萄品种：** 霞多丽、灰皮诺、雷司令、琼瑶浆、长相思

★**主要种植的红葡萄品种：** 黑皮诺、莫尼耶皮诺、西拉、梅洛

·山伯利·

该产区在维多利亚州地区的菲利普港附近，北接马斯顿山区，距墨尔本约 40 公里，产区中间是火山平原，边沿有些峭谷、丘陵，海拔高度为 50—300 米。产区为温带气候，受平原地带的冷风影响较大，土壤主要是砂质壤土和玄武岩黏土。

产区葡萄种植史始于 19 世纪 60 年代初，是由当地一些政府官员牵头启动的。1858 年，曾任维多利亚州州长的詹姆斯·顾达尔（James Goodall）建立了古娜沃拉酒庄（Goona Warra）；1864 年，时任维多利亚州农业局局长的詹姆斯·约翰斯顿（James Johnston）建立了克雷利酒庄（Craiglee Vineyard）。

19 世纪 90 年代，全澳大利亚陷入经济危机，这里的葡萄酒产业因此完全停顿；20 世纪 80 年代中期，在古娜沃拉酒庄、克雷利酒庄等老字号酒企的带领下，当地的葡萄种植业、酿酒业又重新启动。1998 年，产区获得澳大利亚官方 GI 认证资格。

产区种植的西拉、霞多丽产量最大，出产的西拉红葡萄酒整体平衡，单宁细致，带有黑色浆果、胡椒香料的风味；霞多丽白葡萄酒酸味诱人，果香扑鼻，品质上乘。

卡尔德和麦尔登两条高速公路从产区穿行而过，公路沿途都是当地葡萄园和酒庄的展销门店，每年 8 月，许多来自世界各地的葡萄爱好者、游客都会前来参加山伯利葡萄节。

★**主要种植的白葡萄品种：**霞多丽、长相思、赛美蓉
★**主要种植的红葡萄品种：**西拉、赤霞珠、黑皮诺

·吉龙·

该产区在维多利亚州地区的菲利普港，距墨尔本市约 80 公里，北侧是利特尔河，西侧是利哈伊河。南侧是巴斯海峡，是澳大利亚最南端的产区。其葡萄种植区域主要分布在摩尔宝山谷、柏拉瑞半岛、冲浪海岸等地。

产区的第一批葡萄藤是于 19 世纪 50 年代中期由来自瑞士提契诺省的矿工种下的，之后种植面积渐渐增加，直至 19 世纪 80 年代因葡萄根瘤蚜菌而遭受毁灭性打击。20 世纪 60 年代初，在金达莱（Jindalee）、佩特沃（Pettavel）、史葛玛山（Scotchman's Hill）、沙杜福（Shadowfax）等公司的带领下，当地投资葡萄园和酒庄的个人、企业逐渐增多，当地的葡萄酒产业就此复苏。1996 年，当地获得澳大利亚官方的 GI 的资格认证。

产区种植的西拉、黑皮诺和霞多丽产量最大，出产的西拉红葡萄酒口感精妙，带有黑色浆果的气味；黑皮诺红葡萄酒格调优雅，内敛深沉；霞多丽白葡萄酒活泼跳跃，清爽甘甜，带有矿物质风味；维欧尼起泡酒果酸丰富，散发着独特的海洋气息。

★**主要种植的白葡萄品种：**霞多丽、雷司令、维欧尼、长相思、灰皮诺
★**主要种植的红葡萄品种：**西拉、黑皮诺、赤霞珠

·莫宁顿半岛·

该产区距墨尔本市约 50 公里, 毗邻菲利普湾、巴斯海峡, 葡萄园遍布当地的杜敏那、南雷德山、梅里克斯、穆鲁杜克等各个村镇。产区属海洋性气候, 凉爽, 湿润, 日照充足, 葡萄的生长期、成熟期都很长。

产区在 19 世纪中期就已开始种植葡萄, 但到 20 世纪 70 年代初才开始量化生产, 整体经营规模都不大, 多数是精品小酒庄。1997 年, 当地获得澳大利亚官方的 GI 资格认证。

产区产量最大的酒款是霞多丽白葡萄酒, 品质出色, 很有特点, 成份复杂, 口感立体, 充分反映了当地的风土情况, 很受资深葡萄酒爱好者们的追捧。

★主要种植的白葡萄品种: 霞多丽、雷司令、灰皮诺、维欧尼

★主要种植的红葡萄品种: 黑皮诺、赤霞珠、西拉、马尔贝克、梅洛

·阿尔派谷·

该产区是澳大利亚最美丽的葡萄酒产区之一, 在维多利亚州地区的东北部, 包括美特佛、泊瑞旁肯、布莱特等城镇。域内有四条河流交错流过, 在交汇处形成了四个河涧峡谷, 属大陆性气候, 凉爽湿润, 降雨、降雪丰沛。葡萄种植区域大部分处于地势较高的地带, 土壤主要是冲积土、砂质壤土和花岗岩等。

产区的葡萄种植的史始于 19 世纪 50 年代中期, 在遭受葡萄根瘤蚜菌灾害之后一度改种烟草, 直至 20 世纪 70 年代澳大利亚禁烟运动之后又转而改种回酿酒葡萄。自此, 当地的葡萄酒产业重新发展起来。

产区出产的酒款有很多, 其中的长相思白葡萄酒芳香四溢, 口味诱人; 霞多丽白葡萄酒酸甜均衡, 易于佐餐; 梅洛单品红葡萄酒口感丰富, 单宁柔顺, 带有绿薄荷的香气; 黑皮诺、霞多丽混酿的起泡酒独具个性, 让人爱不释口。

当地有 1 月的澳大利亚美食节、4 月的费尔斯小溪葡萄酒品鉴会、7 月的安娜普纳州音乐节、8 月的杰斯酒庄电影周等不少以葡萄酒为主题的活动。

★主要种植的白葡萄品种: 长相思、霞多丽、灰皮诺、

★主要种植的红葡萄品种: 梅洛、黑皮诺、西拉、赤霞珠、桑娇维塞、内比奥罗、巴贝拉、玛泽米诺

·比曲尔斯·

该产区在维多利亚州地区的东北部, 盘桓于阿尔卑斯山的南麓, 距墨尔本市约 300 公里。产区位于海拔 300—720 米处, 气候随海拔变化也会有显著的变化。

产区在19世纪初曾是淘挖金矿的重镇，周围聚居了大量的矿工和商贩，为了满足人口急剧膨胀带来的消费需求，当地的葡萄种植业、酿酒业随之发展起来，之后随着淘金热的消退，当地的葡萄种植规模也迅速缩减。直到20世纪50年代中期，布朗兄弟酒业公司（Brown Brothers）在当地的埃弗顿山开建了大片葡萄园与酿酒厂，其前任酿酒师里克·肯兹布鲁纳（Ric Kinzbrunner）也跟随在旁边投资建立了吉贡达酒庄（Giaconda），自此，当地的葡萄酒业逐渐重焕活力。

产区如今是以生物动力肥料、有机种植葡萄、野生酵母菌酿酒等特色闻名于国际酒界，其中的佼佼者包括有成立于20世纪70年代初的本尼维特酒庄（Pennyweight）、卡斯塔酒庄（Castagna）、罗素溪公司（Russell Bourne）、比特利公司（Battely Wines）、萨瓦迪拉酒庄（Savaterre）等，出产的酒品都广受好评。

产区葡萄种植面积、葡萄酒的产量都不大，但酒款的平均水准很高，其中，由朱利安·卡斯塔纳（Julian Castagna）出产的西拉有机红葡萄酒，口感丰富、充盈，饱含香料风味，是澳大利亚同类酒款中的标杆；由里克·肯兹布鲁纳出产的霞多丽有机白葡萄酒，自然发酵而成，层次分明，十分精致，富含矿物质风味，属澳大利亚同类酒款中的精品。

★**主要种植的白葡萄品种：**霞多丽

★**主要种植的红葡萄品种：**西拉

·格林罗旺·

该产区在维多利亚州地区的东北部，葡萄种植区域主要分布在格林罗旺镇附近的沃比山脉与默考安湖之间的地带，是维多利亚州地区的一个交通枢纽，奥文斯河、国家铁路干线、休姆高速公路从中穿行而过，连接周边的旺加拉塔、格林罗旺、温顿、本纳拉等大小城镇，四通八达，货运便利。

19世纪50年代中期，欧洲移民理查百利（Richard Bailey）最早在这里种植葡萄，他成立了班达拉酒庄（Bundarra），他儿子瓦利（Varley）在1868年成功酿出首批葡萄酒，酒庄如今的所有者是贝灵哲布鲁斯（Beringer Blass Estates），现用的品牌是"格林罗旺的百利"（Baileys of Glenrowan），百利甜酒已成为当地的传奇酒款。

产区种植的西拉、霞多丽产量最大，主要出产加烈酒和酒体丰满的干型葡萄酒，其中西拉干型餐酒是澳大利亚最浓郁的酒款之一。最好的白葡萄酒是用霞多丽酿制的，用麝香葡萄酿制的加烈酒算得上这里的标志性酒款，用麝香和托卡伊酿制的甜葡萄酒口感十分浓郁复杂。

产区内有许多果园、酒窖品鉴室、咖啡馆、餐馆和旅馆可供游客享用，每年11月举办旺加拉塔爵士音乐节。

★**主要种植的白葡萄品种：**霞多丽、麝香、托卡伊

★**主要种植的红葡萄品种：**西拉、赤霞珠

·路斯格兰·

该产区在维多利亚州的东北端，为大陆性气候，天气炎热，维多利亚山麓给当地带来了一些凉爽的晚风。该产区葡萄成熟期气候干燥，一直延续至秋季，为酿制加强型葡萄酒创造了理想条件。

产区葡萄种植史始于 19 世纪 50 年代，是由田园诗人林赛·布朗（Lindsay Brown）与几个刚迁居过来的德国移民一起种下当地的第一批葡萄藤。当时正经历淘金热，有许多矿工居住在周围各个村落，其中有不少人在积攒到一定金钱后不愿再去挖矿冒险，转而从事葡萄种植、酿酒等工作，当地的葡萄酒产业由此逐渐发展起来。现一些老牌的酒庄、葡萄园就是在那段时间成立的，如康贝尔酒庄（Campbell's Winery）、约翰格里克酒庄（John Gehrig Wines）、莫利斯酒庄（Morris Wines）等。19 世纪 90 年代，这里也曾遭受葡萄根瘤芽菌的袭击，但当时的种植者们迅速应对，果断换种了一些免疫力强的葡萄品种，使当地的不少葡萄园和酒庄得以存活，继续经营。

产区出产的酒款主要是麝香加强葡萄酒、托佩克加强葡萄酒、杜瑞夫红葡萄酒、西拉起泡葡萄酒等。当地自制了一套分级规则，是将酒款分为路斯格兰（Rutherglen）、经典（Classic）、很好（Grand）、极好（Rare）几个级别。

产区独特的明星酒款是麝香、托佩克、芳蒂娜加强葡萄酒，酒色浓厚似糖浆，口感甘甜，香气袭人，有蜂蜜、椰枣和胡桃仁的风味，陈年后口味更复杂、立体。这些酒款都是采用特意晚收的棕色葡萄果实酿制的，果实因晚收而具有高糖分，才能足以发酵出高达 18% 的酒精度。之后，必须要经过橡木桶熟成，几年后才能瓶陈。产区还有一个特别的酒款是西拉起泡酒，果香扑鼻，口感诱人。

产区建有很多酒窖、葡萄酒品鉴馆、酒吧、餐厅、旅馆，每年会定期举办不少品酒会、酒乡游、美食节、音乐会、诗人朗诵会等以葡萄酒为主题的活动。

★**主要种植的白葡萄品种：**麝香、特雷比奥罗

★**主要种植的红葡萄品种：**西拉、赤霞珠

·国王谷·

该产区在维多利亚州地区的东北部，从奥克斯利平地延伸至维多利亚州地区阿尔卑斯山西南麓的丘陵地带，其名字源自大分水岭的国王河。

产区最早种植葡萄的是英国移民盖·大林（Guy Darling）、约翰·拉文吉（John Levigny）等人，他们在 20 世纪 70 年代初栽下了第一批葡萄藤。之后，由于布朗兄弟酒业公司的青睐，开始大笔订购当地的葡萄果实，大大刺激了当地葡萄种植业的发展。在澳大利亚爆发全国禁烟运动后，当地改种葡萄，促使当地的葡萄种植规模、产量迅速扩大。现在，当地的优质葡萄果实产量已占维多利亚州地区的 1/3 以上。2007 年，当地获得澳大利亚官方的 GI 资格认证。

产区种植的赤霞珠、霞多丽、雷司令产量最大。出产的酒款有红葡萄酒、白葡萄酒、起泡酒、加强酒等，其中的赤霞珠红葡萄酒单宁结实，口感醇厚，香气浓郁；霞多丽白葡萄酒绵柔诱人，

清纯易饮；雷司令白葡萄酒脆爽芬芳，可口怡人。

产区每年 10 月举办的葡萄酒展（Shed Wine Show），11 月举办的甜蜜生活美食节（La Dolce Vita），深受澳大利亚葡萄酒业界重视。

★**主要种植的白葡萄品种：**霞多丽、雷司令、灰皮诺、阿内斯、萨瓦涅、歌蕾拉

★**主要种植的红葡萄品种：**赤霞珠、桑娇维塞、巴贝拉、多姿桃、内比奥罗、丹魄、丹娜、萨格兰蒂诺

·吉普史地·

该产区在维多利亚州地区的东南端，南部因受巴斯海峡的海风影响，多雨凉爽；西部因受大分水岭的大片雪原影响，干燥寒冷；东部属地中海气候，温暖湿润。

该产区是地区内最年轻的，于 20 世纪 70 年代中期才开始种植葡萄，1996 年获得澳大利亚官方的 GI 的资格认证。产区种植的霞多丽、黑皮诺产量最大。出产的葡萄酒比较细腻，除了品质独特的黑皮诺，还有含有香气的西拉和酒体适中的赤霞珠和梅洛混酿酒，都要比温暖的西部平原出产的葡萄酒风格更加醇厚。

★**主要种植的白葡萄品种：**霞多丽、长相思

★**主要种植的红葡萄品种：**黑皮诺、赤霞珠、梅洛、西拉

—— 西澳州 ——

西澳州是澳大利亚面积最大的州，占全国大陆面积的 1/3，是全球面积第二大的行政区。西澳州地区气候受西侧的印度洋、东南侧的南冰洋的影响，凉爽湿润。

葡萄种植区域在 20 世纪 70 年代以前基本都在珀斯市的天鹅谷周围，后来逐渐向南拓展，葡萄果实和葡萄酒的产量随之逐年增长，尤其是玛格利特河、大南部地区等地的发展非常迅猛。产区主要分布在首府城市珀斯的附近、南部的沿海地带以及吉奥格拉非湾的南端。

除了出产霞多丽白葡萄酒、赤霞珠红葡萄酒等常见酒款外，西澳州地区还有一种由赛美蓉和长相思混酿的白葡萄酒，品质不错，能充分反映当地的风土特点，这个酒款是效仿传统的波尔多混酿方法制成的，酒标上会注有"SSB"或"SBS"的字样，用于表示两种酿酒原料的比例。

★**主要种植的白葡萄品种：**霞多丽、长相思、赛美蓉

★**主要种植的红葡萄品种：**赤霞珠、梅洛、西拉

★**九个葡萄产区：**黑林谷（Blackwood Valley）、吉奥格拉非（Geographe）、大南部（Great Southern）、满吉姆（Manjimup）、玛格利特河（Margaret River）、皮尔（Peel）、潘伯顿（Pemberton）、佩斯山（Perth Hills）、天鹅（Swan District）

·黑林谷·

该产区在西澳州的布里奇顿市的黑林河两岸，属地中海气候，夏季温暖干燥，冬季凉爽湿润，海拔在 100—340 米之间，土壤主要是冲积土和砾石。

产区的葡萄种植史始于 1976 年，由来自西班牙的移民麦克斯·法布拉斯（Max Fairbrass）在博阿普·布鲁克村附近的黑林河上游河岸旁种下第一批葡萄藤。

产区种植的赤霞珠、西拉、长相思产量最大。出产的赤霞珠红葡萄酒酒体丰满，口感醇厚；西拉红葡萄酒均衡适中，有香料的风味；霞多丽白葡萄酒清新爽脆，个性突出，充满热带水果的香气；长相思白葡萄酒很好地呈现了风土的特点，酒香中带有当地草本植物、蔬菜的气息。

★**主要种植的白葡萄品种：**长相思、赛美蓉、霞多丽、雷司令

★**主要种植的红葡萄品种：**赤霞珠、西拉

·吉奥格拉非·

该产区在西澳州地区的中央位置，属温暖的地中海气候。当地的葡萄酒产业这几年发展很快，在西澳州地区的占比已超 20%。

产区出产的西拉红葡萄酒口感均衡，带有当地特产薄荷的香气；赤霞珠、梅洛混酿红葡萄酒单宁细腻，风格优雅，别具一格；霞多丽白葡萄酒口感宜人，适于佐餐；长相思、赛美蓉混酿白葡萄酒风格独特，口感浓烈。

这里有不少精品酒庄，代表有巴里·基乐拜医生（Dr Barry Killerby）、皮特医生（Dr Peter Pratten）等人于 20 世纪 70 年代分别建立的酒庄。它们持续家族经营至今，出产的酒款品质都很优秀，尤其是窖藏老酒，受到不少国际资深葡萄酒迷的追捧。

★**主要种植的白葡萄品种：**长相思、霞多丽、赛美蓉、维欧尼、仙粉黛

★**主要种植的红葡萄品种：**西拉、赤霞珠、梅洛、丹魄

·大南部·

该产区在西澳州地区的南部海滨，属于海岸区域气候，受南冰洋的强烈影响，大风，凉爽，多雨；北部为内陆区域气候，温暖，干燥，少雨。产区距珀斯市约 400 公里，西侧边界是米尔湖，东侧边界是帕拉纳普河。

1965 年，西澳州农业局在大南部产区的森林山的山脚划出一片坡地用于试种葡萄藤。1972年，成功收获第一批葡萄果实，并送到霍顿酒庄（Houghtons）、山度富酒庄（Sandalford）进行试酿。从此，大南部产区的葡萄酒产业正式启动并迅速发展起来，葡萄果实、葡萄酒的产量逐年增加，如今已占西澳州总产量的 30% 以上。

产区出产的雷司令白葡萄酒风格雅致，余味绵长；西拉红葡萄酒酒质出众，带有当地的香料气息；赤霞珠、梅洛的混酿红葡萄酒结构均衡，酒体饱满，带有浓郁的果香。

★**主要种植的白葡萄品种：**雷司令、霞多丽、长相思

★**主要种植的红葡萄品种：**西拉、赤霞珠、梅洛、黑皮诺

★**五个子产区：**阿伯尼（Albany）、丹麦（Denmark）、法兰克兰河（Frankland River）、巴克山（Mount Barker）、波罗谷兰普（Porongurup）

·满吉姆·

该产区在西澳州地区的黑林河河岸两旁，距印度洋、南冰洋的海岸线约 70 公里。产区属大陆性气候，夏季温暖干燥，冬季寒冷，海拔 200—300 米。葡萄园大多分布在由巨大的红柳桉、古老的考里木、原始的美叶桉组成的大片树林的边缘地带，土壤肥沃、水源充足，风土条件非常优越。

产区产量最大的是赤霞珠和霞多丽，出产的赤霞珠、梅洛混酿红葡萄酒酒体丰满，口感均衡；黑皮诺红葡萄酒结构清晰，明亮易饮，适宜佐餐；霞多丽白葡萄酒爽脆甘甜，带有柑橘的味道；华帝露白葡萄酒风格独特，展现出清新、活泼的热带风情。

满吉姆镇是满吉姆产区的商业中心，镇上建有许多葡萄酒品鉴室、咖啡馆、餐厅、旅店、土产专卖店，满是欧洲风的老式建筑，古朴舒适。

★**主要种植的白葡萄品种：**霞多丽、长相思、华帝露

★**主要种植的红葡萄品种：**赤霞珠、梅洛、黑皮诺

·玛格利特河·

该产区在珀斯市以南约 270 公里处，三面环海，葡萄种植区域分布在纳多鲁列斯角与露纹角之间约 90 公里的海岸线上，气候属温暖的海洋性气候。

该产区最早的葡萄园是 20 世纪 60 年代中期几个意大利移民为了自家饮酒需要兴建的，之后附近的其他家庭也陆陆续续开建葡萄园和酒庄，但规模和产量都不大。后来，著名的农学家约翰·格拉德斯通（DrJohn Gladstones）和葡萄种植学家哈罗德·奥尔茂（Harold Olmo）来到当地做调研和技术辅导，才大大推动了当地葡萄酒产业的发展。

产区产量最大的是赤霞珠、霞多丽，出产的赤霞珠红葡萄酒口感强劲，单宁结实，带有复杂的果香，是当地的旗舰酒款；霞多丽白葡萄酒酸度明显，口感爽朗，具有坚果的特有香气；赛美蓉、长相思混酿白葡萄酒口感清新，活泼，带有柠檬草的芳香。

玛格利特河产区是西澳州地区名气最大的产区，出产的酒款在国际葡萄酒大赛中屡获大奖，尤其是成立于 1974 年的露纹酒庄（Leeuwin Estate），曾被世界著名酒评人、葡萄酒杂志联合评为全球百大最优酒庄之一，驰名的产品包括艺术系列霞多丽干白、西拉单品干红等酒款。产区

每年有很多与葡萄酒相关的活动，如露纹酒园会定期邀请伦敦爱乐乐团（London Philharmonic Orchestra）等世界顶级乐团在酒庄内举行主题音乐会，在 4 月举办玛格丽特河葡萄酒产区节日（Margaret River Wine Region Festival）等。

★ **主要种植的白葡萄品种：** 霞多丽、赛美蓉、长相思、白诗南

★ **主要种植的红葡萄品种：** 赤霞珠、西拉

·皮尔·

该产区在珀斯市东南向约 60 公里的曼哲拉镇，属地中海气候，冬季凉爽潮湿，夏季炎热干燥，日照强烈，少雨，从印度洋刮来的海风能适度调节当地的热干天气。

这里是西澳州地区重要的农产品种植基地和矿区。当地最早的葡萄园就是由来自意大利的矿工于 19 世纪 50 年代初期建立的，至 20 世纪 70 年代发展成目前的产区规模，当地的葡萄和葡萄酒的产量一直都不大，属于微型产区。

产区产量最大的是西拉和白诗南，出产的西拉、赤霞珠混酿红葡萄酒酒体适中，单宁细致；白诗南白葡萄酒柔和亲切，果香宜人，经橡木桶熟成后，还能发展出复杂的浆果风味；霞多丽白葡萄酒酸味突出，带有热带水果气息。

★ **主要种植的白葡萄品种：** 白诗南、霞多丽

★ **主要种植的红葡萄品种：** 西拉、赤霞珠

·潘伯顿·

该产区在珀斯市以南约 330 公里处，地处玛格利特河、满吉姆和大南部地区之间，距南部海岸线约 30 公里。产区属于海洋性气候，气候温暖，周边的印度洋、南冰洋、考利木森林等自然环境对当地的风土条件有很大的影响，尤其是雨影作用。海拔在 100 米—200 米之间，地势平缓，降雨量大，极大地降低了灌溉需求。当地的葡萄种植园大多分布在考里木森林与丹特尔卡斯托国家公园的边缘，以及当地的湖岸、河岸周围。

该产区是西澳州地区最年轻的葡萄酒产区，是 1977 年在农学家约翰·格拉德斯通的大力推动下逐步发展起来的，获得了澳大利亚葡萄酒业界的认可。产区产量最大的是霞多丽和西拉，出产的霞多丽白葡萄酒风味浓郁，酒质出众；西拉红葡萄酒口感均衡，适合佐餐；梅洛、赤霞珠的混酿红葡萄酒个性独特，口感复杂；长相思、赛美蓉、黑皮诺的混酿酒口味浓重，是当地的传统酒款。

产区与考里木森林和丹特尔卡斯托国家公园相邻，是澳大利亚的著名景区，到处都是河流、湖泊、小溪，还建有许多酒窖品尝店、咖啡馆、葡萄园大戏院等配套设施。

★ **主要种植的白葡萄品种：** 霞多丽、长相思、赛美蓉

★ **主要种植的红葡萄品种：** 西拉、梅洛、赤霞珠、黑皮诺

·佩斯山·

该产区距珀斯市约 20 公里，属于典型的地中海气候，夏季温暖干燥，冬季凉爽湿润。产区多丘陵山谷，海拔在 150—400 米之间，形成了许多区域性的微气候。印度洋飘来的空气对这里起到了很好的降温作用。

产区最早的葡萄园建于 19 世纪 80 年代初，发展初期只是一些小型的、家庭作坊式的葡萄园和酒庄，直到 1968 年农学家约翰·格拉德斯通考察和勘测后，才使其知名度提高，吸引了前来投资的酒企。

产区产量最大的是西拉、赤霞珠、梅洛、麝香，出产的西拉红葡萄酒酒体丰满，口感醇厚；赤霞珠、梅洛混酿红葡萄酒结构均衡，果香浓郁；麝香加强葡萄酒口感强劲，余味甘甜；霞多丽白葡萄酒酒色金黄，脆爽清香。

产区吸引了周边城市的居民到当地消暑、休憩，也催生了不少葡萄酒馆、餐厅、咖啡厅、剧场、游乐场等配套设施，近些年已成为西澳州地区的旅游热点。每年举办的节日有 5 月的比克利与卡梅尔葡萄收获节（Bickleyand Carmel Harvest Festival）和 9 月的佩斯山区葡萄酒节（Perth Hills Wine Festivals）。

★**主要种植的白葡萄品种：**维欧尼、霞多丽、长相思、白诗南、华帝露、麝香
★**主要种植的红葡萄品种：**西拉、赤霞珠、梅洛、歌海娜

·天鹅·

该产区在珀斯市的北郊，当地的葡萄园零散分布在天鹅河与艾芬河形成的狭窄河岸以及中天鹅、上天鹅、西天鹅、天鹅谷、濒临印度洋的菁菁镇、扬切普镇、吉尔福、恒利溪等地。产区属地中海气候，炎热，干燥，日照强烈，要靠西南海洋的季风来调节缓解高温天气。这种从弗里曼特尔吹来的海风决定了当地的葡萄能否健康成长，被当地种植农们昵称为"弗里曼特尔医生"（The Fremantle Doctor）。

产区是西澳州地区最早的葡萄种植区域，始于 19 世纪 30 年代，早期种植的都是鲜食葡萄，19 世纪 60 年代开始改为种植酿酒葡萄与生产葡萄酒。当地最古老的酒庄是霍顿酒庄（Houghtons）、山度富酒庄（Sandalford），至今依然在营业，在澳大利亚葡萄酒行业的知名度很高。

一直以来，产区都是以出产葡萄加强酒为主，这类酒款的原料主要是麝香、密斯卡岱、华帝露、西拉等品种，口感强劲，结构复杂，很受世界各地的加烈酒爱好者的喜爱。其中有一款由约翰·科索维奇（John Kosovich）出品的塔利贾里奇（Talijancich）加烈酒，国际知名度很高。另一款至今盛名的白诗南白葡萄酒口感均衡，芳香馥郁，是由霍顿酒厂的酿酒师杰克·曼恩（Jack Mann）于 1933 年酿制成功的并创立的霍顿白勃艮第（Houghton's White Burgundy）品牌产品。除此之外，产区出产的其他酒款如霞多丽、华帝露混酿白葡萄酒酒体轻盈，带有桃子、金银花等混合香气；西拉、

赤霞珠、梅洛混酿红葡萄酒酒体丰满，口感强劲、醇厚。

产区每年都有很多以葡萄酒、美食和艺术为主题的活动，如 2 月的盛夏宴会（Midsummer Feast）、4 月的天鹅谷葡萄酒品鉴节（Tasteofthe Valley Festival）、7 月的西拉酒与海鲜品鉴周末（Seafood Weekend）、9 月的天鹅谷葡萄酒展（Swan Valley WineShow）、10 月的春节（Spring Festival）。

★**主要种植的白葡萄品种：**麝香、密斯卡岱、华帝露、白诗南、霞多丽

★**主要种植的红葡萄品种：**西拉、梅洛、赤霞珠

昆士兰州

昆士兰州是澳大利亚的八个联邦州之一，在东北部，面积小于西澳州排全国第二，约 18500 万公顷，地区跨 20 个纬度，区内有各种类型的气候，西部内陆，炎热少雨；北部属热带气候，炎热潮湿，年头、年尾是风季；东部沿海温和多雨。

昆士兰州出产的酒款有干红干白葡萄酒、甜酒、起泡酒、利口酒、波特酒等。这里还是澳大利亚传统的水果生产基地以及国际著名的旅游度假胜地。

★**主要种植的白葡萄品种：**霞多丽、赛美蓉

★**主要种植的红葡萄品种：**西拉、赤霞珠、歌海娜

★**两个法定产区：**格兰纳特贝尔（Granite Belt）、南伯奈特（South Burnett）

·格兰纳特贝尔·

该产区在昆士兰州地区的东南端与新南威尔士州的交界地带，处于大分水岭的内侧，土壤中富含花岗岩，排水性良好，富含矿物质。斯坦索普镇是区内的中心城镇，葡萄酒、鲜花、水果是当地的三大产业。

产区最早的葡萄园和酒庄是在 20 世纪 20 年代初由当地的意大利移民的后裔建立的，最初主要是酿造意大利风格的酒款，以满足当地及澳大利亚北方大量的意大利裔消费者的需求。20 世纪 60 年代中期，当地开始种植西拉等流行品种，出产的酒款也逐渐增多。

产区种植的西拉产量最大，出产的西拉红葡萄酒单宁柔顺，口感浓郁，水果味丰富；赤霞珠红葡萄酒酒体厚重，味浓劲大，带有黑醋栗的风味；华帝露白葡萄酒甘甜芳香，富含矿物质风味；霞多丽白葡萄酒酸甜均衡，带有甜瓜、核果的香气。

★**主要种植的白葡萄品种：**华帝露、霞多丽、维欧尼、长相思、赛美蓉

★**主要种植的红葡萄品种：**西拉、赤霞珠、梅洛

·南伯奈特·

该产区是澳大利亚最北端的葡萄酒产区，在昆士兰州的首府城市布里斯班的西北侧约 200 公里处，距大西洋的阳光海岸约 120 公里，是昆士兰州地区葡萄种植面积最大的产区。

产区的葡萄酒产业始于 20 世纪 90 年代初期，农学家麦克阿瑟（Macarthur）在他的一篇关于澳大利亚葡萄酒产业的调查报告中强烈推荐了南伯奈特谷，引起了很多酒企的关注并迅速行动，投资兴建了当地的首批葡萄酒和酿酒厂。产区于 2000 年 12 月获得澳大利亚官方的 GI 资格认证。

产区发展速度很快，现已有 20 多家酿酒厂，出产的华帝露白葡萄酒清新淡雅，带有菠萝、甜瓜等热带水果的风味；霞多丽白葡萄酒爽脆甘甜，带有金银花、酸橙的香气；赛美蓉白葡萄酒酒质柔软，带有柠檬与草药的独特口感；西拉、赤霞珠的混酿红葡萄酒口感复杂醇厚，带有成熟浆果的味道；麝香加强葡萄酒酒色深棕，口感辛辣。

★**主要种植的白葡萄品种：** 霞多丽、华帝露、赛美蓉、麝香

★**主要种植的红葡萄品种：** 西拉、赤霞珠、梅洛、歌海娜、桑娇维塞、巴贝拉

—————— 新南威尔士州 ——————

新南威尔士州是澳大利亚的八个联邦州之一，是澳大利亚最早的英国殖民地，在澳大利亚的东南部，东濒太平洋，北邻昆士兰州，南接维多利亚州，面积约 8100 万公顷，这里虽然不是澳大利亚面积最大的州，但自 18 世纪初开始有欧洲移民定居以来，一直是澳大利亚人口密度最大的地区。

这里葡萄酒的产量在澳大利亚排名中游，仅是南澳州地区的 1/3，知名的酒款品牌也不多，但在澳大利亚的葡萄种植历史中占有重要的位置，尤其是西南部的中央山脉地带，尽管面积很小，但已有近 200 年的葡萄种植和酿酒历史。

★ **12 个葡萄酒产区：** 猎人谷（Hunter Valley）、满吉（Mudgee）、奥兰治（Orange）、考兰（Cowra）、南部高地（Southern Highlands）、肖海尔海岸（Shoalhaven Coast）、希托普斯（Hilltops）、滨海沿岸（Riverina）、佩里库特（Perricoota）、唐巴兰姆巴（Tumbarumba）、刚达盖（Gundagai）、首都行政区（ACT）

·猎人谷·

新南威尔士州地区名气最大的产区是是猎人谷产区。该产区在新南威尔士州地区的中部，天气炎热，雨量不高，需要灌溉。

产区的葡萄种植史始于 19 世纪 30 年代中期，是由新西兰、澳大利亚的"葡萄种植业之父"

詹姆士·布斯比（James Busby）开启，他从欧洲带来几个品种的葡萄苗在当地试种，几年后获得成功。现今的澳大利亚许多酿酒葡萄品种都是从这里繁衍出去的，之后几十年来他一直生活在当地，伴随着当地的葡萄酒产业成长。

产区最出名的酒款是诞生于 19 世纪 70 年代的赛美蓉干白葡萄酒，多酸清爽却又坚实耐久；产区出产的西拉红葡萄酒也是当地重要酒款，单宁细致，口感厚重，带有皮革、焦油、矿物质等独特气味，有很强的陈年能力，可瓶陈 20 年以上。

产区每年都有很多与葡萄酒有关的活动，如纽卡斯尔美食节、猎人谷收获节、酒庄爵士音乐会等。

★ **主要种植的白葡萄品种：**塞美蓉、霞多丽、莎当妮

★ **主要种植的红葡萄品种：**西拉、赤霞珠

★ **主要子产区：**上猎人谷（Upper Hunter Valley）、布鲁克福德维治（Broke Fordwich）、波高尔宾（Pokolbin）

·满吉·

该产区在悉尼市西向约 250 公里处，是澳大利亚东部最早的葡萄种植区域。产区属大陆性气候，炎热干燥，因为处于大分水岭的西面大陆一侧，所以昼夜温差很大，易发霜冻，导致当地的葡萄藤发芽很缓慢，果实的采收期也比周边其他产区晚近 1 个月。

产区葡萄种植的史始于 19 世纪 20 年代中期，是由首批到此定居的欧洲移民开启的，到了 60 年代初期，他们开始大规模的商业种植和酿酒，并成为当时澳大利亚东部的葡萄酒交易中心，后来随着投资者的增多，当地葡萄园和酒庄的经营规模越来越大，至 70 年代就已形成了如今的产区模式。

产区产量最大的是赤霞珠、黑皮诺和霞多丽，出产的赤霞珠红葡萄酒浓郁强劲，单宁紧致，口感层次复杂，具有很强的陈年能力；霞多丽白葡萄酒果香丰富，带有热带黄桃、无花果、香蕉等复杂风味。

这里拥有迷人的自然景色，是澳大利亚著名的骑行和徒步旅游胜地。当地的葡萄园内外都建有自行车绿道，常年都有许多来自世界各地的游客们到此骑行观光、品酒和尝美食。每年 9 月当地会举办满吉葡萄酒节。

★ **主要种植的白葡萄品种：**霞多丽、长相思、华帝露、萨瓦涅、赛美蓉

★ **主要种植的红葡萄品种：**赤霞珠、西拉、梅洛、黑皮诺、桑娇维塞、巴贝拉、仙粉黛

·奥兰治·

该产区在新南威尔士州地区的中部山脉地带，距悉尼市约 200 公里。产区的葡萄园大多建在

卡诺伯拉斯山的山麓坡地上，平均海拔达 800 米，是澳大利亚海拔最高的产区。当地气候凉爽，每年葡萄生长期间如遇到降雨过多，有时会遭受霜害。

产区周围是澳大利亚著名的金矿区，最早是为了满足附近矿工们的需求，在 20 世纪 70 年代中期开始葡萄种植和酿制的，之后随着一些专业酒企的进驻，逐渐发展成如今的生产规模。

产区出产的长相思白葡萄酒香气四溢，带有热带水果、甘菊、青草等复杂风味；西拉红葡萄酒酒体适中，口感均衡，适与多类食物配餐。

每年 4 月份，产区都会举办奥兰治美食周，活动中除了供应各个酒庄的葡萄酒产品外，还会展销当地的其他土特产，如苹果、红莓、坚果、蜂蜜、野味等。

★ **主要种植的白葡萄品种：** 长相思、霞多丽、灰皮诺、玛珊、琼瑶浆、维蒂奇、雷司令

★ **主要种植的红葡萄品种：** 西拉、赤霞珠、梅洛、黑皮诺

·考兰·

该产区在新南威尔士州地区的中部山脉，距州悉尼市约 300 公里，距海岸线约 200 公里，当地的葡萄园多数分布在考兰镇和卡南德拉镇的周围，拉克兰河、贝鲁布拉河穿行整个产区，形成了很多河谷湾地。产区气候温暖干燥，晚夏带有明显的大陆性气候特征。

产区第一个葡萄园建于 1973 年，最早种的是霞多丽，20 世纪 90 年代末才开始种植西拉、梅洛、长相思、华帝露等品种，如今的葡萄种植面积已发展至近 3000 公顷。为了保护当地的生态环境，种植者们宁愿牺牲产量和收益，至今坚持以有机方式种植葡萄。

产区出产的酒款一直都是以出产霞多丽桃红葡萄酒为主，酒质非常优秀，口感成熟醇厚，果香浓郁，风味独树一帜，在澳大利亚葡萄酒界素有"霞多丽王国"的美誉。

4 月的热气球节、7 月的考兰葡萄酒展览、11 月的美酒美食周末是产区每年的葡萄酒主题活动。

★ **主要种植的白葡萄品种：** 赛美蓉、长相思、华帝露、雷司令、琼瑶浆

★ **主要种植的红葡萄品种：** 西拉、梅洛、赤霞珠

·南部高地·

该产区在新南威尔士州地区的东南角，距悉尼市约 200 公里，距堪培拉市约 200 公里，周围是米塔贡、鲍勒尔、地衣谷等村镇。产区是大分水岭的一部分，土壤主要是粘土、砂质壤土、玄武岩、花岗岩等。当地有少量葡萄园，建在地势较高的山谷坡地上，海拔在 500—900 米之间，气候凉爽，干燥，昼夜温差大，易发生春季霜冻。

产区葡萄种植的史始于 20 世纪 70 年代末，是由居民在自家院子旁开始种植和发展的，因此，当地大多数都是小型葡萄园和酒庄，基本是家族式经营。

产区种植的霞多丽、赤霞珠产量最大，出产的霞多丽白葡萄酒带有明显的凉爽气候特征，酒

体轻盈，单宁扎实，高酸；雷司令、灰皮诺的混酿白葡萄酒优雅精致，带有浓郁花香；赤霞珠红葡萄酒成熟厚重，适合陈年；阿内斯葡萄酒风味独特，口感爽脆，带有青草的芬芳，特别是百利玛酒庄（Berrima Estate）出产的酒款，曾在欧洲的酒评大赛上获得银奖。

　　★**主要种植的白葡萄品种：**霞多丽、雷司令、灰皮诺、长相思

　　★**主要种植的红葡萄品种：**赤霞珠、黑皮诺、西拉、阿内斯

·肖海尔海岸·

　　该产区在新南威士州地区的南部海岸区域，距悉尼市约150公里，涵盖伍伦贡、凯马、贝里、瑙拉、阿勒达拉等市镇。因为地处海边，影响气候的因素很多，易有极端天气，当地葡萄果实的品质、产量都不稳定，还很容易遭受霉菌虫病的侵害，所以当地的葡萄园多建在背风的低矮山丘上。

　　产区葡萄种植史始于19世纪20年代，是由意大利移民亚历山大·贝里（Alexander Berry）开始种植，之后，他建立了库兰加塔酒庄（Coolangatta Estate），当地的葡萄酒产业由此缓慢成长起来。

　　产区霞多丽、赤霞珠产量最大，出产的赤霞珠和梅洛的混酿红葡萄酒质地柔软，回味绵长；香宝馨红葡萄酒品质独特，颜色深浓，口感圆润，带有浓郁果香。

　　产区是澳大利亚著名的海岸景点，常年都有大量来自世界各地的游客前来旅游，尤其是当地举办美食美酒节和肖海尔海岸葡萄酒节时。

　　★**主要种植的白葡萄品种：**霞多丽、长相思、华帝露

　　★**主要种植的红葡萄品种：**赤霞珠、梅洛、马尔贝克、丹娜、丹魄、阿内斯、香宝馨

·希托普斯·

　　该产区在新南威士州地区的墨累达令盆地、大分水岭的西南坡，距堪培拉市约130公里。该产区为大陆性气候，夏季温暖，秋季凉爽干燥，海拔500米所特有的日温差变化有明显的降温作用。这种气候非常适合葡萄种植，也为酿造出高品质的葡萄酒提供了极好的自然气候条件。

　　产区的葡萄种植史始于19世纪60年代。为了满足当地大量的克罗地亚籍矿工们的饮酒需求，来自克罗地亚的移民尼科尔·加斯普利赞（Nichole Jaspprizza）开始种植葡萄和酿造克罗地亚风味的葡萄酒。1969年，葡萄种植专家彼得·罗伯森（Peter Robertson）到来后与他人合股成立了麦克威廉酒业公司（Mc Williams Wines），推出"吧王牌"（Barwang）葡萄酒，大大推动了当地葡萄酒产业的现代化进程。

　　产区种植的西拉、赤霞珠、霞多丽产量最大，带刺感的西拉和赤霞珠是该地区标志性的葡萄酒。霞多丽、赛美蓉和雷司令是这里最重要的白葡萄酒。

产区有很多定期举办的主题活动，当地的酒企都会参与其中，如樱桃利口酒节、全国樱桃节、羔羊地节等。

★**主要种植的白葡萄品种：**霞多丽、雷司令、长相思、赛美蓉

★**主要种植的红葡萄品种：**赤霞珠、梅洛、黑皮诺、桑娇维塞、阿利蒂科、仙粉黛、内比奥罗、丹魄、科维纳、罗蒂内拉

·滨海沿岸·

该产区在新南威尔士州地区马兰比季河旁的滨海沿岸平原，跨度超 300 公里，是新南威尔士州地区最大、全国第二大的产区，仅次于南澳州地区的河地产区，葡萄酒的年产量占全州的一半以上。产区属于炎热干燥的大陆性气候，夏季急速升温，需要灌溉，秋季较温暖，结合雨水、湿气和浓雾天气，为贵腐菌的形成创造了理想条件。

产区最早的葡萄种植者是麦克威廉（Mc Williams），1912 年，他在罕伍德开建了当地的第一个葡萄园和酒庄。第二次世界大战后，很多意大利移民来到当地定居，其中不少家庭也开始投建葡萄园和酒庄，当地的葡萄酒产业就此蓬勃发展起来，其中不少后来成为国际知名的酒企，如德保利酒厂（De Bortoli）、罗塞托酒厂（Rossetto）、卡塞拉酒厂（Cassela）、米兰达酒厂（Miranda）、塞尔吉酒厂（Sergi）、卡拉布里亚酒厂（Calabria）、赞帕科斯塔酒厂（Zappacosta）。

产区出产各种各样的葡萄酒款，品质都很不错，其中有一款赛美蓉贵腐甜酒非常独特，葡萄果实经葡萄孢菌感染后，放入带有香料味的旧橡木桶中熟成，成酒颜色金黄，口味浓郁，余甘悠长，带有厚重的杏子香气，特别是德保利酒厂（DeBortoli）出产的酒款，品质最高，名气最大。

★**主要种植的白葡萄品种：**霞多丽、白诗南、玛珊、赛美蓉、华帝露

★**主要种植的红葡萄品种：**琼瑶浆、赤霞珠、梅洛、黑皮诺、西拉、杜瑞夫、味而多、丹魄、桑娇维塞

·佩里库特·

该产区在新南威尔士州地区的摩阿马镇，距悉尼市约 800 公里。产区属大陆性气候，炎热干燥，日照充足，日夜温差大。土壤主要是红色黏质壤土和肥沃的冲积土。当地的葡萄园基本分布在墨累河附近，灌溉用水充足。

产区是新南威尔士州地区历史最短、规模最小的产区，当地的第一个葡萄园成立于 20 世纪 90 年代中期。现有葡萄种植面积约 500 公顷，种植的西拉、赤霞珠、霞多丽产量最大，出产的西拉红葡萄酒，口感柔软，平易近人；霞多丽白葡萄酒活泼爽口，果味充盈；歌海娜、慕和怀特混酿的加烈葡萄酒口味浓重，芳香馥郁；赛美蓉、华帝露混酿的白葡萄酒口感独特，带有柠檬草的味道。

产区旁边是刚堡瓦·昆德鲁·佩里库特大森林，至今依然保持着原始生态，森林内有很多古老的湖泊、湿地，里面存活着许多地球濒危的动植物。

★**主要种植的白葡萄品种：** 霞多丽、赛美蓉、华帝露

★**主要种植的红葡萄品种：** 味而多、杜瑞夫、桑娇维塞、赤霞珠、梅洛、西拉、歌海娜、马尔贝克、慕和怀特

·唐巴兰姆巴·

该产区在新南威尔士州与维多利亚州的交界地带，距悉尼市约 500 公里，距堪培拉市约 120 公里，距澳大利亚的最高峰——科修斯科山约 80 公里。产区所属的山麓被称之为大雪山，其中有座山峰叫科修斯科山，海拔达 2228 米，是澳大利亚大陆的最高点。长时间的光照和有利于葡萄生长的凉爽气候，以及环山麓丘陵的冬雪，对于栽培用来酿制起泡酒和餐酒的葡萄品种来说非常理想。

1983 年，欧洲移民克里斯（Chris）、弗兰克·米尼特罗（Frank Minutello）、朱莉叶·库仑（Juliet Cullen）、伊恩·考威尔（Ian Cowell）等人在玛拉格尔谷种下霞多丽、灰皮诺、黑皮诺、长相思等首批葡萄藤，之后他们陆续开建葡萄园，至 1995 年当地已建成 30 多个葡萄园和酒庄，当时出产的主要是白葡萄酒和起泡酒。现有葡萄种植面积约 400 公顷，酒企规模都不大，多是些小型酿酒厂和精品酒庄。

产区重点栽培的品种有西拉、霞多丽和赤霞珠。华帝露的种植面积在显著增加，而用来酿制芳香四溢的白葡萄酒的品种维欧尼也已经引起了业内人士关注。

★**主要种植的白葡萄品种：** 霞多丽、华帝露

★**主要种植的红葡萄品种：** 西拉、赤霞珠

·刚达盖·

刚达盖是澳大利亚新南威尔士州南部的葡萄酒产区，位于首都堪培拉西侧 80 公里处，属于大雪山和干燥贫瘠的滨海沿岸平原之间的过渡区域。海拔高度在 200—300 米之间，地势较低的地方气候较温暖，地势较高的地方气候较凉爽。

1877 年，约翰·詹姆斯·麦克威廉（John James Mc William）在朱尼（Junee）栽培了产区首批葡萄树。之后，产区葡萄园由于得不到有效的灌溉，葡萄和葡萄酒的生产和发展都未能获得令人满意的成果，直到 20 世纪 90 年代，产区才重新得到业内人士的重视，得以再次发展。产区酿制的红葡萄酒包括西拉、赤霞珠和丹魄；白葡萄酒包括赛美蓉、霞多丽和长相思。

★**主要种植的白葡萄品种：** 霞多丽、长相思、赛美蓉、华帝露

★**主要种植的红葡萄品种：** 赤霞珠、丹魄

·首都行政区·

　　该产区位于澳大利亚新南威尔士州内，从凉爽的南部高原延伸至澳大利亚首都领地的北部地区。产区海拔在 500—850 米之间，属典型的大陆性气候，昼夜温差大，夏季炎热干燥，春季湿润多雨，秋季干燥，冬季寒冷，当地的葡萄园多建在东北侧和西北侧的坡地上。

　　产区种植的雷司令、西拉产量最大，出产的雷司令白葡萄酒酸度完美，口味丰富；西拉、维欧尼的混酿红葡萄酒香气迷人，酒质优雅，尤其是当地五克拉酒庄（Clonakilla）出品的酒款，在澳大利亚的知名度很高；霞多丽、赛美蓉、长相思的混酿白葡萄酒爽口紧致，带有浓郁的草本植物风味；黑皮诺红葡萄酒层次分明，口感均衡。

　　★**主要种植的白葡萄品种：**雷司令、霞多丽、赛美蓉、长相思、维欧尼

　　★**主要种植的红葡萄品种：**西拉、赤霞珠、黑皮诺

塔斯马尼亚州

　　塔斯马尼亚州是澳大利亚最南端的一个行政州，是与维多利亚州隔巴斯海峡相望的一个岛屿，距离约 240 公里，面积约 10 万平方公里，是澳大利亚第二小的州份。州内遍布山峰，最高的是西北部的奥萨山，海拔达 1620 米。当地的葡萄园多分布在北部、东部的山谷坡地上。该地区虽然已经过澳大利亚官方的 GI 认证，但因地理位置偏远，知名度低。当地的风土条件具有出产优质葡萄和葡萄酒的潜质，出产的黑皮诺红葡萄酒口感均衡，带有当地矿物质的风味；霞多丽起泡酒口感清新，酸度自然；雷司令白葡萄酒圆润细腻，香气四溢。

　　★**主要种植的白葡萄品种：**霞多丽、雷司令、长相思、灰皮诺

　　★**主要种植的红葡萄品种：**黑皮诺、琼瑶浆

奥地利
Austria

奥地利是一个内陆国家，是中欧地区日渐重要的产酒国，葡萄酒的质量、酿酒技术的创新领先于欧洲其他不少产酒国，独有的风土条件也赋予了奥地利葡萄酒不凡的特点。奥地利位于北纬47—48度之间，属大陆性气候，夏冬温差大，多瑙河流域的产区气候温和，潘诺尼亚平原的产区则气候炎热。

据考证，奥地利在6000万年前就已有葡萄藤。虽历史变迁、战乱不断，但葡萄种植却从未中断。1985年，奥地利爆出"防冻剂丑闻"，有酒商在桶装葡萄酒中添加二甘醇用以防冻和增加葡萄酒的甜度。这事件严重影响了奥地利葡萄酒的声誉，导致葡萄酒销量锐减，为此，奥地利政府出台了严厉的葡萄酒业法规加以管控，经过数年，其葡萄酒业才逐渐恢复元气。

奥地利的产区集中在东部，其中最好的葡萄酒款用绿斐特丽娜葡萄酿制而成，这种葡萄是奥地利种植面积最大的白葡萄品种。威尔士雷司令葡萄在奥地利主要用来生产甜酒。奥地利偏东部的葡萄园出产国内最好的红葡萄酒款，主要以茨威格、蓝佛朗克、黑皮诺、葡萄牙美人葡萄酿制。

★**主要种植的白葡萄品种：**绿斐特丽娜、威尔士雷司令
★**主要种植的红葡萄品种：**茨威格、蓝佛朗克、黑皮诺、葡萄牙美人
★**两个葡萄产地：**下奥地利（Niederosterreich）、布尔根兰（Burgenland）

下奥地利

下奥地利位于奥地利东北部，与斯洛伐克和捷克共和国接壤，是奥地利最大的葡萄酒产地，包括奥地利16个官方葡萄酒产区中的8个。每个产区的葡萄酒风格和类型都各不相同。该地区主要种植绿维尔特利纳和雷司令，也有部分黑皮诺和圣罗兰。

★**两个重要产区：**瓦豪（Wachau）、凯普谷（Kamptal）

·瓦豪·

该产区位于梅尔克镇、克雷姆斯镇之间的多瑙河流域，是下奥地利极为引人入胜的产区。在这里，来自西部大西洋和东部潘诺尼亚的两大气候互相交错，夏季的炎热干燥和冬季的恶劣天气所带来的影响因多瑙河而中和。多瑙河蜿蜒的水道穿过了由混合多种矿物质的片麻岩，强风带来的黄土沉淀在梯田陡峭的山坡，各种不同的地质、地形、日照形成各种小气候，使得产出的葡萄具有细致、精准的芳香。这里最好的葡萄园酿制了许多享誉全球、具有陈酿潜能的优质白葡萄酒。

在 20 世纪 80 年代中期，当地的酿酒商联合成立了"瓦豪葡萄酒（Vinea Wachau）协会"，自创了一套葡萄酒分类法。将干型白葡萄酒根据天然酒精含量分为三大类：气味芳香、酒体轻盈、酒精含量达 11.5% 的，称为芳草级（Steinfeder）；酒精含量介于 11.5% 至 12.5% 的，称为猎鹰级（Federspiel）；晚收、浓烈、酒精含量高于 12.5% 的，称为蜥蜴级（Smaragd）。这个协会不仅致力于在世界各地推动瓦豪葡萄酒，同时也保护该产区形象和诚信。不少极具个性、品质优异的葡萄酒款，在酒标上加注了 Steinfeder、Federspiel、Smaragd 等标志，行销各地。

★**主要种植的白葡萄品种：** 雷司令、绿维特利纳

★**主要种植的红葡萄品种：** 西拉、赤霞珠、黑皮诺

·凯普谷·

该产区位于奥地利最大的葡萄酒镇朗根洛伊斯，距离维也纳西侧约 45 公里。既有来自东部潘诺尼亚平原的炎热，也有来自西北部森林区的凉风，两者的结合造就了昼热夜凉的独特气候，使葡萄富有细腻、微妙的芳香，也保留了其天然的充满活力的酸度。产区拥有黄土砾石、原生岩等各种不同的土壤，地质奇特，是一个含火山颗粒、类似沙漠的砂岩地。朝南的斜坡种植的雷司令葡萄酿制出了浓烈、富含矿物、特具陈酿潜力的葡萄酒。往多瑙河方向的则是广阔黄土和梯田，种植的绿维特利纳酿出的葡萄酒酒体浓郁。

产区主要生产以绿维特利纳和雷司令混酿制成的凯普谷 DAC 葡萄酒，其酒体均衡，丰富华丽。这些葡萄酒都以奥地利下游的标签在市场上营销。

★**主要种植的白葡萄品种：** 雷司令、绿维特利纳

布尔根兰

布尔根兰位于奥地利东部，东面与匈牙利接壤，西部则分别与下奥地利州和施泰尔马克州为邻。受到大陆性气候影响，这里出产酒体浓郁、丰富的红酒。复杂的土壤结构和气候为蓝佛朗克和其他红葡萄品种提供了理想的环境，赋予了它们细致矿物的特色。

产区出产的葡萄酒风格多样，有酒体均衡、风格传统的白葡萄酒；有果味浓郁的晚摘酒；有

具备残糖风格的串选葡萄酒；有新一代酿酒师酿制的酒体浓郁的红葡萄酒；有南部塞温克尔小镇特产的享誉国际的葡萄甜酒。从 2005 年开始，中部布尔根兰获得了 DAC（指特殊产地优质葡萄酒，代表优质产区的优质葡萄酒）产区地位。

★**主要种植的白葡萄品种：**威尔士雷司令、白皮诺、霞多丽

★**主要种植的红葡萄品种：**黑皮诺、琼瑶浆、茨威格、蓝佛朗克、圣罗兰

★ **主 要 的 子 产 区：** 诺 伊 齐 德 勒（Neusiedlersee）、冰 堡 / 南 部 布 尔 根 兰（Eisenberg / Sudburgenland）、诺伊齐德勒湖 – 丘陵地（Leithaberg / Neusiedlersee–Hugelland）、中部布尔根兰（Mittelburgenland）

·诺伊齐德勒·

该产区从北部的戈尔斯延伸到与匈牙利毗邻的塞温克尔。诺伊齐德勒湖区主要种植土生土长的茨威格，酿制矿物味丰富、浓烈多汁的红酒。在诺伊齐德勒湖区西岸的诺伊齐德湖丘陵地，石灰和石板土壤为蓝弗朗克提供了独特的土壤，也为酿制出复杂的白葡萄酒提供了白皮诺、霞多丽和绿维特利纳等葡萄原料。

波黑
Bosnia-Herzegovina

波斯尼亚和黑塞哥维那简称波黑，位于南欧的东部，其南部的黑塞哥维那（Hercegovina）地区以种植酿酒葡萄闻名。当地碎石土质和充足阳光为培育出色的葡萄果实提供了优越的自然条件。

黑塞哥维那有着 2000 多年的酿酒历史，早在中世纪波斯尼亚大公国时期，其葡萄酒就已享有盛誉。在奥匈帝国时代，波黑就开始有组织的大规模栽种葡萄和酿酒，位于布罗特尼亚高原上葡萄农们因此而变得富裕。到了 19 世纪末，波黑更是以高品位、精美的葡萄酒而闻名欧洲大陆。

黑塞哥维那的葡萄酒庄在波黑是最具代表性的，其中的双子葡萄庄园、西波泰克葡萄园、奇特卢克葡萄酒酿造厂等企业在欧洲有很高的知名度，葡萄园面积超 300 公顷。因为经历波黑战争，很多葡萄园都曾经中断种植，直到黑塞哥维那的很多葡萄酒庄开始私有化，葡萄种植才得以恢复。恢复传统葡萄酒生产的奇特卢克葡萄酒厂还开发出不少新品种，主要生产干红、干白葡萄酒，尤以是高级干白葡萄酒，酒款品质上佳，爽口清醇，主要供应欧洲市场。

在波黑，有一种布莱塔那的晚熟葡萄品种，是全雌性花植物，一般与紫塞北、梅洛、土加克等品种一同种植，让这些品种为它授粉。布莱塔那可用来酿制干红葡萄酒，经不锈钢桶和橡木桶熟成，这种酒呈深宝石红色，带有醋栗和黑莓的香气，如果熟成时间长些，酒中还会出现巧克力的味道。该酒酿制主要集中在莫斯塔尔南部、奇特鲁克、梅杜戈列、柳布斯基、卡普利纳等镇周围。

兹拉卡是一种白葡萄品种，主要产自黑塞哥维那的莫斯塔尔（Mostar）地区，果实皮色浅，所酿的葡萄酒酒精含量、酸度都很高，带有坚果的芳香，适合制作蒸馏酒。波黑还有一个红葡萄品种叫威尔娜，它在波黑的种植面积较小。

★ **主要种植的白葡萄品种：** 兹拉卡

★ **主要种植的红葡萄品种：** 威尔娜、布莱塔那

★ **主要葡萄产地：** 黑塞哥维那（Hercegovina）、莫斯塔尔（Mostar）

巴西国境横跨南纬 34 度—北纬 5 度，几乎都不在葡萄酒产区的纬度带上，只有很少一部分国土位于南纬 30 度—45 度之间。巴西的大多数葡萄都产自最南端的南里奥格兰德州，也只有位于南纬 30 度以南的地区才适合种植葡萄。

葡萄由葡萄牙殖民者在 16 世纪中叶带入巴西。由于巴西的气候温暖潮湿，加上当时的葡萄栽培方式很原始粗放，所以当时的葡萄树很容易感染真菌疾病。直到 19 世纪中期，随着伊莎贝拉葡萄树的引进，才使巴西的葡萄种植境况有所好转。后来，巴西又引进了诺顿、康科德、卡托巴、克林顿等美国杂交葡萄品种以及随着意大利移民带来的巴贝拉、莫斯卡托、特雷比亚诺等意大利品种。之后，又引进了法国南部强劲浓郁的红葡萄品种丹娜。

20 世纪七八十年代，巴西已能产出高品质葡萄酒，随着外国投资者带来的酿酒技术和葡萄园管理技术的运用，巴西的葡萄酒业发展得越来越好。1998 年，巴西葡萄酒协会［Brazilian Wine Institute（Ibravin）］创立，作为巴西官方成立的葡萄酒行业技术研发合作协会，极大推动了巴西葡萄酒产业的发展。

巴西现今有近 10 万公顷的葡萄园，每年出产约 40 万吨葡萄酒，是南半球第五大葡萄酒产区。

随着葡萄酒业的不断发展，巴西正不断开发新的种植土地，圣弗朗西斯科山谷（Vale do Sao Francisco）在纬度南纬 9 度，这里的葡萄园在全世界热带地区中发展最快，年降水量仅有 600 毫米，葡萄的种植完全依赖人工灌溉。而坎帕尼亚地区却恰恰相反，年均降水量达 1400 毫米，过多的水分使得酿出的葡萄酒的浓缩度、酒体都十分欠缺。

巴西出产的葡萄酒酒精度相对较低，清新柔和，起泡酒的质量相当不错，风格像意大利苏打白葡萄酒。

★**主要种植的白葡萄品种：**意大利雷司令、霞多丽、特雷比亚诺、赛美蓉、莫斯卡托

★**主要种植的红葡萄品种：**赤霞珠、美乐、品丽珠、丹纳特、皮诺塔吉、颂维翁

★ **主 要 葡 萄 产 区：** 高 桥 山 谷（Serra Gaucha）、圣 弗 朗 西 斯 科 山 谷（Vale do Sao Francisco）、东南山脊（Campanha and Serra do Sudeste）、卡塔丽娜高原（Planalto Catarinense）

·高桥山谷·

该产区位于南里奥格兰德州南部，靠近巴西与乌拉圭的边境，属于亚热带气候，夏季温和潮

湿，年降雨量 1736 毫米，年均气温 12—22 摄氏度。地貌以山丘为主，葡萄园都在南纬 29 度、海拔 400—600 米之间的地区。这里的葡萄种植主要由家庭种植户组成，巴西大约 90% 的酿酒厂都聚集于此。该区的葡萄园山谷（Vale dos Vinhedos）在 2002 年率先成为原产地命名保护产区（Geographic Indication），并在 2008 年评为优质产区（Denomincacaode de Origem）。

产区出产的葡萄酒香气清新，口感平衡，主要出产起泡酒，多采用意大利苏打起泡酒的酿酒风格。随着法国香槟酒的流行，这里也会在起泡酒的酒瓶上标注 brut（天然）或 extra brut（超天然）。

★**主要种植的白葡萄品种：**贵人香、霞多丽、普罗赛考、玫瑰香、玛尔维萨

★**主要种植的红葡萄品种：**赤霞珠、美乐、品丽珠、丹纳特、黑皮诺

·圣弗朗西斯科山谷·

该产区位于巴西东部的巴伊亚州内，距离塞拉·高查产酒中心 2415 公里，地处南纬 9 度附近，是世界上最大的热带葡萄园区，东部、西部的葡萄种植区域主要在雷曼索镇、彼得罗利纳镇。这里土地平坦，属碱性土壤，气候干燥，年平均气温 20—31 摄氏度，平均海拔 366 米，葡萄树一般种在 350 米高的地方。葡萄果实每年采收两次以上，品质较高，每年只需要进行两次剪枝以控制葡萄果实的产量。

产区得名于流经此地的、巴西境内最长的河流——圣弗朗西斯科河。沿河的索布拉迪纽大坝和水库对巴伊亚州北部人民的农业生产生活都很重要，多数葡萄园都坐落于水库附近。

★**主要种植的白葡萄品种：**霞多丽、白诗南、玫瑰香、白马尔瓦西亚

★**主要种植的红葡萄品种：**西拉、阿拉哥斯、赤霞珠

·东南山脊·

该产区在巴西南部的边境地区，地势平坦，间有缓坡，主要位于南纬 31 度。其中，坎帕尼亚（Campanha）小产区的海拔高度为 210 米，年降雨量为 1388 毫米，年均温度在 12—24 摄氏度之间。东南部山脉（Serra do Sudeste）小产区的海拔高度为 420 米，年降雨量为 1419 毫米，年均温度在 12—22 摄氏度之间。气候温和，昼夜温差大，夏季干爽，土壤贫瘠，非常利于优质葡萄的生长。

★**主要种植的白葡萄品种：**长相思、霞多丽、灰皮诺、琼瑶浆

★**主要种植的红葡萄品种：**赤霞珠、美乐、丹纳特、葡萄牙本土多瑞加、罗丽红、阿弗莱格、阿琳娜

★**主要小产区：**坎帕尼亚（Campanha）、东南部山脉（Serra do Sudeste）

·卡塔丽娜高原·

　　该产区位于圣卡塔丽娜高原，处于在 900—1400 米之间的高海拔地区，平均气温较低，低温决定了这里的收获期较晚，葡萄积累的风味物质相对较多。该产区属温带气候，年降雨量为 1400 毫米，比较湿润。

　　★**主要种植的白葡萄品种：**霞多丽、长相思

　　★**主要种植的红葡萄品种：**赤霞珠、梅洛和黑皮诺

保加利亚
Bulgaria

　　保加利亚位于欧洲巴尔干半岛的东南部，北与罗马尼亚隔多瑙河相望，西与塞尔维亚、马其顿相邻，南与希腊、土耳其接壤，东临黑海，是最早生产葡萄酒的国家之一。有记载，早在 3000 年前，保加利亚的斯达拉·普兰尼那山南坡、北坡就出现了专为酿酒建的葡萄园。

　　保加利亚的北部属于大陆性气候，南部属地中海气候，夏季温暖，冬季寒冷。1 月平均气温是 - 2—2 摄氏度，7 月是 23—25 摄氏度，年均降水量平原地区 450 毫米，山区 1300 毫米。东北部及中部地区的年降雨量在 450 毫米左右，山区为 1175 毫米左右。这使得这里的冬天很少出现冰冻的天气，半湿润的大陆性气候更促使葡萄果实产生大量糖类和酸性物质，成为优质的酿酒原料。其葡萄种植区域大都是酸性土壤、灰色腐殖质、碳酸盐土壤、黑土土壤和冲积层土壤。

　　保加利亚还将葡萄园旅游作为本国热门旅游项目大力推广，并且开发出许多精品路线，吸引了世界各地游客前来旅游。

★**主要种植的白葡萄品种：**白羽、切尔文麝香、迪米亚特、麝香、霞多丽、雷司令、长相思、阿里高特、马弗露

★**主要种植的红葡萄品种：**赤霞珠、梅洛、帕米德、加姆泽、梅尔尼克、琼瑶浆

★**五个葡萄产区：**多瑙河平原（Danube River Plains）、黑海（Black Sea Coastal）、色雷斯（Thracian Valley）、亚巴尔干（Valley of the Roses）、斯特鲁马河谷（Struma River Valley）

·多瑙河平原·

　　该产区在保加利亚北部，全国有 35% 的葡萄园在这里。产区包括多瑙河与巴尔干山脉从北到南之间的地区以及多布鲁甲谷与南斯拉夫边界从东到西之间的地区。产区春季短暂，冬季温暖潮湿，夏季炎热漫长，能出产优质的红、白葡萄酒，其中大部分是白葡萄酒，原料包括霞多丽、麝香、索维浓、阿里高特等葡萄，以及本土巴尔干葡萄中的切尔文麝香、迪米亚特、白羽等品种，酿制红酒的原料主要是用当地的加姆泽、赤霞珠、梅洛等品种。

　　产区内的小产区卡瓦尔纳、普罗瓦迪亚，出产的葡萄成熟度足，酸度良好，可以酿造果香浓郁的干型、半干型白葡萄酒与起泡酒。产区的法定命名酒款有翰克鲁姆酒庄琼瑶浆（Khan Krum

Traminer）、新帕扎尔（Novi Pazar）、普雷斯拉夫霞多丽（Preslav Chardonnay）等。

★**主要种植的白葡萄品种：** 霞多丽、麝香、索维浓、阿里高特、切尔文麝香、迪米亚特、白羽

★**主要种植的红葡萄品种：** 加姆泽、赤霞珠、梅洛

★**主要的小产区：** 卡瓦尔纳（kavarna）、普罗瓦迪亚（Provadia）

·黑海·

保加利亚 30% 的葡萄园都在东部的黑海地区。该产区涵盖了北端罗马尼亚与土耳其之间的黑海海岸线地带。产区属大陆性气候，夏热冬冷，地势起伏不平，是保加利亚最好的白葡萄酒出产地，在特尔戈维什特酒庄（Targovischte）、舒门酒厂（Shumen）的周围分布着大部分葡萄园。

产区主要种植多种白葡萄品种，包括本土的切尔文麝香、迪米亚特等，这里酿造的白葡萄酒有很好的成熟度和果香。产区也有少量的红葡萄酒出产，品质优异。

★**主要种植的白葡萄品种：** 霞多丽、切尔文麝香、迪米亚特

★**主要的子产区：** 帕莫瑞（Pomorie）、内塞巴尔（Nessebar）、布尔加斯（Bourgas）

·色雷斯·

保加利亚的 22% 葡萄园都在南部的色雷斯地区，包括从巴尔干山脉到希腊边界之间的色雷斯谷、马里查河从东到西的部分区域。马里查河就是发源于产区北面的斯瑞德那哥拉与南面的罗多彼山脉之间。

产区属地中海气候，冬季温和，降水量丰沛，夏季炎热干燥，阳光充沛，是适合赤霞珠、梅洛的生长环境。保加利亚最好的本土葡萄品种马弗露在这里也有大量种植。产区 80% 的土壤都是黑钙土，这类土壤富含丰富的矿物质。当地主要酒庄有扬博尔酒庄（Jambol）、阿塞诺夫格勒酒庄（Assenovgrad）、哈斯科沃公司（Haskovo）等。

★**主要种植的红葡萄品种：** 赤霞珠、梅洛、马弗露

·亚巴尔干·

该产区也叫玫瑰谷，位于巴尔干山脉的南侧，主要生产干型、半干型白葡萄酒，也酿制少量红葡萄酒。其中的子产区松古拉尔谷（Sungurlare Valley）以出产用切尔文麝香葡萄酿制的酒款而闻名。

★**主要种植的白葡萄品种：** 麝香、雷司令、白羽

★**主要种植的红葡萄品种：** 赤霞珠、梅洛

★**主要的子产区：** 松古拉尔谷（Sungurlare Valley）

·斯特鲁马河谷·

保加利亚 6% 的葡萄园在西南地区的斯特鲁马河谷产区，当地属地中海气候，冬季温和，夏季高温，雨量均匀，土壤主要是黑砂土，酸度高。产区地势起伏，在里拉山脉和皮林山脉之间，斯特鲁马河从中流淌，构成了该产区独特的地理风貌。

子产区皮林马其顿（Pirin Macedonia）还是梅尔尼克葡萄的出产地，用梅尔尼克葡萄酿造的红葡萄酒适合陈年，香气浓郁，口感厚重，有新鲜烟叶的芬芳。

★**主要种植的红葡萄品种：**赤霞珠、梅洛、梅尔尼克

★**主要的子产区：**皮林马其顿（Pirin Macedonia）、斯特鲁马山谷（Struma Valley）

加拿大是世界上国土面积第二大的国家，湖泊众多，海岸线长度世界第一。气候夏季炎热潮湿，冬季寒冷，葡萄园多建在靠近湖岸和海岸的地方，冬天能得到适当的温度调节，有利于葡萄的生长。

安大略省、哥伦比亚省出产的葡萄酒占加拿大全国 90% 以上；魁北克省、新斯科舍省也在逐步发展葡萄酒产业。葡萄产业以"晚摘葡萄"和"冰酒"而闻名，是全球最大的冰酒生产国，主要的出口市场是日本、中国、美国、欧洲等。

加拿大的葡萄酿酒史有 1000 多年，公元 1 世纪时，利夫·埃里克森（Leif Eriksson）带领探险队在加拿大东北部发现了不少当地葡萄品种，那些葡萄园区当时被称为"文兰（Vinland）"。到了 19 世纪，欧洲移民开始在加拿大种植他们带来的葡萄藤，但由于气候不适合，很快他们又转而种植当地传统品种拉里帕里亚（Riparia）葡萄、美洲种（labrusca）葡萄，并用美洲种酿制葡萄甜酒，在 20 世纪一二十年代，加拿大曾实行禁酒令，导致了产业的沉寂，20 世纪 60 年代之后才逐渐恢复。

1988 年，加拿大与美国签订了自由贸易协定，为了提升自身实力，加拿大成立了加拿大葡萄酒商质量联盟（VQA），以做为产品质量的出口认证。由酒商质量联盟（Vintners Quality Alliance，简称 VQA）认定葡萄种植区域（VA）。

★**主要葡萄产地：**魁北克（Quebec）、新斯科舍（Nova Scotia）、不列颠哥伦比亚（British Columbia）、安大略（Ontario）

魁北克

魁北克是加拿大最大的省份，面积占全国的 1/5，地处北纬 45—46 度，气候恶劣，冬季寒冷且漫长，最低温度可达零下 30 摄氏度，积雪很厚，且霜冻期会持续很久。葡萄农们为了葡萄藤过冬，会及时剪枝，用干土、稻草把整株葡萄藤包埋起来，等开春时再挖出扶正。

由于这里是河流和山区围绕的地带，有尚普兰湖、圣劳伦斯河、劳伦山脉、阿巴拉契亚山脉在这里形成微气候，又使得有一些区域很利于葡萄种植。大部分葡萄酒厂都集中在与美国接壤的边境附近、圣劳伦斯河的河岸地带以及蒙特利尔市的南部区域这三个气候较为温和的地方。

当地的土壤类型多种多样，有沙土、砂质壤土、页岩、板岩、砾石、黏土、淤泥混合土等。当地以密集的种植方式种植葡萄，种植面积约为 140 公顷。现有 30 多家葡萄酿酒厂，种植的葡萄品种有 54 种，主要是威代尔、圣克罗伊、芳堤娜等。皮厚的威代尔葡萄，适合酿制冰酒，出产的冰酒名气很大，产量很少，价格很高。当地成酒的年产量约 2.5 万箱，白葡萄酒占一半以上，其余是红葡萄酒、起泡酒和甜酒。

> ★**主要种植的白葡萄品种**：威代尔
> ★**主要种植的红葡萄品种**：圣克罗伊、芳堤娜

新斯科舍

　　新斯科舍是加拿大人口第二多的省份，它三面环海，葡萄园都建在离海岸 20 公里的范围内，土壤类型主要是黏土和砂土。这里冬季不寒冷，夏季温和，葡萄果实经过漫长、凉爽的秋季后，可充分成熟。当地有 26 个葡萄园，葡萄种植面积有 130 公顷，种植的品种多数是法国杂交葡萄，主要是阿卡迪亚布兰科白葡萄，专用于酿制淡黄色、夏布利式的干白葡萄酒。另外还种植有少量的霞多丽、黑皮诺和俄国杂交品种塞佛尼等。

> ★**主要种植的白葡萄品种**：阿卡迪亚布兰科
> ★**主要的产区**：新斯科舍半岛（Nova Scotia Peninsula）、安纳波利斯谷（Annapolis Valley）、拉哈夫河谷（LaHave River Valley）、熊河谷（Bear River Valley）

不列颠哥伦比亚

　　不列颠哥伦比亚是加拿大最西的省份，地区内遍布山脉、湖泊和森林，境内大部分是山区，平均海拔千米以上，由于有山脉阻挡，除内陆山区气温较低外，其余地方的气温都较加拿大平均气温要高很多。土壤类型多样，北部主要是冰川时代的石头、细沙、粉土、粘土；南部主要是沙土和砾石。

　　该地区的葡萄种植业自 20 世纪 90 年代初开始逐渐兴盛，目前的种植面积已超千公顷。当地设有葡萄酒管理局（British Columbia Wine Authority），负责管理当地的葡萄种植与葡萄酒酿造，规定只有 100% 使用加拿大国内种植的葡萄果实酿制的酒款才能进入酒商质量联盟列级。有名的葡萄酒企业包括：传教山酒庄（Mission Hill）、夏丘金字塔酒庄（Summerhill Pyramid Winery）、苏马克里奇酒庄（Sumac Ridge）、魁尔斯堡酒庄（Quails Gate Estate）等。

★ **主要种植的白葡萄品种：**灰皮诺、琼瑶浆

★ **主要种植的红葡萄品种：**梅洛、赤霞珠

★ **主 要 的 产 区：**欧 肯 那 根 谷（Okanagan Valley）、斯 密 尔 可 米 山 谷（Similkameen Valley）、菲沙河谷（Fraser Valley）、温哥华岛（Vancouver Island）

·欧肯那根谷·

该产区地处不列颠哥伦比亚地区中部，距离温哥华市约 400 公里、美国华盛顿州边境约 200 公里，位于太平洋海岸和摩那希山脉之间，地形、地貌多样。当地属大陆性气候，冬天寒冷，温度最低零下 25 摄氏度，时有霜灾；夏季日照强，昼长夜短，最高温度 40 摄氏度。由欧肯那根湖、山区瀑布、海岸山脉、华盛顿东部山区等因素引起的雨影效应，使得这里年降水量很低，尤其是南端的欧索悠镇，因此葡萄园都很缺水，都要从附近的水源抽水灌溉。

产区的酿酒史源于 19 世纪 50 年代初，主要是为欧肯那根谷教区生产圣酒。经历了 20 世纪初期的禁酒令后，当地在 20 世纪 30 年代至 70 年代中期才靠生产果酒、混酿葡萄酒渐渐恢复元气。目前，产区葡萄种植面积约 2020 公顷，建有 70 多家酿酒厂，年产量占不列颠哥伦比亚地区的 90% 以上，是加拿大第二大的葡萄酒产区。由欧索悠印第安银行建立的尼科米普葡萄庄园（Nk'mip Cellars）也成为了当地的领军企业。

产区种植有 60 多个葡萄品种，近些年也开始试种一些适合在温暖气候下生长的葡萄品种，包括桑娇维塞、西拉、丹魄、皮诺塔吉、马尔贝克、巴贝拉、仙粉黛等。产区主要生产甜型葡萄酒，包括静止葡萄酒、气泡葡萄酒、加强型葡萄酒，拳头产品是高品质的冰酒。

★ **主要种植的白葡萄品种：**灰皮诺、霞多丽、欧塞瓦、雷司令、琼瑶浆、巴克斯、欧提玛、茵伦芬瑟、肯纳、仙粉黛

★ **主要种植的红葡萄品种：**梅洛、赤霞珠、黑皮诺、马雷夏尔福煦、品丽珠、桑娇维塞、西拉、丹魄、皮诺塔吉、马尔贝克、巴贝拉

安大略

安大略是加拿大人口最多的省份，也是葡萄酒产量最大的省份，设有一个官方葡萄酒业管理机构，叫"安大略省酒商质量联盟"（VQA Ontario），负责制定当地有关葡萄种植、葡萄酒酿造、产区认证、命名保护等方面的制度和措施。

该地区在北美五大湖的影响下呈现出温和的大陆性气候特征。土壤主要是粘土、壤土和冰川覆盖河流湖泊后的沉积物。当地的葡萄种植面积约 6000 公顷，种植有 60 多种欧洲葡萄。

★ 主要种植的白葡萄品种：雷司令、霞多丽、琼瑶浆、长相思

★ 主要种植的红葡萄品种：黑皮诺、佳美、品丽珠、梅洛、赤霞珠、黑巴科、马雷夏尔福煦

★ 主要的产区：尼亚加拉半岛（Niagara Peninsula）、伊利湖北岸（Lake Erie North Shore）、皮利岛（Pelee Island）、爱德华王子县（Prince Edward County）

·尼亚加拉半岛·

尼亚加拉半岛位于北纬 43 度，北侧是安大略湖，东侧是尼亚加拉河，区内的尼亚加拉断崖高 335 米，断崖所属的山脉长达 800 公里，从美国的纽约州进入安大略的昆士顿、尼亚加拉瀑布，再向南延伸到安大略的托伯莫里。

产区是加拿大最大的 VA 产区，出产的葡萄果实占加拿大的 80% 以上，葡萄酒的年产量约 15 万箱。这里的葡萄酒芳香四溢，果味突出，口感浓郁，大部分酿酒厂都在尼亚加拉半岛。

★ 主要种植的白葡萄品种：霞多丽、雷司令

★ 主要种植的红葡萄品种：梅洛、品丽珠

·伊利湖北岸·

该产区位于安大略省西南部，在埃塞克斯、肯特和埃尔金之间。伊利湖北岸产区的葡萄园区沿着伊利湖的弓形湖岸线，从阿默斯特堡一直延伸到利明顿，连接着东侧的布伦海姆镇，种植面积超过 200 公顷。

产区土壤有壤土、黏土、砂土，葡萄园全都坐北朝南，日照充分，水气充足，是加拿大最优质红葡萄酒的生产基地，葡萄酒的年产量约 5000 箱。

★ 主要种植的红葡萄品种：品丽珠、赤霞珠、梅洛

皮利岛

该产区位于加拿大的最南端，座落在伊利湖中，距大陆 25 公里，因为气候原因，这里的葡萄生长期要长于加拿大其他地区。产区种植的葡萄品种有霞多丽、威代尔等，葡萄酒的年产量约 4000 箱。1868 年，在皮利岛成立了加拿大的第一家商业酒厂万维拉庄园（Vin Villa Estates），并运营至今。

★ 主要种植的白葡萄品种：霞多丽、威代尔

·爱德华王子县·

　　该产区包括爱德华王子县以及爱德华王子县东面、北面的葡萄种植区域，葡萄酒的年产量约两万箱。

　　★**主要种植的白葡萄品种：**霞多丽、灰皮诺

　　★**主要种植的红葡萄品种：**黑皮诺

智利
Chile

南美洲国家智利是世界排名**前十**的葡萄酒出产国，其葡萄种植史至今有 600 多年，16 世纪初，欧洲移民迁入时带去了葡萄苗和种植技术。

智利的西侧是长达 5000 公里的海岸线，东侧是高达 7000 米的安第斯山脉，北侧是沙漠区，南侧边端遥望南极。智利的葡萄种植区域多处于南纬 32—38 度之间，地型复杂，有着由太平洋、南极叠加影响形成的独特气候，被国际葡萄酒界誉为"酿酒师的天堂"。太平洋和南极的洪保德海流带来的凉风能很好地调节气候，沿海山脉形成的雨影效应能抵挡海风，十分有利于葡萄的栽培。

智利的北部全是高山和沙漠，非常干燥；中部属地中海气候，降雨多在冬季，春、秋季易发旱灾，日间高温，光照猛烈，昼夜温差很大，河岸地区的天气较凉爽。南部降雨丰富，平均气温较低，日照时长较短。这里汇集了智利大部分的葡萄园。

早期智利出产的葡萄酒质量不错，价格低廉，少有精品酒款，主要供应国内市场。直到 20 世纪 80 年代中期，由于国际资金的注入，整体酒质才有了大幅提升，开始逐步打入国际市场。在智利出产的各类葡萄酒中，以赤霞珠、梅洛混酿制成的酒款品质最优，销量最大。

★**主要种植的白葡萄品种：**霞多丽、长相思、雷司令、霞多丽、琼瑶浆

★**主要种植的红葡萄品种：**赤霞珠、梅洛、西拉、佳美娜

★**三个葡萄产地：**科金博（Coquimbo）、阿空加瓜（Aconcagua）、中央山谷（Central Valley）

—————— 科金博 ——————

该产区海拔高的区域气候干燥，阳光充足，夜晚寒凉；海拔低的区域靠近阿塔卡玛沙漠，天气非常炎热。产区很适合种植西拉葡萄，酿出的酒款美味可口，酒体丰满。产区很受国际酒业投资商的青睐，已投入大量资金在太平洋海岸至安第斯山脉之间兴建了不少大规模的高海拔葡萄园。

> ★**主要种植的白葡萄品种：**霞多丽
>
> ★**主要种植的红葡萄品种：**西拉、赤霞珠
>
> ★**主要的产区：**艾尔基谷（Elqui Valley）、利马里谷（Limari Valley）、峭帕谷（Choapa Valley）

·艾尔基谷·

艾尔基谷在圣地亚哥市以北约 530 公里处，与阿塔卡马沙漠的南部接壤，是智利所有葡萄酒产区中最靠北的一个。艾尔基谷从海岸地区向海拔更高的地方延伸，直到安第斯山脉的山麓地带。当地属类沙漠性气候，降雨量很小，日照充足，天气炎热，但因有从大西洋、安第斯山脉吹来的强风所起的降温作用，保证了葡萄的健康成长。其土壤主要是沉积物质丰富的海洋与河流冲积土。

1998 年，翡冷翠（Vina Falernia）酒庄在艾尔基谷建成，2005 年，在智利第二届葡萄酒年度评选大赛（Second Annual Wines of Chile）中，翡冷翠阿尔塔风土西拉干红葡萄酒（Vina Falernia Alta Tierra Syrah）的 2002 年份酒款获得最佳表现酒、最佳西拉酒和金牌酒三个大奖，使艾尔基谷在智利酒界声名鹊起。

·利马里谷·

利马里谷地处南纬 30 度，与阿塔卡马沙漠的南部相连，属类沙漠性气候，降雨很少，大半土地干旱，所有的葡萄种植园区都需要滴灌补水，但由于有海洋季风的影响，当地的早晨总会有凉爽湿润的浓雾笼罩，能稍微缓解旱情。

利马里谷 16 世纪初就已开始种植葡萄，现在主要种植的品种是霞多丽、西拉。用霞多丽酿制的白葡萄酒带有当地特有的矿物质风味，口感独特；用西拉酿制的红葡萄酒酒体丰满，美味可口。

利马里谷是智利的 14 个大型葡萄酒产区之一，同时也是智利皮斯科白兰地酒的著名产地，当地除了种植酿酒葡萄外，还种植了大量鲜食葡萄专门用于蒸馏白兰地酒。

·峭帕谷·

峭帕谷产区并没有酿酒厂，产区内布满岩石的山麓上建有不少古老的葡萄园，主要种植西拉、赤霞珠，葡萄产量并不大，但果实品质很优秀，专供智利国内一些大酿酒厂用于酿造高端酒款。

阿空加瓜

阿空加瓜是智利景色最漂亮的葡萄酒产区，名字源自智利最高峰阿空加瓜山。

★**主要种植的白葡萄品种：**长相思、霞多丽

★**主要种植的红葡萄品种：**西拉、赤霞珠、佳美娜

★**主要的产区：**卡萨布兰卡谷（Casablanca Valley）、阿空加瓜谷（Aconcagua Valley）、圣安东尼奥 – 利达谷（San Antonio & Leyda）

·卡萨布兰卡谷·

卡萨布兰卡谷在智利的首都圣地亚哥西北约 100 公里处，是智利独有的寒带沿海葡萄酒产区，20 世纪 80 年代初开始产业化种植葡萄，酿造的葡萄酒非常出色。卡萨布兰卡谷是地中海气候，年降雨量有 540 毫升，离太平洋仅几十公里，冬季常受秘鲁寒流、南极洲寒流的影响，早晨多有浓雾，寒凉湿润。

该子产区主要种植白葡萄品种，因为气候凉爽，葡萄果实需要较长的成熟期，生成出许多复杂、精细的风味，果实的糖分和酸度充足，智利最好的白葡萄酒款大部分产自这里，特别是长相思、霞多丽等优质单品酒，都有清新的柠檬香，爽脆可口。

著名的卡莎拉博丝特（Casa Lapostolle）酒庄出产的亚历山大系列（Cuvee Alexandre）白葡萄酒，正是使用卡萨布兰卡谷的霞多丽葡萄酿成的。

·阿空加瓜谷·

阿空加瓜谷在智利首都圣地亚哥市以北 65 公里处，东靠安第斯山脉，西临太平洋，产区内的阿空加瓜山高约 7000 米，山峰上常年积雪，融雪形成的溪流为当地的葡萄种植园区提供了丰富水源。阿空加瓜谷属地中海气候，夏季炎热，冬天温暖，全年少雨多晴，有些年份甚至会有超过 300 个晴天。当地的土壤主要是黏土、砂岩和花岗岩。

产区最早的葡萄种植者是西班牙的移民麦西米亚·伊拉苏（Don Maximiano Errazuriz），他在 19 世纪 70 年代种下了第一批赤霞珠、西拉、佳美娜等葡萄藤，之后成立了伊拉苏酒庄（Vina Errazuriz）并经营至今，是当地的酒企龙头。2004 年，伊拉苏酒庄与罗伯特·蒙达维塞纳（Robert Mondavi Sena）酒庄合作生产的塞纳（Sena）葡萄酒，在德国柏林品酒会上战胜很多欧洲名庄酒款，荣获第一名。

阿空加瓜谷出产的红葡萄酒主要是赤霞珠、西拉和佳美娜的混酿酒款，品质非常不错，色泽深厚，单宁出色，酒精度较高；出产的白葡萄酒主要是长相思酒款，产量虽不大，但口碑很好，有市场潜力。

·圣安东尼奥 - 利达谷·

圣安东尼奥 – 利达谷在智利首都圣地亚哥市以西约 100 公里处，地处南纬 33 度，靠近海洋，气候受秘鲁寒流的强烈影响，气温较低，年降雨量约 350 毫米，常有浓厚晨雾和严重春霜。

当地的葡萄园大部分建在离海岸几公里的丘陵、坡地上，海拔约 200 米，土壤主要是花岗岩和黏土，土地干瘦、贫瘠，并不利于葡萄果实的产量，但当地出产的葡萄酒酸度爽脆，口感辛辣，果气清香，富含矿物质风味，品质很不错，尤其是利达谷的黑皮诺单品酒、长相思与霞多丽的混酿酒。

★**四个小产区：**莱达（Leyda）、罗阿瓦尔卡（Lo Abarca）、罗萨里奥（Rosario）、玛薇娜（Malvilla）

——————中央山谷——————

中央山谷是智利葡萄种植面积和葡萄酒产量最大的产区，智利出口的葡萄酒90%以上出自这里。

中央山谷指的是迈坡谷与莫莱谷中间约400公里的窄长区域。产区地域狭长，地跨几类气候区，土壤类型多样；种植的葡萄品种很多，其中的佳美娜葡萄是智利的标志性品种，产量最大，相关酒款的产量也最大。出产的果实品质、酒款品质参差不齐。北部迈坡谷的产品品质上乘，有法国波尔多的风格；莫莱谷的产品品质普通，是当地的传统餐酒风格，口味清淡。

★**主要种植的白葡萄品种：**霞多丽、长相思、维欧尼、雷司令、琼瑶浆

★**主要种植的红葡萄品种：**佳美娜、赤霞珠、梅洛、西拉

★**主要的产区：**迈坡谷（Maipo Valley）、卡恰布谷（Cachapoal Valley）、空加瓜谷（Colchagua Valley）、库里科谷（Curico Valley）、莫莱谷（Maule Valley）

·迈坡谷·

迈坡谷离智利首都圣地亚哥市不远，地处圣地亚哥与安第斯山脉之间，西边靠近海岸线，中间是迈坡谷三角洲，迈坡河、马波乔河从旁穿流而过。迈坡谷属地中海气候，夏季漫长炎热，冬季短暂温和，年降雨量大，昼夜温差大，地势高的地方常有晨霜，土壤类型主要是碎石、沙砾和黏土，富含矿物质，当地的风土条件非常适宜种植喜光、喜热的红葡萄品种。

迈坡谷从海岸至山麓沿着海拔高低遍布葡萄园，出产的赤霞珠红葡萄酒口感复杂，单宁高，酸度平衡，果香浓郁，是智利最好的酒款。该子产区是智利最有名的葡萄酒产区，历史悠久，是智利葡萄酒的摇篮，出产的酒款品质整体水平最高，是智利葡萄酒的出口生产基地。

·卡恰布谷·

卡恰布谷在智利首都圣地亚哥以南约100公里处，属地中海气候，夏季炎热，冬季温和，昼夜温差大。因为地处太平洋与安第斯山脉之间，产区内有些独特的微气候，加上当地的土壤主要是石灰石和沙砾，饱含矿物质，适宜种植很多品种，结出的果实品质都很不错，尤其是赤霞珠、

梅洛、佳美娜等红葡萄品种，酿出的酒款非常优秀，酒体丰满，果香四溢，口感柔顺，带有巧克力和果冻的风味。

卡恰布谷很受国际资金的青睐，不少来自波尔多、阿尔萨斯和卢瓦尔河的著名酒商都在这里投资建立了不少葡萄园和酿酒厂，大大提高了当地的生产水平、产品质量和国际知名度。

在靠近安第斯山麓的考克内斯镇，有个天然温泉自然保护区，是智利著名的旅游景点，在进入景点的道路两旁全是葡萄园和酒庄，其中有不少国际知名的企业，如天鹰（Altair）酒庄、木兰笛（Morande）公司、安纳根纳（Anakena）酒庄、万轩士（Misionesde Rengo）酒厂、罗斯富（Chateau Los Boldos）酒庄等。

·空加瓜谷·

空加瓜谷距离首都圣地亚哥市约180公里，属地中海气候，阳光充足，年降雨量大，由安第斯山顶常年的积雪融化形成的廷格里里卡河从山谷中央流过，为当地的葡萄园带来了大量的水源与富含矿物质的碎石、黏土和淤泥，葡萄种植条件很好。葡萄园和酒庄大部分集中在山谷中央地带，小部分在山岭另一面的太平洋西岸线，包括有拉珀斯托（Lapostolle）、卡萨席尔瓦（Casa Silva）、蒙特斯（Montes）、劳拉·哈特维希（Laura Hartwig）、智利天宝庄园（Estampa）、蒙嘉斯（Montgras）等著名酒企。

当地出产的酒款品质都很好，其中包括克洛斯·阿伯特（Clos Apalta）、蒙德斯富乐（Montes Folly Syrah）、维斯卡斯（Los Vascos）等知名品牌。出产的赤霞珠葡萄酒酒质出众，常代表智利参加国际葡萄酒界的评比大赛，知名度很高。

1996年，连通泛美公路、南北走向横穿整个空加瓜谷、直达太平洋西岸的 Ruta I-50 高速公路建成，被称为智利的"葡萄酒之路"（Carretera del Vino）。这条高速公路的建成，大大促进了当地葡萄酒主题旅游业的发展。沿途的景点包括有圣克鲁兹镇，是旅游路线的起点，圣克鲁兹宾馆内的科尔查瓜博物馆，是智利最大的私人历史文物收藏馆，是游客必到的地标景点；晖科庄园，典型的18世纪建筑风格，曾是智利总统府的官方避暑度假地；葡萄庄园游火车站，可乘坐古老的蒸汽机火车，遍游产区内各个葡萄园和酒庄。

★**主要种植的白葡萄品种：**马尔贝克

★**主要种植的红葡萄品种：**佳美娜、赤霞珠、梅洛、西拉

·库里科谷·

库里科谷是智利葡萄酒年产量排名第二的产区，其座落在距离智利首都圣地亚哥市以南约220公里处，属地中海气候，多雨湿润，日照充足，日夜温差大。土壤肥沃，富含矿物质，主要是黏土、沙砾和风化花岗岩。葡萄种植园区的灌溉用水都是通过人工开凿的沟渠，取自附近的特

诺河和隆特河。

1851 年，由法国的科里亚·阿尔巴诺（Correa Albano）家族将葡萄种植引进到这里，而一直到 20 世纪 70 年代初，当地才开始进入商业化酿酒生产。西班牙酒商米盖尔·托雷斯（Miguel Torres）在当时倡议了一个名为"开发葡萄酒新世界"的投资计划，他是正式提出"葡萄酒旧世界、新世界概念"的第一人。之后他牵头在库里科谷的莫利纳镇成立了米盖尔·托雷斯酿酒厂（Vina Miguel Torres）和圣佩德罗酒业公司（Vina San Pedro），全力引进了不锈钢发酵罐酿酒技术，拉开了智利现代化葡萄酒产业的序幕，至今圣佩德罗公司仍是智利排名前三的葡萄酒生产商。

库里科谷种植的葡萄品种有几十种，有长相思、霞多丽、赤霞珠、梅洛，其中白葡萄品种种植面积是智利最大的。出产的赤霞珠葡萄酒与麦坡谷的产品一起被视为智利最好的红葡萄酒代表；出产的长相思葡萄酒产量很大，但品质一般。

库里科谷是国际葡萄酒主题旅游的热门地点之一，当地设置的采摘节、酿酒节、品酒会、美食节等旅游活动以及周边的七圣杯酒庄（Siete Tazas）、卡斯卡特瀑布（Cascades）、拉古纳托尔卡（Laguna Torca）、比丘肯（Vichuquen）湖区等景点都很受游客欢迎。

·莫莱谷·

莫莱谷被视为智利的葡萄酒摇篮，是智利葡萄种植面积最大的产区，葡萄种植历史悠久，由西班牙殖民者于 16 世纪开启。其位于智利首都圣地亚哥市以南约 250 公里处，位于安第斯山脉和太平洋海岸之间，属地中海气候，凉爽多雨，土壤富含黏土，酸性很高，产区内有几条河流经过，河岸区域的葡萄园产出的果实会比坡地上的更优质。

莫莱谷出产的酒款品质越来越好，从而受到国际市场的关注，尤其佳丽酿与赤霞珠、马尔贝克的混酿酒，酒色浓郁，果香诱人。每年 11 月的第二个星期六是"佳美娜之夜"（Noche del Carmenere），当地的酒商都会在这一天齐聚一起品尝、评定当年新产的最优佳美娜葡萄酒款。

★**主要种植的白葡萄品种**：马尔贝克

★**主要种植的红葡萄品种**：佳美娜、赤霞珠、梅洛

★**三个小产区**：里约热内卢克拉罗谷（Valle de Rio Claro）、伦克米拉谷（Valle de Loncomilla）、突突文谷（Valle de Tutuven）

中国
China

据史料记载，中国的葡萄种植和葡萄酒酿造始于汉代张骞出使西域归来之后。到了唐朝，葡萄酒的生产和消费已有了一定的积累，从王翰的诗句"葡萄美酒夜光杯，欲饮琵琶马上催"可见一斑。元朝时，葡萄酒在中国已很流行。清朝末期，华侨张弼士建立张裕公司，是中国的第一家葡萄酒厂，引领了中国葡萄酒产业走上工业化生产的道路。

新中国成立后，政府为了防风固沙，在黄河故道地区大量种植葡萄，并在50年代后期建立了一批葡萄酒厂，掀开了葡萄酒发展的新篇章，中国已成为全球第六大葡萄酒生产国。中国葡萄酒业的快速发展，得益于拥有很多适宜种植葡萄的理想环境。

中国幅员辽阔、南北跨度大，在北纬25—45度广阔的地域里，气候情况复杂多样，地势地形各种各样，分布着多个葡萄产区，种植着各具特色的葡萄品种。在云南高原有米勒产区、在沙漠边缘有甘肃武威产区，在高山山麓有银川产区，在海滨地区有渤海湾产区。

在中国大量种植的酿酒葡萄中，以红葡萄品种为主，占比达80%。为了顺应国际潮流、尽快融入国际市场，葡萄酒企业都非常重视引种国外优良的酿酒葡萄品种，其中的赤霞珠葡萄，就以2.3万公顷的种植面积成为了中国引种量最大的外来品种。山葡萄是中国的本土红葡萄品种，如今的种植量已大不如前。龙眼葡萄，是中国本土的一个古老酿酒葡萄品种，用它酿造的白葡萄酒，酒质不错，知名的酒款是长城干白葡萄酒。

中国的地理环境和气候条件，使葡萄酒业具有很大的发展空间，葡萄的种植面积正不断扩大，种植的葡萄种类也越来越丰富，已形成了不少优质的葡萄酒产区。

★**主要种植的白葡萄品种：**龙眼、贵人香、霞多丽、白雷司令、白玉霓

★**主要种植的红葡萄品种：**赤霞珠、梅洛、品丽珠、蛇龙珠、黑皮诺

★**主要的葡萄产地：**河南（Henan）、云南（Yunnan）、山东（Shandong）、宁夏（Ningxia）、内蒙古（Inner Mongolia）、甘肃（Gansu）、东北（Dongbei）、新疆（Xinjiang）、河北（HeBei）

河南

河南属暖温带、亚热带，半湿润季风气候，冬季寒冷少雪，春季干旱多风沙，夏季炎热多雨，秋季干爽，是农业生产大省，种植葡萄的历史很长，但多为鲜食葡萄。河南的葡萄种植面积约有1.33万公顷，葡萄酒生产企业有几十家，知名企业有民权九鼎葡萄酒有限公司等。年储汁能力达

十几万千升，葡萄酒年产量近 20 万千升。

★ **主要葡萄产区：** 兰考（KaoLan）、民权（MinQuan）

云南

云南地区的各个产区种植的葡萄品种主要是玫瑰蜜葡萄。这种葡萄在原生地法国现已几乎绝迹，是在 100 多年前由法国牧师引入到云南的。云南地区最主要的葡萄酒企业是云南红葡萄产业集团公司。

★ **主要葡萄产区：** 弥勒（Mile）、梅里雪山（Meili Xue Shan）、德钦（Deqin）、蒙自（Mengzi）、东川（Dongchuan）、呈贡（Chenggong）

·弥勒·

弥勒是云南省主要的葡萄种植基地，葡萄园集中在弥勒坝区的东风农场，那里的地形地貌很特别，以岩溶山原、山地高原为主，遍布丘陵平台，区域中央形成大片的山中盆地，土壤是由砾岩和白云岩风化而成，土质肥沃，有机质含量高，非常适合种植葡萄。

★ **主要种植的白葡萄品种：** 霞多丽

★ **主要种植的红葡萄品种：** 赤霞珠、梅洛、西拉、玫瑰蜜

山东

山东省与河北、河南、安徽、江苏等省份接壤，省内的山东半岛是中国第一大半岛，岛上聚集了山东地区的大部分葡萄产区，酿酒葡萄的产量很大，在中国的葡萄产业中占有重要地位。

山东属暖温带季风气候，夏季多雨，春秋短暂，冬夏较长，年均气温 11—14 摄氏度，东部沿海区域受海洋性气候影响，温度变化幅度较小，减少了冬季的葡萄藤埋土工作。

山东在国际葡萄酒业界被誉为"世界七大葡萄海岸之一"，葡萄种植面积约 2 万公顷，葡萄酒的产量、产值均居中国首位。1892 年，华侨张弼士在山东地区的烟台市建立了张裕酿酒公司，是中国近代第一家葡萄酒企业，也是当时远东地区最大的工业化葡萄酒酿造公司。目前在山东地区，集聚了张裕、华东、威龙、中粮长城等中国顶级的葡萄酿酒企业。2012 年，法国拉菲集团投资在烟台产区的葡萄酒庄正式开张营运。

★**主要种植的白葡萄品种：** 霞多丽、白玉霓、贵人香、小满胜

★**主要种植的红葡萄品种：** 蛇龙珠、赤霞珠、马瑟兰

★**主要葡萄产区：** 烟台（Yantai）、青岛（Qingdao）、蓬莱（Penglai）

·烟台·

烟台是中国葡萄酒工业的摇篮。1892 年，华侨张弼士在烟台创立了张裕葡萄酒公司，为中国的葡萄酒工业打下了坚实的基础。烟台三面环海，属温带湿润季风气候，气候温和，年均气温约 13 摄氏度。烟台产区多丘陵、山地，土壤是棕色森林土和砾石，富含矿物质，透气性、排水性良好。

烟台产区的代表性企业有张裕葡萄酒公司、威龙葡萄酒公司、中粮长城葡萄酒（烟台）公司等。

★**主要种植的白葡萄品种：** 霞多丽、白玉霓、贵人香、小满胜

★**主要种植的红葡萄品种：** 蛇龙珠、赤霞珠、马瑟兰

·青岛·

青岛的大泽山是中国最优质的鲜食葡萄产区，历史悠久，早在汉代时就已有。在青岛产区种植量最大的葡萄品种是玫瑰香、泽玉、泽香等，这三种葡萄既可鲜食也可酿酒，风味独特，品质优良。2008 年，国家质检总局批准对大泽山葡萄实施地理标志产品保护。

★**主要子产区：** 大泽山（Daze Shan）

·蓬莱·

蓬莱在烟台市西侧，地势南高北低，中部多山，多丘陵，北部濒海，昼夜温差小，湿度高。蓬莱拥有优质的酿酒葡萄种植基地，超过 17 万亩，现有葡萄酒企业 72 家。中粮集团与隆华集团合资兴建的顶级酒庄——中粮君顶酒庄就在在蓬莱产区的南王山谷。产区因有优越的风土条件，吸引了中信国安、华东百利、法国拉菲等不少知名企业到此建立葡萄种植园和酿酒厂。

宁夏

宁夏正处于地球的葡萄种植黄金地带上，北纬 30—50 度之间。宁夏深居西北内陆高原，属典型的大陆性半湿润半干旱气候，夏季不会有酷暑，日夜温差大，日照时间长，古来就有"早穿皮袄午穿纱，晚上围着火炉吃西瓜"的说法。有些地方非常干旱，年降雨量仅 200 毫米，由于日照时间长，地面的水气蒸发量常高达 800 毫米，所以在这些地方种植的葡萄，常可以达到完美的

成熟度，果实的含糖量非常高。

宁夏的东南西北四侧的地貌差异明显，海拔超千米，南高北低，地势落差很大，汹涌的黄河通过青铜峡后，冲刷出美丽富饶的银川平原。银川平原的西边是壮丽的贺兰山，平原东边是鄂尔多斯台地。

因为宁夏拥有优异的风土条件，很多驰名中外的葡萄酒企业，如长城、张裕、保乐力加、轩尼诗、怡园等，都在这里建有葡萄园和酿酒厂。宁夏的葡萄种植大部分处在贺兰山东麓与银川平原之间的区域，包括了银川市区、青铜峡、红寺堡区、石嘴山市区、农垦系统区等。

宁夏出产的葡萄酒近30年来表现优异，常在国际葡萄酒大赛上斩获大奖。在2015年的Decanter世界葡萄酒大赛（Decanter World Wine Awards）上，有35款中国葡萄酒从近1.6万款世界各地的参赛酒款中脱颖而出，获得奖牌，而其中的一半，是由产自宁夏地区的酒款获得。

★**主要种植的白葡萄品种：**霞多丽、雷司令、贵人香、赛美蓉、白皮诺
★**主要种植的红葡萄品种：**赤霞珠、品丽珠、蛇龙珠、梅洛、黑皮诺、佳美、西拉
★**主要葡萄产区：**贺兰山东麓（Helan Mountain's East Foothill）

·贺兰山东麓·

贺兰山东麓的大多数葡萄园的朝向都是东南向阳，以保证充足的日照，西侧的贺兰山做为屏障挡住了西北方吹来的寒风。产区地处黄河冲积平原，土壤以浅灰钙质土、砾石、砂壤土为主，上层土多孔、透气、引水，下层土肥沃、细腻、吸水，很利于葡萄藤根部的生长。贺兰山东麓产区干旱少雨，年降雨量不到200毫米，水资源匮乏，葡萄园区要开渠引入黄河水，定时滴灌葡萄藤，但也正因这样的干热天气，使得病菌难以滋生，这里的葡萄藤很少有病虫害。贺兰山东麓产区的葡萄种植面积约达2.52万公顷。

贺兰山东麓产区集中了目前中国最具活力的酒庄群，贺兰山、宁夏张裕、西夏王、御马等巨型酒庄，年产量都超万吨，而年产几万瓶的小型酒庄更是星罗棋布。

★**主要子产区：**红寺堡（Hong Si Bao）、青铜峡（Qing Tong Xia）、农垦系统（Farming system）、石嘴山（Shi Zui Shan）

—— 内蒙古 ——

内蒙古的葡萄种植史有200多年，主要在西部乌海地区和中东部包头地区，随着近些年防沙、治沙工程的扩大，能有效固沙的内蒙古葡萄种植产业因此得到了飞速发展，形成了不少极具规模的葡萄生产基地。

内蒙古属半湿润的中温带季风气候，东部是半湿润地带，西部是半干旱地带，昼夜温差大。内蒙古地区从东至西是完全不同的气候区。东端的呼伦贝尔草原至阴山河套平原之间，是草原气候区，冬季的冰雪天气会持续近半年，平均气温零下 28 摄氏度，这些地方都不能种植葡萄。

阴山以西的阿拉善沙漠高原至巴丹吉林沙漠，是沙漠气候区，多风暴，少雨，夏季炎热，冬季寒凉，秋季温和，这些地方比较适合种植葡萄，目前已建成不少葡萄种植基地。

在内蒙古地区，有名的葡萄酒生产企业有内蒙古汉森葡萄酒业、沙恩国际酒业等。

★**主要种植的白葡品种：**霞多丽、雷司令、贵人香

★**主要种植的红葡品种：**赤霞珠、品丽珠、蛇龙珠、梅洛、西拉

★**主要葡萄产区：**乌海（Wuhai）、包头（Baotou）

·乌海·

乌海在内蒙古的西部，东靠鄂尔多斯高原，南接宁夏石嘴山，西连阿拉善草原，北邻肥沃的河套平原。乌海地处大陆腹地，属典型的大陆性气候，冬季少雪，春季干旱，夏季炎热高温，秋季气温陡降；春秋季短，冬夏季长，昼夜温差大，日照时间长。

乌海因有特殊的气候特性，植物病虫害的发生频率非常低，所以葡萄果实的品质、产量都较稳定。近些年来，乌海发展非常迅猛，葡萄种植面积已约达 1600 公顷，年产量过万吨。内蒙古汉森葡萄酒业公司是乌海产区的标杆企业。

甘肃

甘肃位于河西走廊东部，是中国优质酿酒葡萄的重要生产区域。

★**主要种植的白葡品种：**霞多丽、雷司令

★**主要种植的红葡品种：**黑皮诺、梅洛、品丽珠、赤霞珠

★**主要葡萄产区：**武威（Weiwu）、张掖（Zhangye）、古浪（Gulang）、民勤（Minqin）

·武威·

威武位于古称凉州的威武市，历史上是中国古丝绸之路上的边关要塞。产区属典型的大陆性气候，包括冷凉性干旱沙漠区和半荒漠区，昼夜温差大，年降水量 166 毫米，集中在 7—9 月，

年无霜期155天，年日照时数约2500小时。产区土壤以沙壤土为主，土质结构疏松，矿物质丰富，很利于葡萄藤的根系生长。

1985年，由威武葡萄酒厂酿出第一瓶莫高干型红葡萄酒，1995年开始大面积种植酿酒葡萄，1999年"武威葡萄酒厂"更名为"甘肃莫高葡萄酒业有限公司"。之后，皇台酒业公司、苏武庄园、甘肃紫轩酒业、民勤酒厂等葡萄酒企业相继在武威产区落成。

东北

东北地区是中国位置最北的大产区，主要是在吉林通化和辽宁桓仁，当地三面环山，中间是广阔的平原。该地区属温带半湿润大陆性季风气候，冬季严寒，最低气温零下40摄氏度，年降雨量650毫米。土壤是肥沃的黑钙土，土质松软，均衡，透水，很利于葡萄根部的保温、透气和吸水。

★**主要种植的白葡萄品种：**霞多丽、威代尔、雷司令

★**主要种植的红葡萄品种：**长白山野生山葡萄、赤霞珠、品丽珠

★**主要葡萄产区：**通化（Tonghua）、桓仁（Huanren）

·通化·

通化属湿润温带季风气候，常年受海洋暖湿气流影响，北侧的山区挡住了凛冽寒冷的北风，为葡萄园区起到了很好的保暖作用，使这里的葡萄春季发芽较早，能完全成熟，冬季也无需为葡萄藤防寒。

通化产区最大的企业是通化葡萄酒公司，于1937年成立，出产的酒款曾多次成为中国的国宴用酒。

★**主要种植的白葡萄品种：**霞多丽

★**主要种植的红葡萄品种：**山葡萄、赤霞珠

·桓仁·

桓仁在辽宁省东部的桓仁满族自治县，东接集安，西连本溪，南邻丹东，北近通化，傍于长白山的余脉山麓，葡萄园集中在县城郊外的桓龙湖畔山地，是中国著名的冰酒产地，能酿造出非常高品质的冰葡萄酒。

产区平均海拔380米，属半温带大陆性季风气候，冬季平均气温低于零下10摄氏度，有着

完全符合种植冰酒原料葡萄的严寒环境，年降雨量 900 毫米，年日照时数为 2300 小时，年无霜期 142 天。土壤主要是黑钙土，富含微量元素。产区对冰酒葡萄的种植要求很严格，使用的品种必须是威代尔，在土壤、育苗砧木、葡萄藤修剪、采收时间、株间密度、加工工艺、果实尺寸、甜度酸度等方面都有明确规定。

产区主要的酿酒企业包括辽宁省五女山米兰酒业公司、辽宁张裕冰酒公司等。

★**主要种植的白葡萄品种：**威代尔、雷司令

★**主要种植的红葡萄品种：**品丽珠

★**主要子产区：**桓龙湖畔（Huanlong Lake）

··桓龙湖畔··

桓龙湖畔被葡萄酒业界称为"黄金冰谷"，葡萄园环绕桓龙湖而建。桓龙湖是辽宁省最大的天然水库，距桓仁县城 6 公里，水库沿线长 81 公里，水域面积 3200 公顷。桓龙湖属中温带季风型大陆性湿润气候，四季分明，冬季寒冷却不干燥，7 月平均温度 22 摄氏度，冬季温度低于零下15 摄氏度。葡萄完全成熟，并在零下 8 摄氏度冰冻 24 小时后，就是冰酒葡萄的最佳采摘时。桓龙湖畔主要种植的品种是威代尔葡萄，主要的企业有辽宁张裕黄金冰谷冰酒公司、王朝五女山冰酒庄和德仁农业公司等。

新疆

新疆的葡萄种植历史超过 7000 年，历来以出产优质水果而闻名，尤其鲜食葡萄和葡萄干。而大量出产酿酒葡萄的地方主要在吐鲁番盆地、天山北麓、南疆的焉耆与和硕等地。

新疆地区昼夜温差大，日照充足，葡萄果实含糖量高，夜晚的低温，确保了葡萄果实能有足够的酸度，果实成熟和采摘时间约在 9 月。新疆地区远离海洋，深居内陆，以温带大陆性气候为主，北部的天山阻隔了一部分寒冷的北风，北疆属中温带，南疆属暖温带。

近些年，新疆地区吸引了大量投资，其中的知名酒企包括中信国安公司、中菲酒庄、乡都酒业、天塞酒业、张裕巴保男爵酒庄等，都是主打高端酒款。在 2015 世界葡萄酒大赛（Decanter World Wine Awards 2015）上，新疆组团异军突起，中菲酒庄、天塞酒业分别有两款获得银奖。

★**主要种植的白葡萄品种：**霞多丽、白皮诺、雷司令

★**主要种植的红葡萄品种：**赤霞珠、梅洛、西拉、佳美、黑皮诺

★ **主 要 葡 萄 产 区：** 南 疆（South Xinjiang）、天 山 北 麓（Tianshan Mountain's North Foothill）、吐鲁番（Tulufan）

·南疆·

南疆产区在天山南麓地域，三面环山，一面临湖。产区内有大片的戈壁滩，风沙强劲，天气极其干燥，年降雨量仅 70 毫米；夏季最高气温 40 摄氏度，冬季最低气温零下 25 摄氏度。为了确保葡萄藤存活，冬季须埋土护枝，要将葡萄枝埋入地下 60 厘米，以避免霜冻伤害。产区的土壤主要是单一而贫瘠的砂质土。

★**主要种植的白葡萄品种：**霞多丽、贵人香

★**主要种植的红葡萄品种：**赤霞珠、梅洛

★**主要子产区：**焉耆（Yanqi）、和硕（Heshuo）

··焉耆··

焉耆地势西北高、东南低，西、北环山，处盆地中央，酿酒葡萄的种植面积约 8 万亩，葡萄酒产业从 1998 年开始，到 2010 年时已颇具规模，经营最成功的企业有天塞酒庄、中菲酒庄等。

··和硕··

和硕在天山的南麓、焉耆盆地的东北部，属温暖带大陆性干旱气候，年均气温约为 8.6 摄氏度，四季分明，昼夜温差大，春季升温快，秋季短暂，光照充足，空气干燥，多风沙，病虫害较少。和硕的代表企业是新疆芳香庄园。

·天山北麓·

天山北麓产区在新疆的天山北部地区，全年日照超 2800 小时，葡萄果实的糖分很高。因昼夜温差大，海拔高，天气干燥，病虫害少。因为干旱，需引入天山雪水至葡萄园中自流灌溉。产区的土壤以砾石、沙壤土为主，富含硒元素、钙质，土层深厚，透气性好，酸碱度平衡，这些得天独厚的风土特点，使葡萄果实拥有糖分高、颜色深、香味浓郁等优点。

★**主要种植的白葡萄品种：**霞多丽、白皮诺、雷司令

★**主要种植的红葡萄品种：**赤霞珠、梅洛、西拉、佳美、黑皮诺

★**主要子产区：**石河子（Shihezi）

··石河子··

石河子在天山北麓产区的中段和准葛尔盆地南缘，处于维度最适宜种植酿酒葡萄的黄金地带，是近几年最受重视的新疆核心葡萄产区。石河子属典型的中温带干旱荒漠气候，昼夜温差大，夏季高温，冬季低温，需埋土防寒，病虫害很少。土壤有灰漠土、灌淤土和砂质土。

·吐鲁番·

吐鲁番产区位于天山山脉东段南坡下的盆地，是中国最主要的葡萄种植基地，是新疆地区的第一个酿酒葡萄基地。产区以温带大陆性气候为主，夏季最高温可达50度，日照时间长，降水量极少，年均降雨量仅十几毫米，非常干旱。如此极端的气候，使这里的葡萄果实具有特别的风味，病菌极少，品质、产量都非常稳定。当地以种植鲜食葡萄为主，近几十年才开始种植酿酒葡萄。

1983年，这里建立了新疆地区的第一家葡萄酒厂，现有名的葡萄酒企业包括楼兰酒庄、吐鲁番市驼铃酒业等。

★**主要种植的白葡萄品种**：霞多丽、雷司令

★**主要种植的红葡萄品种**：赤霞珠、梅洛、佳美

河北

河北省地处华北平原东北部，西倚太行山与山西交界地带，南邻河南省，东南接壤山东省，北接内蒙古，东北连通辽宁省，在中纬度的沿海、内陆交接地带，地势西北高、东南低，从西北向东南呈半环状逐级下降，区内有高原、山地、丘陵、盆地、平原等各种地貌。河北地区属温暖带半湿润半干旱大陆性季风气候，冬季寒冷少雪，夏季炎热多雨，春季多风，秋季干燥，年无霜期长，降雨无规律不均匀，年均降雨量约600毫米。

> ★**主要种植的白葡萄品种**：霞多丽、白玉霓、雷司令、长相思、琼瑶浆
> ★**主要种植的红葡萄品种**：赤霞珠、蛇龙珠、梅洛、西拉、佳美
> ★**主要葡萄产区**：秦皇岛（QinHuangDao）、延怀河谷（Yanhuai River Valley）

秦皇岛

秦皇岛产区在河北省的北部，是中国最重要的酿酒葡萄种植基地之一，地处冲积平原，属暖温带半湿润大陆性季风气候，同时受周边海洋的影响，春季少雨干燥，夏季温热无酷暑，秋季凉爽多晴，冬季漫长无严寒。

★**主要子产区**：昌黎（Changli）、卢龙（Lulong）、抚宁（Funing）

··昌黎··

昌黎子产区在中国的葡萄酒发展史中占有不可替代的位置，据《昌黎县志》记载，这里的葡萄种植历史可上溯到明朝万历年间，葡萄酒酿造史可追溯到清朝宣统年间。20世纪80年代初，

这里率先从法国波尔多引种了赤霞珠葡萄，并以此为原料，酿出了新中国第一批达到国际水准的干红葡萄酒。

昌黎子产区位于河北省东北部，是环渤海经济圈、京津冀首都圈、辽东半岛城市圈之间的重要纽带，距北京市 280 公里，天津市 220 公里。该子产区东临渤海，北依燕山，年日照 2600 小时，昼夜平均温差 12 摄氏度，年降雨量约 600 毫米。

当地土壤类型多样，北部的低山丘陵地带是褐土和粗沙；山前平原、铁路沿线地带是褐土，土层深，轻壤质，透气性好；中南部是沙地和潮土，土质贫瘠；东部滨海地区是轻壤质。

昌黎子产区的发展初期，昌黎葡萄酒厂为了提高酿酒水平，开发高品质酒款，以每株 1 美元的高价从法国波尔多地区购进了大批的赤霞珠幼苗，栽培成功后开始量产，成为新中国第一个国际葡萄品种种植基地，并于 1984 年在中国政府举办的酒类大赛上夺得金奖。

昌黎子产区汇集了很多中国顶级的葡萄酒生产商，包括中粮华夏长城葡萄酒公司、贵州茅台酒厂（集团）昌黎葡萄酒公司、朗格斯酒庄、香格里拉（秦皇岛）葡萄酒集团等。

··卢龙··

卢龙子产区在卢龙县城的周边，以低山、丘陵为主，年日照达 2700 小时，昼夜温差大，土壤是褐色的砾质和砂质壤土，通气性好，富含微量元素，种植的葡萄 90% 以上是赤霞珠。

柳河山谷（Liuhe River Valley）是卢龙最重要的一个小产区，在卢龙县的东南部，倚靠燕山余脉，属大陆性半湿润季风性气候。张裕、长城、香格里拉、华夏、秦皇岛柳河山庄等知名企业都已在这里建立了葡萄园、榨汁站和酿酒厂，并开拓以葡萄种植、酿酒为主题的旅游项目。"十二五"期间，卢龙县推出了"三区一中心"的规划：要将卢龙子产区内的柳河山谷、烟霞岭、燕河山谷、龙城葡萄酒贸易中心合并统一发展，构建葡萄酒的种植—生产—经销—零售的完整产业链。

★**主要小产区：**柳河山谷（Liuhe River Valley）

··抚宁··

抚宁子产区在河北省东北部的抚宁县，是华北地区与东北地区的交通要塞。当地的土壤主要是褐土和砂砾土，土层深厚，砂质坚实。抚宁子产区秋季时间长，果实能完全成熟，果粒饱满，果香浓郁，极具当地的风土特点。

·延怀河谷·

延怀河谷产区在河北省的西北部、北京的西部，四周群山环绕，桑干河贯穿整个产区，并流经宣化、怀来、涿鹿等地。产区属中温带半干旱大陆性季风气候，由于燕山山脉和太行山脉的阻挡，这里常年盛行河谷风，并在葡萄种植区域内形成了一种独特的干热气流。延怀河谷产区天气晴朗，少阴雨，病虫害很少，葡萄藤采光时间充足，结出的果实饱满，果色艳丽，香气馥郁。产区的土壤类型多样，以褐土为主，还有棕壤、淤泥土、风沙土等，多样的土质结构适于不同葡萄品种的生长。葡萄藤多数在 4 月开花，8 月底采收白葡萄，9 月中采收红葡萄，10 月初采收甜型白葡萄。

★**主要子产区：** 怀来（Huailai）

··怀来··

怀来子产区在河北省西北部的怀来县，东距北京120公里，西距张家口80公里，地处燕山山地，南北两侧群山耸立。子产区内有永定河、桑干河、洋河、妫水河等四条河流过境，还有一个官厅水库，这些水系环境对当地的葡萄的生长、风味等方面有着根本的影响。当地属中温带半干旱温带大陆性季风气候，四季分明，光照充足，昼夜温差大，年降雨量少，冬季寒冷，葡萄藤要及时保温。

怀来子产区的工业化酿酒始于 1976 年，是由沙城葡萄酒酒厂经营的。1979 年，长城桑干酒庄在当地成立，1980 年研制成功中国第一瓶"干型葡萄酒"，1986 年研制成功"香槟法起泡葡萄酒"，1997 年研制成功"V.S.O.P 白兰地"。

怀来子产区是中国改革开放以来最早的高档葡萄酒生产基地，1976 年被定为国家葡萄酒原料基地。葡萄种植面积达 27 万亩，覆盖 16 个乡、150 多个村，葡萄年产量超过 15.6 万吨。在怀来子产区，目前有长城、中法、瑞云、贵族等 20 多个酒业品牌。

克罗地亚
Croatia

公元前5世纪，希腊人将葡萄种植引进到克罗地亚海岸，从此，克罗地亚开启了葡萄种植历程。20世纪90年代初，经历数年的克罗地亚战争战火，许多葡萄园和酒厂在战乱中被毁灭，战后又经历数年才渐渐复苏，发展至今。

克罗地亚是地中海沿岸国家，东侧与意大利隔亚得里亚海相望，北靠阿尔卑斯山，东北部连接潘诺尼亚大平原的西端。克罗地亚境内迪纳拉山脉等海拔较高的区域是高山气候，但内陆地区是大陆性气候，冬季寒冷，夏季炎热，降雨充沛，葡萄种植区主要集中在与潘诺尼亚平原相邻的山丘地区。达尔马提亚海岸地区和亚得里亚海沿岸地区是典型的地中海气候，夏季炎热湿润，冬季温和干燥，非常利于葡萄生长。许多葡萄园和酒庄建在与海岸地区相望的达尔马提亚群岛上的岩溶山坡，那里阳光充沛。

克罗地亚的葡萄酒生产企业超过300家，年产量约7500万升，67%是白葡萄酒，多产自内陆地区，32%是红葡萄酒，主要产自海岸地区。剩下还有一些是桃红葡萄酒、起泡酒和甜品酒。

被公认最好的红葡萄酒是由普拉瓦茨马里葡萄酿造而成的，普拉瓦茨马里葡萄在遗传基因上和克罗地亚的仙粉黛葡萄属同一品系。当地有名的普罗塞克白葡萄酒是用博格达白葡萄酿制而成，科尔丘拉岛、伊斯特里亚、珀丝普、玛尔瓦泽亚等地都有生产这款酒。

★**主要种植的白葡萄品种：**博格达、霞多丽、珀斯、玛尔维萨、格雷维纳、克劳基维纳、玛尔瓦泽亚、雷司令、白羽、特雷比奥罗、特比昂、维多佐、马拉希娜

★**主要种植的红葡萄品种：**普拉瓦茨马里（小兰珍珠）、巴比奇、仙粉黛、梅洛、威尔娜、薄拉提娜、特勒尼克、普罗塞克、多布里契奇、紫北塞、巴贝拉、品丽珠、赤霞珠、佳利酿、卡斯特拉瑟丽、弗兰戈维卡、佳美、霍瓦蒂卡、莱西纳、梅洛、内比奥罗、普拉维娜、西拉、特朗、托凯福利阿诺、土加克、威尔娜、兹威格

★**两个葡萄产地：**内陆地区（inland areas）、沿海地区（coastal areas）

内陆地区

该产区沿着德拉瓦河、萨瓦河从西北部一直延伸至东南部，属于典型的大陆性气候，冬季寒冷，夏季炎热。产区主要出产果香馥郁的白葡萄酒，最有名的葡萄种植区域是斯拉沃尼亚（Slavonia），

种植最广泛的葡萄品种是格雷维纳。用格雷维纳酿制的葡萄酒芳香四溢，轻盈爽脆，令人振奋。

沿海地区

　　沿海地区（包括岛屿），北至伊斯特里亚，南至达尔马提亚。这里属地中海气候，夏季长，炎热干燥，冬季短，湿润温和。伊斯特里亚和北部海岸地区主要出产果味浓郁的干白葡萄酒，所用的酿酒葡萄品种以玛尔瓦泽亚为主。南部海岸因当地岛屿和山丘形成的特殊微气候和自然环境作用，还出产名酒驰名欧洲的、有浓郁地中海风格的红葡萄酒。最有名的是由仙粉黛和多布里契奇自然杂交而成的普拉瓦茨马里（小兰珍珠）。

塞浦路斯早在公元前 2000 年就开始种植葡萄。在西部城市帕福斯，古罗马时期的马塞克拼图遗迹，反映了当时葡萄酒在人们日常生活中的重要性。中世纪时期，塞浦路斯的葡萄酒在欧洲就已经很出名了。当时由于储存装置的密封性能差，导致酒款易变甜，这也就成了塞浦路斯传统的葡萄酒的特点。11 世纪时，东征的十字军中一个名叫理查德的勇士把塞浦路斯的甜葡萄酒用当地地名命名为"卡曼达蕾雅"（Commandaria），该酒迅速成为上等饮品，流行于当时英国的上流社会。由于长期战争不断，塞浦路斯国内葡萄种植业一直停滞不前，直到 19 世纪，英国的占领才给酿酒工业带来了复兴。

塞浦路斯是地中海东部的第三大岛，东西走向 225 公里，南北走向约 75 公里，距土耳其南部海岸 80 公里，也靠近叙利亚的西部海岸。其北部为狭长山脉，多丘陵；西南部为主山脉，地势较高；中部是肥沃的美索利亚平原；岛上无长流河，只有少数间歇河。

塞浦路斯属亚热带地中海型气候，夏季炎热干燥，冬季温和湿润，冬季是全年集中的降雨期，最冷时可达零下，山区有雪。这里一年到头几乎都是晴天，日照非常充分，产出的葡萄甜度也特别高。这样的气候适合种植很多种葡萄品种，当地主要还是以种植玛乌柔、辛尼特瑞葡萄为主。当地一个古老

葡萄品种玛拉思迪克也开始被复种。

塞浦路斯有两大主要的种植基地，分布在利马索区（Limassol）的特罗多斯山以南和西南部的帕福斯（Paphos）地区，种植面积有 2.35 万公顷，其中酿酒葡萄的种植面积有 2.15 万公顷，葡萄年产总量约 20 万吨，岛上 1/4 的农业人口从事葡萄种植业，同时也出产许多葡萄加工品。

1844 年，哈吉巴甫洛（Hadjipavlou）家族建立起易特欧酒厂（ETKO），此后，又由一群当地商人建立起了凯奥公司（KEO），1928 年，他们买下了当时具有竞争力的卓别林家族（Chaplin）的酒厂。后来在 1943 年，易特欧的工会成员又脱离了易特欧，成立了一个名为利奥（LOEL）的合作社。1947 年，葡萄种植者自己创建了一个"保护葡萄种植者权利"的合作组织——索达波（SODAP）。

这四大葡萄酒生产商成为了当前最具规模的四家葡萄酒厂，主导着塞浦路斯的葡萄酒业发展，也是主要的出口商。它们出产的许多酒款享有国际盛名，在许多重要的国际性葡萄酒评比中屡获大奖。例如，凯奥公司的甜酒卡曼达蕾雅在第六届萨洛尼卡国际葡萄酒评比会、塞浦路斯首届葡萄酒评比会上获得金奖；利奥公司的麝香葡萄酒、甜酒卡曼达蕾雅和白兰地分别于 1978、1980 和 1984 年在德国莱比锡国际博览会上获得了金奖，2023 年又在法国国际葡萄酒挑战赛中斩获金

奖；2004 年的卡勃耐红酒在德国获得了质量认证证书；易特欧酒厂的干雪莉酒，在 1968 年获得莱比锡国际博览会金奖，干红葡萄酒、卡曼达蕾雅同时在 1980 年的布里斯托尔国际博览会上获得金奖；索达波厂所产的几种葡萄酒，在 1999 年至 2001 年的国际葡萄酒评比中获得认可，赛来雄白葡萄酒获得 2004 年国际葡萄酒评比铜奖，1999 年的瓶装卡勃耐红酒获 2000 年的铜奖。

除此之外，岛上现在还有 50 多家年产量 5—30 万瓶的山村小葡萄酒厂，大多数是 20 世纪 80 年代在当地政府的鼓励下建立和发展起来的，规模虽小，但它们的生产技术、生产设备却都是一流的，能生产出不同种类、不同口味的高质量葡萄酒，各具特色。

塞浦路斯的工商协会下属有两个葡萄酒专业协会，其中一个由 30 多家小型酒厂组成；另一个则由规模较大的四家葡萄酒厂成立于 2003 年。每年 9 月是葡萄采收季节，莱迈索斯城会举办盛大的葡萄酒节。

★**主要种植的白葡萄品种：**马拉加、西拉、帕诺米诺

★**主要种植的红葡萄品种：**博玛乌柔、辛尼特瑞、玛拉思迪克、佳丽酿、解百纳、马塔罗、紫北塞

法国的葡萄种植历史非常悠久，是由古希腊人在公元前 600 年传入的。公元前 51 年，凯撒大帝征服、统治了高卢，葡萄种植、葡萄酒酿造的规模越来越大。公元 3 世纪，波尔多、勃艮第等地初现葡萄酒产业中心的雏形。公元 6 世纪，随着宗教活动的活跃和教会的需求量上升，葡萄酒的产量越来越大，至中世纪，葡萄酒已成为法国的主要出口商品。19 世纪初，法国成为当时全世界葡萄种植面积最大、葡萄酒产量最大的国家。1855 年，在巴黎万国博览会上，法国官方正式颁布"法国葡萄酒原产地控制命名制度"（AOC），成为全球葡萄酒产业标准的奠基者，同时确立了法国在全球葡萄酒产业中的主导地位。

法国的葡萄酒原产地控制命名制度（AOC），对于法国和全球的葡萄种植业、葡萄酒产业都有着根本性的影响，这个制度的核心内容是将法国出产的葡萄酒划分成日常餐酒（VDT）、地区餐酒（VDP）、优良地区餐酒（VDQS）、法定产区葡萄酒（AOC）四个级别，并循此制定了一系列的相关条款，后经过不断地调整、补充，成为了一套健全、完善的葡萄种植、葡萄酒酿造行业管理制度。

法国的葡萄种植面积目前排名世界第二，仅次于西班牙；葡萄酒的年产量，目前也是排名世界第二，意大利排名第一。

19 世纪中期，因受来自北美洲的植物所携带的病菌感染，法国的葡萄藤大面积发生了白粉病害，19 世纪末期，又接连发生了葡萄根瘤蚜菌、霜霉菌、黑腐病等灾害，葡萄酒产业遭受毁灭性的打击，直到 20 世纪中期才逐渐回元气。

法国地处北纬 42—49.5 度之间，气候类型多样，南部是地中海气候，西部海拔较高区域的气候深受墨西哥湾暖流的影响，东部内陆区域属大陆性气候，地型地貌、土壤类型也是多种多样，风土条件非常优越。法国全境都非常适宜种植酿酒葡萄，适种的葡萄品种很多，果实的品质都属优良。

★**主要种植的白葡萄品种：**白玉霓、霞多丽、赛美蓉

★**主要种植的红葡萄品种：**梅洛、歌海娜、佳丽酿、赤霞珠、西拉、品丽珠、黑皮诺

★ **12 个葡萄产地：**波尔多（Bordeaux）、 勃艮第（Burgundy）、香槟（Champagne）、阿尔萨斯（Alsace）、卢瓦尔河谷（Loire Valley）、汝拉 – 萨瓦（Jura /Savoie）、罗纳河谷（Rhone Valley）、博若莱（Beaujolais）、西南地区（South West France）、朗格多克 –露喜龙（Languedoc-Roussillon）、普罗旺斯（Provence）、科西嘉（Corsica）

波尔多

　　该地区在法国的西南部，西临大西洋，被南北走向的吉伦特河一分为二，葡萄园全部分布在河的两岸（惯称为左岸和右岸），延绵几百公里。该地区属海洋性温带气候，常年温暖、湿润，土壤主要是贫瘠的砂砾土、黏土、石灰土等。

　　18世纪时，葡萄酒产业已成为当地的经济命脉。当地为了保障每一季出品的品质稳定，规避来自天气、虫害、采摘期等不稳定因素影响，从20世纪开始，不再过度依赖某一类葡萄品种，而是使用多类葡萄品种进行混酿制酒。如今，葡萄酒的年产量有近10亿瓶，其中约90%是红葡萄酒，品质都属上乘，法国AOC级别的酒款有近三成产自这里。

　　1857年，路易·巴斯德博士在波尔多地区创建了"波尔多葡萄酒学院"，这个学校至今依然是全球众多葡萄酒从业者、爱好者心目中的殿堂级学府。

　　除了"法国葡萄酒原产地控制命名制度"（AOC），这里还另外设立了"产区酒庄评级制度"：1855年的波尔多酒庄评级制度（1855 Bordeaux Classification）、1953年的格拉夫评级制度（1953 Classification of Graves）、1955年的圣埃美隆评级制度（1955 Classification of St.Emillion）、中级酒庄评级制度（Cru Bourgeois）。1855年4月18日，波尔多商会下属经纪人协会——辛迪加组织（Syndicat of Courtiers）根据当时波尔多各个酒庄的名气、酒款品质、价格等因素，确定了58个酒庄为列级名庄，其中再划分出：一级酒庄（Premier Grand Cru Classe）4个，包括有拉菲古堡（Chateau Lafite-Rothschild）、拉图酒庄（Chateau Latour）、玛歌酒庄（Chateau Margaux）、侯伯王酒庄（Chateau Haut-Brion）等；二级酒庄（Deuxiemes Crus）12个；三级酒庄（Troisiemes Crus）14个；四级酒庄（Quatriemes Crus）11个；五级酒庄（Cinquiemes Crus）17个。

★**主要种植的白葡萄品种：**长相思、赛美蓉、麝香
★**主要种植的红葡萄品种：**梅洛、赤霞珠、品丽珠、味而多、佳美娜、马尔贝克
★**主要葡萄产区：**梅多克（Medoc）、格拉夫（Graves）、波美侯（Pomerol）、圣埃美隆（Saint-Emilion）、卡斯蒂永丘（Cotes de Castillon）、弗龙萨克（Fronsac）、布尔丘（Cotes de Bourg）、两海之间（Entre-Deux-Mers）

·梅多克·

　　该产区西临大西洋，东滨吉伦特河，处布兰克佛和圣色林之间，属海洋性气候，日照充足，温和湿润；土壤主要是河沙、砾石、黏土和卵石。

　　产区葡萄种植的历史始于中世纪初期，是由修道士、教徒们为宗教活动需要而在修道院附近

种植的。18 世纪中期，附近的海滨滩涂化后也成了葡萄种植农地，种植面积随之扩大。1760 年，当地建满了属当时贵族、教会所有的葡萄园。

产区葡萄种植面积约 16,500 公顷，葡萄酒年产量约 5000 万瓶，全是红葡萄酒。种植的葡萄品种主要有赤霞珠、梅洛、品丽珠、马尔贝克、味而多等，其中产量最大的是赤霞珠，产量平稳，品质优异，有很强的陈年能力，品质称冠全球。所制的红葡萄酒中，最有名的当属拉菲红葡萄酒了，其品质优异，产量很小，口感柔顺、平衡，单宁厚实，花香浓郁，被业界誉为"葡萄酒皇后"。

产区是波尔多地区的吉伦特河左岸葡萄酒产地的代表，被誉为"世界红葡萄酒宝库""法兰西葡萄酒圣地"，汇聚了目前世界上大部分最顶级的红葡萄酒酒款，特别是那些深藏在当地众多古老酒窖中的超级陈年老酒。

★**主要种植的红葡萄品种：**赤霞珠、梅洛、品丽珠、马尔贝克、味而多

★**主要子产区：**上梅多克（Haut-Medoc）、波雅克（Pauillac）、玛歌（Margaux）、圣埃斯泰夫（Saint-Estephe）、圣朱利安（Saint Julien）、里斯特哈克（Listrac）、穆利斯（Moulis）

‥上梅多克‥

上梅多克在梅多克产区的南部高地，处于圣埃斯泰夫以南，比圣埃斯泰夫以北的下梅多克子产区的地势高，海拔较高，日照充足，风大，水少，需添加人工灌溉设施。

葡萄种植史始于 17 世纪，是由几个荷兰酒商为开拓法国市场而启动的，他们将沼泽地填充成农地，修建了完善的供水和排水设施，至 18 世纪中期成为法国有名的优秀葡萄种植园区。其主要种植的葡萄品种有赤霞珠、梅洛、品丽珠、味而多、马尔贝克等，其中产量最大的是赤霞珠。葡萄种植面积有近 5000 公顷，全部都是红葡萄，红葡萄酒的年产量约 4000 万瓶。

‥波雅克‥

波雅克在吉伦特河与米迪运河之间的波雅克村，葡萄园都建在独立坡段的丘陵上。葡萄种植面积仅有 1200 公顷，都是种植赤霞珠，年产量约 900 万瓶红葡萄酒。

1855 年法国官方共评出 4 个一级酒庄，其中的拉菲古堡酒庄（Chateau Lafite-Rothschild）、拉图酒庄（Chateau Latour）就在这里，再加上 1973 年由二级酒庄晋升为一级的木桐酒庄（ChateauMouton Rothschild），一共有 3 个一级酒庄。其中的拉菲古堡酒庄于 1234 年建立，至 1670 年由西格尔（Segur）家族接手，之后在雅克·德·西格尔侯爵（Jaques de Segur）的悉心经营下逐步发展，后被罗斯柴尔德家族（Rothschild Family）收购并经营至今，是梅多克产区内规模最大的葡萄园，出产的红葡萄酒款单宁细腻，香气浓郁，回味悠长，口感独步天下。拉图酒庄出产的酒款素以酒质稳定，口味一致，口感辨识度高而著称。木桐酒庄与拉菲古堡有很深的渊源，同属罗斯柴尔德家族，出产的红葡萄酒色泽深浓，口感强劲，带有明显黑醋栗香气。从 1946 年开始，木桐酒庄每年都会邀请一位世界知名艺术家，为当年的新出酒款设计酒标，极具个性。

除了拥有这些一级庄外，这里还有很多优秀的列级酒庄，包括二级庄有2家：碧尚男爵酒庄（Chateau Pichon-Longueville Baron）、碧尚女爵酒庄（Chateau Pichon-Longueville Comtesse de Lalande）；四级庄有1家：杜哈米隆古堡（Chateau Duhart-Milon）；五级庄有10家：宝得根庄园（Chateau Pontet-Canet）、巴特利酒庄（Chateau Batailley）、奥巴特利酒庄（Chateau Haut-Batailley）、拉古斯酒庄（Chateau Grand-Puy-Lacoste）、杜卡斯庄园（Chateau Grand-Puy-Ducasse）、浪琴慕沙城堡（Chateau Lynch-Moussas）、达玛雅克城堡（Chateau d'Armailhac）、奥巴城堡（Chateau Haut-Bages Liberal）、克拉米伦酒庄（Chateau Clerc-Milon）、歌碧酒庄（Chateau Croizet-Bag）。

··玛歌··

玛歌在梅多克产区的南部高地上，毗邻下梅多克，俯瞰吉伦特河，当地主要是第四纪河流沉积的阶地，地面以下是第三纪石灰岩沉积的基底。土壤主要是河沙、砾石、鹅卵石和黏土。这里的风土条件并不佳，产量也不太稳定，但葡萄藤生长却很顽强，根系能穿透贫瘠的土层去汲取营养，结出的果实品质非常优秀。

玛歌是梅多克产区规模最大的小产区，葡萄种植面积约有1300公顷，葡萄酒的年产量近1000万瓶，种植的葡萄品种有赤霞珠、梅洛、品丽珠、味而多等，其中产量最大的也是赤霞珠。

早在17世纪初期，玛歌酒庄就被当时的法国葡萄酒业界评为顶级酒庄，到了1855年，法国官方分级又被评为一级酒庄。玛歌酒庄出产的红葡萄酒有力度，但不浓烈，口感纯净均衡，单宁丰富，芳香细腻，回味悠长，陈年后会更加精致、优雅，非常适合慢品。它被誉为"红葡萄酒的皇室贵妇""红葡萄酒的皇后"，是法国的国宴指定用酒。美国的第一位驻法大使托马斯·杰斐逊非常喜欢玛歌酒庄出产的红葡萄酒，他在1787年去波尔多旅行后，曾公开宣称玛歌酒庄是法国的四大名庄之首。著名作家海明威也非常喜欢玛歌酒庄的酒款，甚至把自己的孙女取名为玛歌。

在二级酒庄中，宝玛堡酒庄（Chateau Palmer）国际知名度很高，出产的酒款在20世纪60年代之前曾是法国葡萄酒业界公认的当地最好酒款，法国的葡萄种植专家休·约翰逊（Hugh Johnson）曾经说过，宝玛堡酒庄是二级中的顶级，品质完全媲美一级庄。此外的布朗康田酒庄（Chateau Brane-Cantenac）、杜霍酒庄（Chateau Durfort-Vivens）、露仙歌酒庄（Chateau Rauzan-Gassies）、鲁臣世家酒庄（Chateau Rauzan-Segla）等二级酒庄在国际市场上的美誉度也非常高。

··圣朱利安··

圣朱利安位于圣朱利安村，遍地布满了吉伦特河左岸第四季冲积而成的沉淀物，土壤中还有砾石、卵石、河沙、黏土等成分。葡萄种植面积约有900公顷，主要种植的葡萄品种是赤霞珠、梅洛、品丽珠等，红葡萄酒酒色艳丽，香气芬芳，口感细腻，单宁扎实，很有陈年能力，在法国葡萄酒界有"真正的神酿"的美誉，年产量约700万瓶。

雄狮酒庄（Chateau Leoville Las Cases）由蒙帝（Jean de Moytie）家族创建于 1638 年，早期的名字是蒙帝山庄（Mont Moytie），传到第二代时被当做为嫁妆送给了利奥维尔（Leoville）家族，之后被改名。大宝庄（Chateau Talbot）、金玫瑰酒庄（Chateau Gruaud Larose）、拉格喜酒庄（Chateau Lagrange）等有国际知名度的二级酒庄出口量也很大。

·· 圣埃斯泰夫 ··

圣埃斯泰夫在上梅多克子产区的最北端，名气不大。其土壤结构复杂多样，有砾石地、黏土地和石灰质岩等多种类型，地面的吸水性、排水性都不太好，加上气候寒凉、干燥，所以当地的葡萄果实普遍成熟较慢，出产的酒款是整个波尔多地区单宁最重、酸度最高的红葡萄酒。

近几十年来，这里越来越流行将梅洛用做混酿原料，占比越来越大，品质也越来越好，尤其是赤霞珠和梅洛混酿的红葡萄酒，口感酸涩刚硬，风格粗犷，酒精度高，带有明显的当地泥土风味，如经几年陈化，口感会变得柔顺且有层次，酒色会更深邃浑厚，香气会转为当地的矿物质风味。

圣埃斯泰夫有近 1200 公顷的葡萄园，红葡萄酒的年产量约 1000 万瓶，种植的葡萄品种有赤霞珠、品丽珠、梅洛、味而多、佳美娜、马尔贝克等，其中产量最大的是赤霞珠、梅洛。葡萄酒年销量最大的酒庄是梦玫瑰酒庄（Montrose）和爱士图尔酒庄（Cos d'Estournel）。

·· 里斯特哈克 ··

里斯特哈克在圣朱利安小产区的西南面，离吉伦特河较远，海拔 43 米，是梅多克产区地势最高的地方，被称为"梅多克的屋顶"，四周有松林环绕，能减缓季节性大风侵袭，形成微气候，使得葡萄果实能适时完全成熟。土壤主要是砂砾土、石灰土，排水性能很好，有利于地表水分直达葡萄藤的根部。

当地种植的葡萄品种是赤霞珠、梅洛、品丽珠等，红葡萄酒的年产量约 500 万瓶。出产的酒款主要是用赤霞珠、梅洛混酿而成的红葡萄酒，酒色深浓，口感强劲，香气浓郁，带有黑色浆果、香料和皮革等混合风味，具有很强的陈年能力。

这里的酒价在梅多克产区内较低，性价比很高，现有 20 家二级酒庄。

·· 穆利斯 ··

穆利斯在上梅多克子产区的西部，名字"Moulis"是来自法语中的"Moulin"（风车）。其风土情况与玛歌基本相同，种植的葡萄品种有赤霞珠、梅洛、品丽珠等，红葡萄酒的年产量约 450 万瓶。

穆利斯市场名气不大，产品定价普遍偏低，性价比很高。二级酒庄宝捷庄园（Chateau Poujeaux）是当地最古老的酒庄，出产的酒款品质很高，是当地的标杆产品，酒色呈深红宝石色，单宁高，酸度高，酒精度高，需经 5 年以上的陈酿口感才能达到完美。葡萄酒评论家罗伯特·帕克曾说过，宝捷庄园在波尔多任何一个分级评比中，都应该被评为最高的级别。

·格拉夫·

格拉夫在波尔多地区的南部，是当地品质最高的产区之一，名字中的"Graves"就是英语的"Gravel"，是"沙石"的意思。产区地势平坦，海拔不高，地表遍布砂石，底层是黏土和砾石的混合土壤，非常适合种植酿酒葡萄。当地的葡萄种植历史始于中世纪初，那时当地还是沼泽湿地，人烟稀少。产区内有很多拥有几百年历史的优质名庄，大多数在佩萨克村和雷奥良村，特别是其中的侯伯王酒庄（Chateau Haut-Brion），是 1855 年酒庄评级中的唯一一个梅多克产区以外的列级酒庄，它与著名的美讯酒庄（Chateau La Mission Haut-Brion）相邻，都是由波尔多地区著名的酿酒专家让·戴马斯（Jean Delmas）负责管理。

产区是波尔多地区唯一一个同时生产红葡萄酒和白葡萄酒的产区，葡萄园面积约有 3000 公顷，其中 25% 种植的是白葡萄，葡萄酒的年产量共约 3000 万瓶。当地种植的葡萄品种产量最大的是梅洛，出产的红葡萄酒早在 19 世纪初就已是英国皇室的宫廷御酒，以经典的雪松香味和乡土口感而著称，素有"格拉夫的红葡萄酒是大自然最忠诚的表露"的美誉，是许多追求自然本色和质朴风味的葡萄酒爱好者们的至爱。出产的长相思、赛美蓉混酿干白葡萄酒品质非常优秀，酒液呈金黄色，口感圆润、细致，带有槐花、蜂蜜、柑橘等香气，适合久存再饮。

产区的滴金酒庄（Chateau d' Yquem），以贵腐甜白葡萄酒驰名世界酒界，是选用感染了贵腐菌的葡萄果实酿成的，果实因水分缺失而饱含糖分，再经榨汁、发酵制出酒精度高、口感甜润、香气浓郁的贵腐甜白葡萄酒，工艺要求很高，滴滴如金。

★**主要种植的红葡萄品种：**赛美蓉、长相思、密斯卡岱

★**主要种植的红葡萄品种：**梅洛、赤霞珠、品丽珠

★**三个子产区：**巴萨克（Barsac）、佩萨克－雷奥良（Pessac-Leognan）、苏玳（Sauternes）

··巴萨克··

巴萨克在格拉夫产区的南部，离波尔多市东南约 50 公里，位于加龙河的左岸与西隆锡河之间。因为地处两条河流之间的区域，巴萨克早晚都有雾气，非常潮湿，当地的葡萄藤非常容易滋生贵腐菌。贵腐菌会附在葡萄果实的表皮，吸掉里面的水分，致使果实中的糖分、酸性物质高度浓缩，加上当地酿酒师们的特殊工艺和酿酒技术，能制成口味十分特别，口感浓烈，香气四溢，让人惊叹的贵腐甜白葡萄酒，当地正因此而名扬世界酒界。

贵腐葡萄酒的主要原料是赛美蓉白葡萄，次要原料是长相思、密斯卡岱、灰苏维翁等品种。贵腐菌的产生并不常见，很多地方的葡萄园即使拥有与巴萨克子产区类似的风土环境，也从来没出现过贵腐菌，就算有些地方偶尔遇到了，结出果实的品质也很不稳定，这就意味着如果专门去投资生产贵腐甜白葡萄酒，有着很大的经营风险。

巴萨克主要种植的葡萄品种有赛美蓉、长相思、密斯卡岱、灰苏维翁等，其中产量最大的是赛美蓉白葡萄。出产的酒款主要是贵腐甜白葡萄酒，年产量约 200 万瓶，每一瓶的酒标上都注有

专用的"Barsac AOC"标志。

··佩萨克-雷奥良··

佩萨克-雷奥良子产区在格拉夫产区的北部,处于加龙河的左岸,是波尔多地区优秀的 AOC 子产区。1305 年,法兰西克莱蒙教皇(Pape Clement)五世在当地创立的黑教皇酒庄(Chateau Pape Clement)是整个波尔多地区最古老的葡萄园。这里以前只是隶属于格拉夫产区的一些产酒村落,后来因为在1953 年的法国酒庄评级中入选了 16 个酒庄,就于 1987 年向法国的官方管理部门申请成立了 AOC 独立产酒区并获得批准。

佩萨克-雷奥良子产区,由 8 个产酒村庄组成,四周密布松树林,自然风光非常漂亮。种植的葡萄品种有赤霞珠、梅洛、赛美蓉、长相思等,其中产量最大的是赤霞珠。出产的酒款以红葡萄酒为主,有产少量的干白葡萄酒,没有出产甜酒,年产量共有约1000 万瓶。

在佩萨克-雷奥良,国际知名度最高的是侯伯王酒庄(Chateau Haut-Brion),在200 多年前就以优质红葡萄酒而驰名法国酒界,后来逐步推出的白葡萄酒也很优质,虽然产量很小,却被誉为"波尔多干白之王",酒款的口感圆润丰满,香气馥郁复杂,风格优雅,非常迷人,还具有很强的陈年能力。

在 1855 年的波尔多酒庄评级中,侯伯王酒庄是唯一一个被评为一级庄的上梅多克产区以外的酒庄。除了侯伯王酒庄外,拉维尔奥比良酒庄(Chateau Laville Haut-Brion)、骑士酒庄(Domaine de Chevalier Blanc)出产的白葡萄酒也非常不错,都可以与勃艮第的霞多丽白葡萄酒相媲美,是用长相思、赛美蓉混酿制成,会在低温的橡木桶中发酵,如果年轻时饮,口感爽脆,带有浓郁的油桃香气,如经陈化熟成几年后,会发展出坚果、蜂蜜、奶油等复合风味。

··苏玳··

苏玳在格拉夫产区的南部,处于加龙河左岸的丘陵区域。当地的风土环境与巴萨克子产区一样,出产的酒产品也一样,但在国际酒界的名声更响亮,与匈牙利的托卡伊产区(Tokaji)、德国的莱茵高产区(Rheingau)合称"世界三大最佳贵腐酒产地"。

法国的葡萄酒业界历来都认为,贵腐菌之于苏玳子产区就是"上帝的恩赐",因为要利用贵腐菌的存活、并制成好酒的条件非常苛刻,各种自然要素的搭配都要刚刚好,可遇不可求,例如天气要早上阴冷下午燥热,空气湿度要高,土壤要湿润,等等。潮湿阴冷有利于贵腐菌的滋生繁殖,而干燥炎热又能抑制贵腐菌的滥长,只有那样才能保证被贵腐菌吸附的葡萄果实能缓慢地从被感染的伤口处脱水,以积聚更高的糖分酸度和更多的风味,达至最佳的酿酒标准。

酿制贵腐酒,必须要使用因感染贵腐酒菌而萎靡的葡萄果实,这类果实的采摘必须要用手工慢节奏、按糜烂程度分次进行,每季所能收获的适于酿酒的果实数量非常少,所以贵腐酒的原料成本非常高。

这里在过去的100 多年里,曾有9 个年份因为原料果实的品质不达标而完全没有成品贵腐酒的产出，其中 1972 年，更是当地的贵腐酒生产历史上最惨烈的一年。因为当年的葡萄农们史无前例地花了两个多月、分 11 次才把葡萄果实采收完毕，但在酿出成酒后，才发现酒质极差、口味奇怪，全部产品都只能报废，损失惨重。由此可见，贵腐酒这种产品确实是一个投资风险非常大的酒款。

苏玳主要种植的葡萄品种有长相思、赛美蓉、密斯卡岱，全部都是用于生产贵腐甜白酒的，当地的贵腐酒年产量约 500 万瓶。出产的贵腐甜白葡萄酒酒色呈深浓的金黄色，香气丰富、浓郁，余味悠长，唇齿留香，无论是年轻时还是陈年后，都非常优雅迷人。

滴金酒庄是法国贵腐酒的创始者，至今依然是当地的标杆酒企。1847 年，滴金酒庄当时的老板沙绿斯（Saluces）伯爵，因出访俄国而离开酒庄，临行前吩咐下属们，当期的葡萄果实要在他回来之后才采收，但后来他因故延后了归期，待办完事回来时，葡萄园里的葡萄果实早已错过了采收期，在那些已熟透的果实上还长满了霉菌。他懊恼不已，可又觉得把整批果实都丢掉实在可惜，就将那些已染菌的果实全部采摘并照旧发酵，封存在橡木桶中丢在酒窖的一角，直到十多年后，俄国沙皇的弟弟来此做客，在酒窖中闲逛时偶然打开了其中一桶，一尝之下惊为天物，法国的贵腐酒就此诞生。

·波美侯·

波美侯在波尔多地区的东部，处于吉伦特河右岸、伊斯乐河之间的区域，虽然是波尔多地区葡萄种植面积最小、葡萄酒产量最小的产区，却是出产世界上最昂贵、最迷人葡萄酒的产区。

波美侯的葡萄种植史十分悠久，是由古罗马入侵者们带来的，百年战争期间，葡萄园曾遭受毁灭性重创，15 世纪初才逐渐复种，至 20 世纪 70 年代已成为波尔多右岸地区的代表性产区。这里不是波尔多地区酒业的热点区域，人烟稀少，没有大型的古堡酒窖，葡萄园和酒庄主们大都是普通商人。

波美侯的河沙、黏土的土壤很适合梅洛种植，因此，梅洛是当地产量最大葡萄品种。其酿出的梅洛单品红酒的品质上乘，风格高雅，气香味醇，尤其是当地的柏图斯酒庄（Petrus）、拉弗尔酒庄（Chateau Lafleur）等精英酒企的产品。但因为梅洛葡萄的开花期较早，容易遭受春霜的伤害，果实产量很不稳定，成酒的产量也很小，年总产量仅约 500 万瓶，所以当地梅洛单品红葡萄酒的售价很高，特别是一些优质年份的酒款，能卖出全球最高价。

★**主要种植的红葡萄品种：**梅洛、品丽珠、赤霞珠、马尔贝克

·圣埃美隆·

圣埃美隆距波尔多市约 35 公里，在多尔多涅河的右岸河谷中，南部是冲积平原，中部是陡峭的山坡，西部是高原地带，产区内的列级酒庄大多在地表覆盖有大量石灰石土壤的中部区域。

圣埃美隆的葡萄种植史始于公元 2 世纪，是由古罗马人开启的，4 世纪时，著名的拉丁诗人

奥索尼乌斯（Ausonius）曾在他的文章中记录了当时的酿酒业盛况，对当地的葡萄酒赞誉有加。8世纪，有位叫埃美隆（Emilion）的传教士来到圣埃美隆产区定居，之后他带领当地的僧侣、信徒们兴建修道院，还在周围开垦荒地，种植酿酒葡萄，圣埃美隆镇的名字，就是取自他的名字。

圣埃美隆是波尔多地区"车库酒运动"的基地，"车库酒"指的是来自波尔多右岸地区，以梅洛为主要原料，用全新橡木桶发酵熟成，不经澄清过滤而直接装瓶饮用的红葡萄酒款，因为这类酒生产所需的场地并不大，在普通家庭的车库里也可以开展，所以被称为"车库酒"。

车库酒适合早饮，果味充足，香气四溢，品质优秀，但因为是全手工酿造，而且发酵、熟成都是使用小橡木桶，产量很小，对应的生产成本很高，所以市场售价也很高。20世纪90年代初期，随着这里的瓦兰佐车库酒（Chateau de Valandraud）的流行，法国掀起了一股酿造车库酒的风潮。

圣埃美隆葡萄的年产量约3600万瓶。当地的欧颂酒庄（Chateau Ausone）、白马酒庄（Chateau Cheval-Blanc）曾被评定为当地最高的A级，位于波尔多八大名庄之列，与梅多克产区的五大名庄齐名。

★主要种植的红葡萄品种：梅洛、品丽珠

★四个小产区：蒙塔涅（Montagne）、吕萨克（Lussac）、普瑟冈（Puisseguin）、圣乔治（St-Georges）

·卡斯蒂永丘·

卡斯蒂永丘在波尔多地区的东部，处于多尔多涅河右岸的波尔多丘的坡地上。其土壤类型复杂多样，适宜种植葡萄，高地和坡侧上的主要是石灰质粘土、砂岩和石灰质碎石屑；山脚地带上主要是冲积土、河沙和石灰岩石砾。

产区葡萄酒年产量约2200万瓶，出产的酒款主要是梅洛混酿红葡萄酒，结构均衡，口感爽滑，带有当地的草本植物的气息，适宜年轻时饮。2009年，这里获得法国官方的法定葡萄酒产区认证，产品可以在酒标上单独注明"波尔多"的字样。

★主要种植的红葡萄品种：梅洛、赤霞珠、品丽珠、马尔贝克

·弗龙萨克·

弗龙萨克在波尔多地区的利布尔讷镇，处于多尔多涅河北岸与伊勒河之间的区域。弗龙萨克是波尔多地区的交通枢纽，地理位置优越，1000多年前已是高卢人的农产品交易市场，罗马人统治时期还在当地修筑了祭祀圣坛，768年查理曼大帝又将当地定为军队驻扎的营地。法国的达官贵人们在几百年前便在当地兴建城堡、庄园，出产的葡萄酒成了凡尔赛宫廷的御用酒款。

当地的土壤主要是河沙、冲击土和石灰质砾石，营养丰富，排水性良好，适宜种植喜热的梅洛红葡萄，尤其是平均气温偏高的年份，结出的果实品质更优异。梅洛也是当地产量最大的葡萄

品种，出产的全部是以梅洛为主要原料的红葡萄酒款，年产量约 600 万瓶。这里出产的酒款，酒标上都会有"Fronsac""Canon-Fronsac"的字样。

★**主要种植的红葡萄品种：**梅洛、 品丽珠、赤霞珠、马尔贝克

·布尔丘·

布尔丘距波尔多市约 35 公里，在吉伦特河和多尔多涅河的右岸。这里光照足，降水少，虽然冬季的气温较低，但因有附近河流环绕而形成的暖湿气流，可帮助当地的葡萄园减少霜冻灾害，以保证葡萄果实能按时结果、完全成熟。土壤类型多种多样，主要是赭红色的冲积土、沙质黏土、石灰岩等，土层深厚，蓄水能力强，营养丰富。

布尔丘的葡萄种植史始于 2 世纪，是由罗马军人在当地种下了一种当时名叫比图里吉葡萄（Vitis Biturica）的葡萄藤而开启的，这种比图里吉葡萄也就是现在的赤霞珠。

在中世纪时，这里就因靠近吉伦特河港而成为波尔多地区的葡萄酒交易市场和运输口岸，波尔多地区的葡萄酒正是通过这里地运往欧洲各地，也因此吸引了很多投资者直接在当地的港口附近、河流的沿岸收购土地去开建葡萄园和酒庄。

布尔丘在 1920 年被评为法国 AOC 法定产区，现有葡萄种植面积约 4000 公顷，梅洛是产量最大的葡萄品种，葡萄酒年产量约有 2000 万升，其中 90% 以上是红葡萄酒。出产的梅洛混酿红葡萄酒酒体饱满，口感柔顺，带有多种水果的混合香气，可即时饮，也可陈化数年后饮，品质非常不错，可与北边邻居布莱伊村的产品相媲美，但市场售价却低很多，性价比很高。

★**主要种植的白葡萄品种：**长相思、鸽笼白、赛美蓉、密斯卡岱、灰苏维翁
★**主要种植的红葡萄品种：**梅洛、赤霞珠、马尔贝克、品丽珠

·两海之间·

两海之间是波尔多地区葡萄种植面积最大的产区，地处加仑河、多尔多涅河之间的交汇地带，是一片地域宽广的石灰岩三角洲冲积平原。产区遍布浅黄色的钙化石灰岩砂土和砾石，属温带海洋性气候，日照充足，温暖湿润。

产区的中部、北部是平原区域，主要出产干白葡萄酒；西南部是加仑河的右岸隆起地带，都是陡峭坡地，主要出产甜白葡萄酒与口感浓重的红葡萄酒。长相思白葡萄是该产区的"帝王"品种，是生产当地顶级干白的主要原料。酿酒时，会有一个特殊工序，将长相思葡萄皮进行单独浸渍，再混入酒液中共同发酵，以增加酒款的酒体结构和香气。

在 20 世纪中期以前，这里都是种植白葡萄品种，后来当地大量白葡萄老藤被拔除改种梅洛、赤霞珠等红葡萄品种。目前产量最大的是长相思和梅洛，当地的葡萄酒年产量约 2000 万瓶，红、白葡萄酒各占一半。

两海之间一直都是波尔多地区的葡萄种植技术和酿酒工艺的研发基地，有很多新技术是在这里诞生的，如 20 世纪 50 年代兴起的葡萄根系栽培改造技术和 20 世纪 70 年代推出的低温控制发酵工艺等。

★**主要种植的白葡萄品种：**长相思、赛美蓉、密斯卡岱

★**主要种植的红葡萄品种：**梅洛、赤霞珠、马尔贝克

勃艮第

勃艮第地区在法国的中东部，处于巴黎的南边与第戎、里昂之间，地区两头相距约 360 公里。如果说波尔多葡萄酒是法国葡萄酒王国的国王，那勃艮第葡萄酒就是皇后。因为风土的特别，这里的酒款很有特点，该地区还被称为"地球上最复杂难懂的葡萄酒产地"。

该地区属丘陵地型，各区域地表覆盖的土壤类型有很多，有石灰石、花岗岩、沙砾、黏土等，但各类土壤中的土质成分中都含有大量石灰质。从中世纪开始，这些适宜葡萄生长的土壤是由基督教西多会的修道士、信徒们不断探索，四处寻获，日积月累才形成的。

当地葡萄酒的年产量约两亿瓶，其中有 60% 以上是干白葡萄酒。生性娇贵的黑皮诺，虽然在世界各地都有种植，但只有在勃艮第地区的风土环境下，才能展现出独一无二的风采；而霞多丽白葡萄，也只有在勃艮第地区才能展现出它特别的魅力。

该地区生产、经营葡萄酒的实体企业主要有独立葡萄园酒庄、酒业贸易商和酿酒合作社三种类型。独立葡萄园酒庄都同时拥有自家的葡萄园、酒庄，并只采用自家葡萄园所产的果实去酿酒，以保持自家酒庄的独有风味和品牌风格，这类酒企中就有出产着目前世界最贵价酒款——罗曼尼·康帝葡萄酒（Romanee-Conti）的罗曼尼·康帝酒庄（Domaine de La Romanee-Conti，简称 DRC）。

酒业贸易商以收购、贩卖当地出产的成品酒款为主，有些也拥有自己的葡萄园或酒庄。酿酒合作社都是向那些自己不酿酒、纯粹种植酿酒葡萄的合约农户收购葡萄果实，专门加工酿酒。

勃艮第自有一套葡萄酒分级制度，将酒款分为四个级别：特级葡萄园级、一级葡萄园级、法定村庄级、法定产地级。当地获评为一级葡萄园级的酒款共有 562 个；被评为法定村庄级的酒款有超过 1000 个，品质次于以上两级；当地剩余的酒款，基本都属于法定产地级，产量最大，品质普通。

★**主要种植的白葡萄品种：**霞多丽

★**主要种植的红葡萄品种：**黑皮诺

★**五个葡萄产区：**夏布利（Chablis）、夜丘（Cote de Nuits）、伯恩丘（Cote de Beaune）、夏隆内丘（Cote Chalonnaise）、马贡（Maconnais）（注：夜丘和伯恩丘又常被合称为金丘大产区（Cote de Or），是勃艮第地区的酒类生产、研发、交易的核心区域）

·夏布利·

该产区在勃艮第地区的北部、欧塞尔市的附近，距巴黎市约 180 公里，是勃艮第地区的"黄金北大门"。这里属启莫里阶土类沉积盆地的错层堆状地貌，是一种白色泥灰岩中夹带着很多小牡蛎化石的土壤，除了良好的排水性，也让出产的葡萄酒拥有一种浓重而独特的矿石和海潮气息。

该产区只种植发芽期很早的霞多丽葡萄，当地在葡萄初生时，还要在现场生火去帮助葡萄芽御寒。出产的霞多丽白葡萄酒年产量约 3000 万瓶，全部使用橡木桶发酵，酒体厚重，果香浓郁，具有细腻的口感和迷人的酸味。它因为具有高酸度成了勃艮第地区同类酒款中最耐陈年的一款。

产区有自己的一套葡萄园分级制度，是将葡萄园分为四个级别：夏布利特级葡萄园、夏布利一级葡萄园、夏布利级葡萄园、小夏布利级葡萄园。其中，特级葡萄园有 7 个，一级葡萄园有 79 个。属于夏布利级葡萄园的，都是些年轻、酒精度 10% 的酒款；属于小夏布利级葡萄园的酒款，品质最普通，口感清淡，酒精度更低。

★ **主要种植的白葡萄品种：** 霞多丽

·夜丘·

该产区在夜圣乔治镇的旁边，北起第戎市，南至高龙市，地势狭长，延绵 20 多公里，但宽边不足 200 米。其平均海拔约 260 米，葡萄园都建在陡峭的朝南坡地上，风大干爽，日照充足，属大陆性气候，夏季炎热湿润，冬季寒冷干燥，土壤中的主要成分是中侏罗纪的石灰质、钙质，排水性能好，很适合黑皮诺生长。这里只种植黑皮诺和霞多丽两个品种的葡萄，其中黑皮诺的产量占 80% 以上。

产区在法国的酒界被称为拥有着"上帝厚爱"的葡萄种植土地，是勃艮第地区的核心产酒区。勃艮第地区的 33 个特级葡萄园中有 25 个是红葡萄酒特级园，而其中就有 24 个在夜丘产区。它是勃艮第红葡萄酒的精华地带，拥有很多优质酒庄，如法国国王拿破仑最爱的香贝丹（Chambertin）特等园、勃艮第地区葡萄种植面积最大的伏旧（Vougeot）特级葡萄园和德拉图酒庄（Chateau de la Tour）等。在寸土尺金的夜丘产区，能同时拥有葡萄园和酒庄的酒企少之又少，所以能在自家的葡萄园内酿酒、装瓶的酒款，才有资格在酒标上加注"Chateau"（城堡酒庄）的字眼，非常珍贵。

产区的葡萄园根据勃艮第地区的产地分级制度被分为四级：特级葡萄园、一级葡萄园、村庄级葡萄园、地区命名级葡萄园。特级葡萄园都在热夫雷 – 香贝丹村，排名第一的特级园是香贝丹酒庄（Gevrey–Chambertin），在夜丘葡萄园中面积最大。

★ **主要种植的白葡萄品种：** 霞多丽

★ **主要种植的红葡萄品种：** 黑皮诺

★ **八个子产区：** 夜圣乔治（Nuits–Saint–Georges）、马沙内（Marsannay）、莫雷 – 圣丹尼（Morey–Saint–Denis）、香波 – 慕西尼（Chambolle–Musigny）、沃恩 – 罗曼尼（Vosne–Romanee）、

菲克桑（Fixin）、热夫雷 – 香贝丹（Gevrey-Chambertin）、伏旧（Vougeot）

··夜圣乔治··

夜圣乔治市在第戎市的南边，是夜丘产区最大的城镇，当地有繁华的夜生活，故而得名。这里现有葡萄种植面积约 500 公顷，其中一级园有 41 个，大部分都是种植红葡萄品种。夜圣乔治北侧的葡萄园大部分集中在沃恩·罗曼尼村，南侧的葡萄园大部分集中在普希茂村；其中知名度很高的葡萄园有圣乔治酒庄（LesSaint-Georges）、沃纲酒庄（Les Vaucrains）和凯夜酒庄（Les Cailles）三个一级园。1936 年 9 月，这里获得法国官方法定葡萄酒产地（AOC）认证。

夜圣乔治土壤类型很杂，特点不突出、土质很普通，所以出产的葡萄果实的品质也逊于邻近的其他产区。其种植的葡萄品种主要是黑皮诺、霞多丽，葡萄酒的年产量约 200 万瓶，其中大部分是红葡萄酒。出产的红葡萄酒酒色较深，呈宝石红，有紫色边缘，口感浓郁，强劲，带有玫瑰、甘草、樱桃、草莓、醋栗等复杂香气，陈年后会发展出动物皮毛、松露等风味，如再经几年瓶陈，品质更佳。

··马沙内··

马沙内在夜丘产区的最北端，有马沙丘、切诺维、库谢等村庄。这里主要种植的葡萄品种有黑皮诺、霞多丽、白皮诺、灰皮诺等，都是可用于酿造桃红葡萄酒的原料，是勃艮第地区内仅有的三个出产桃红葡萄酒的产区之一（另外两个是勃艮第帕斯 – 图 – 格兰和勃艮第克蕾芒）。这种酒最近几年在日本很流行，尤其是在樱花盛开的季节，用于赏花和品美食。马沙内葡萄酒的年产量约 60 万升，其中 60% 是桃红葡萄酒，30% 是黑皮诺红葡萄酒，10% 是霞多丽、白皮诺的混酿白葡萄酒。

··莫雷 - 圣丹尼··

莫雷 – 圣丹尼在夜丘产区的热夫雷 – 香贝丹村和香波 – 慕西尼村之间。在 10 世纪时，这里原叫莫雷村（Morey），1927 年才将邻村的圣丹尼葡萄园（Clos St Denis）的名字加在村名上，而得现名。1936 年，这里得到法国官方的法定产区（AOC）认证，现在共有葡萄种植面积约 106 公顷，其中，一级园约 38 公顷，特级园约 38.5 公顷。

这里的土壤以石灰岩、黏土为主，山坡上大量覆盖着白色卵石石灰土，坡底则主要是混有化石的巴柔阶石灰土。当地的葡萄园大部分朝东，海拔约 250 米，主要种植的葡萄品种有黑皮诺、霞多丽、白皮诺、灰皮诺等，产量最大的是黑皮诺。出产的大部分是红葡萄酒，年产量约 20 万升，白葡萄酒的产量不大。出产的黑皮诺单红葡萄酒酒色呈宝石红，具有樱桃、覆盆子、树莓、紫罗兰、甘草的香气，陈年后会发展出动物肉味、皮革、苔藓、松露等气息，风味持久，富有结构，性价比很高。

洛奇葡萄园（Clos de la Roche）是子产区内的最佳特级园，最初的葡萄种植面积只有 4.57 公顷，法国国家原产地命名管理局（INAO）于 1971 年将沙弗（Les Chaffots）、热纳维叶（Les

Genavrieres）两个小村落也并入了洛奇园，种植面积才扩大至如今的近17公顷。洛奇园酒庄的葡萄酒年产量约10万瓶，大部分是黑皮诺单品酒。大德葡萄园（Clos de Tart）于1939年1月4号被评为特级园，葡萄园面积有7.31公顷，出产的黑皮诺单红葡萄酒酒色深浓，酒风强健，单宁厚重，经陈年后会发展出很高的复杂度，极富魅力。

··香波 - 慕西尼··

香波－慕西尼处于莫雷－圣丹尼和沃恩－罗曼尼两个子产区之间，格纳河经过此地，河水湍急，两岸被形容为"沸腾的土地"，村落规模很小。18世纪初，香波村在村庄改名运动中将村里最好的葡萄园慕西尼（Le Musigny）的名字加入到村名中，当地正式改名为"香波－慕西尼"。

当地酿酒史非常悠久，早在15世纪，葡萄园、酒庄的所有者——熙笃会修道院（Abby of Citeaux）的主教们就发现这里风土环境独特。为了保护土壤生态和保证酒款酒质，他们明令禁止无序扩种，当时的那些规定、原则持续影响至今。这里只出产红葡萄酒，并以出产高品质酒款而著称，成为了勃艮第地区最著名的三大产酒村之一。其葡萄园面积共有约153公顷，其中包括一级园24个，面积100多公顷；特级园两个，面积30多公顷。

香波－慕西尼地质状况很特别，海拔高度约250米，地表的土层很薄，遍布岩块，土层下是厚厚的侏罗纪系石灰岩，并混杂了大量的鹅卵石，这一类的土壤结构具有非常好的疏水性。当地的香博夫背斜谷影响了当地的风土环境，斜谷的西侧坡地能有效抵挡由勃艮第地区西面山区吹来的剧烈冷风，使风流能分散从几个风口缓缓吹入，非常益于当地葡萄园的气温调节。那些靠近风口的葡萄园，都会筑起石墙为葡萄藤加以防风、保温，因为与风口的距离决定了葡萄果实的品质，最靠近背斜谷风口的全部是村庄级园，稍远的是一级园，而特级园则全部是建在背斜谷两旁朝东和远离风口的坡地上。

这里以出产酒届公认的世界最好的黑皮诺混酿红葡萄酒而闻名。出产的黑皮诺红葡萄酒酒色较浅，酒体较轻，口感丝滑，单宁细致，芳香异常，风格优雅、高贵，非常受女性葡萄酒爱好者的欢迎，年轻时常带有紫罗兰、玫瑰等花香，熟成后会发展出当地香料的风味，充分陈年后更会产生松露、森林灌木、动物体味等浓重气息，非常特别，具有很高的辨识度。

武戈公爵（Comte de Vogue）酒庄和1936年被法国官方认证为特级园的慕西尼葡萄园（Musigny），共同拥有葡萄种植面积约18公顷，其中有约0.66公顷用于种植霞多丽，这里是夜丘产区内唯一种植白葡萄的特级园。波内玛尔葡萄园（Bonnes-Mares）占地15.5公顷，由35家酒庄共同拥有，由于这里的土质结构很复杂，各个酒庄酿出的酒款酒质也很不同，各有特点。爱侣园（Les Amoureuses）是一个具备特级园实力的一级园，尽管他们只能在酒款的酒标上标注"一级园（1er Cru）"，但售价却明显高于当地特级园的酒款价格。

··沃恩 - 罗曼尼··

沃恩－罗曼尼是夜丘产区最闪耀的明星，更是勃艮第地区的精华所在。当地的葡萄种植历史和酿酒史非常悠久，14 世纪初，圣－维旺（Saint-Vivant）修道院在当地开始建园。沃恩－罗曼尼以前的名字叫沃恩（Vosne），当地的管理者们为了重塑本地酿酒行业的形象，于 1866 年把当地最出名的罗曼尼葡萄园（La Romanee）的名字"Romanee"作为后缀拼入村名。

这里葡萄果实不大，只出产红葡萄酒，年产量不超过 100 万瓶，主要的酿酒原料是黑皮诺红葡萄。出厂的黑皮诺红葡萄酒是目前世界上公认最优秀、售价最昂贵的酒款，酒色深浓，果香四溢，口感丰富，强劲的酒力、厚重的单宁、细腻的回味等各方面都搭配得非常均衡。

子产区内有 6 个名满全球的特级葡萄园，包括罗曼尼康帝（La Romanee-Conti）、李奇堡（La Richebourg）、阿塔希（La Tache）、大街园（La Grand Rue）、罗曼尼（La Romanee）、罗曼尼－圣－维旺（La Romanee Saint-Vivant）等。其中最著名的，就是罗曼尼－康帝出产的酒款，都是选用当地的老藤黑皮诺葡萄果实做酿酒原料，坚持晚收，果实必须完全成熟，产量很小，价格昂贵，是全球顶级贵价酒款的代表。这些特级葡萄园的种植面积总共只有约 27 公顷，都建在金丘山腰上，土壤主要是黏土、石灰石，土层深厚，吸水性、透水性优良，气温、日照适中。

··菲克桑··

菲克桑在夜丘产区的北端，与第戎市接壤。1936 年，菲克桑村与相邻的布罗雄村被法国国家原产地命名管理局（INAO）认证合并为同一个法定葡萄酒产区，并允许当地出产的酒款可以在酒标上加注"夜丘村庄级（Cote de Nuits-Villages）"。

这里土壤成分主要是棕色石灰岩质土、泥灰土和黏土，葡萄园大部分建在东南向、海拔约350 米的坡地上。葡萄种植面积约 100 公顷，90% 种植黑皮诺红葡萄，10% 种植霞多丽白葡萄，以出产黑皮诺红葡萄酒为主，年产量约 40 万升。酒款的颜色很深，呈明亮的宝石红，带有紫罗兰、牡丹等花香，熟成后常会散发出胡椒、麝香、樱桃核、动物皮毛等气息，单宁很硬，酒体结构坚实，陈年后更会形成丰富的层次感。

菲克桑的一级园有毕雷尔园（Clos de la Perriere）、沙比特园（Clos du Chapitre）、拿破仑园（Clos Napoleon）、埃维莱（Les Hervelets）等。其中的毕雷尔园，是侨利艾（Joliet）家族的独占园，葡萄种植面积有 6.7 公顷，曾在 19 世纪中期的勃艮第拉瓦勒葡萄园评级中被评为最高一档，是菲克桑子产区中高品质酒款的代表。

··热夫雷-香贝丹··

热夫雷－香贝丹是夜丘产区最大的子产区，靠近第戎的南部。6 世纪时，这里的村名叫热夫雷（Gevrey），直至 1847 年当地最出名的香贝丹葡萄园（Chambertin）的名字被加在村名上，才正式改名为热夫雷－香贝丹村。葡萄的种植面积约有 400 公顷，成品酒的年产量约 300 万瓶，大部分是红葡萄酒。热夫雷－香贝丹村和布罗雄村出产的红葡萄酒，都可以在酒标上加注"热夫雷－香贝丹"的标志，白葡萄酒则不行。

··伏旧··

伏旧是夜丘产区中部的一个子产区，得名于当地的伏旧河，著名的、被石墙环绕的伏旧园（Clos de Vougeot）就座落在这里。12世纪，熙笃会修道院在伏旧村建成，修道士们种植葡萄、酿酒，葡萄酒产业因此发展起来。直至1789年起，由于法国大革命运动，当地原属于教会的葡萄园被陆陆续续分割和出售，被分成了大大小小80多个酒庄。

伏旧的葡萄园大多建在海拔约250米的山坡上，土壤主要是棕色石灰岩、泥灰土和黏土，土层达40厘米，排水性良好。这里日照充足，常年大风，早在1336年就有葡萄园开始围筑石墙，以保护葡萄藤免遭风害。

当地主要出产黑皮诺单品红葡萄酒，年轻时颜色深邃、透亮，呈迷人的红宝石色，带有紫罗兰、黑樱桃、李子的味道；陈年后会发展出明显的森林落叶、松露、动物皮毛等气息，单宁紧致，富有咀嚼感，酒精度和酸度适中，余味悠长，含有甘草香气。除了黑皮诺单品红葡萄酒，这里也有出产少量的霞多丽与灰皮诺、白皮诺的混酿白葡萄酒，品质也很高，年轻时口感清爽，带有当地刺槐花的香气，陈年后会富含琥珀、姜饼、温柏、无花果等复杂味道。

在伏旧，有4个一级园，分别是毕雷尔园（Clos de la Perriere）、伏旧白园（Le Clos Blanc de Vougeot）、克拉斯园（Les Cras）、小伏旧园（Les Petits Vougeots）。其中伏旧白园是个独占园，在伏旧园城堡（Chateau du Clos de Vougeot）的对面，是由熙笃会修道院的僧侣们于1110年，从伏旧河的沼泽中逐步开垦、堆填出来的。它被种植了当地的第一批白葡萄品种，至今仍是是唯一的白葡萄单一园。

伏旧园是这里唯一一个特级园，被誉为"勃艮第灵魂"。它是当地最早的葡萄园和酒庄，也是由熙笃会的修道士开垦、建立的。1227—1370年间，伏旧园通过收购邻地，逐步扩建成约50公顷，并陆续围园筑起了一圈白色石墙用于防风。这道至今已有几百年历史的白石墙，早已成为全球资深葡萄酒爱好者游历的必访之地。

伏旧园曾经会按照园内不同海拔高度产出的葡萄果实去分级，分别是教皇级、主教级、教士级。地势高的果实品质最好，专用于酿造"教皇级"酒款，是供应给教皇的贡品；坡腰位置结出的果实品质比坡顶的稍差，专用于酿造"主教级"酒款、"国王级"酒款，主要是供给当时社会地位地位次一级的国王、主教、贵族；而在坡底、平地等位置结出的果实，属于园内最差一级，酿出的酒款用于供应给教士、平民等普通消费市场。

在伏旧，能产出上乘酒款的酒庄还有勒桦酒庄（Domaine Leroy）、"大金杯"格罗兄妹酒庄（Domaine Gros frere et soeur）、凯慕斯庄园（Meo-Camuzet）、德莱图酒庄（Chateau de la Tour）等。其中，德莱图酒庄是伏旧最大的地主，它拥有一项特权，就是每年都能优先采收子产区内所有超过70年的老葡萄藤上的果实，专用于酿造一款名为德莱图酒庄－伏旧特级园老藤（Chateau de la Tour Clos-Vougeot Grand Cru Vieilles Vignes, Cote de Nuits, France）的红葡萄酒。

·伯恩丘·

该产区在夜丘产区的南侧，北起拉杜瓦塞尔里尼村，南至马朗日村，当地基本都是低矮的坡地，平缓开阔，延绵20多公里，葡萄园面积达5980公顷，深层土质主要是是中侏罗纪时期的泥灰质、石灰岩，表层土壤是富含钙质、铁质的黏土。

产区种植的黑皮诺和霞多丽产量约各占一半，出产的红葡萄酒呈宝石红色，充满红色水果的芳香，伴有动物皮毛、腐殖土和矮树丛的气息，口感圆润，酸度适中，具有很强的陈年能力；白葡萄酒则呈厚重的金黄色，口感明快、活泼、圆润、柔顺，带有柑橘水果和青草的芳香，酒精度、酸度适中，回味中略带榛子香。

著名的"伯恩慈善医院"就座落在这里，医院建成后得到了当地酒商们的不小支持，他们赠送了不少土地给医院，并支持院方自行种植葡萄、酿酒，然后再协助院方通过拍卖成品酒款以获得收入，增加医院的经费。拍卖会上提供的酒款，都是由医院聘请的知名酿酒师所酿造，品质都很高，全部按桶装出售，买主拍下后需自行安排是否继续桶陈或装瓶。每年11月的第3个星期天，在伯恩丘产区的伯恩市举行的"伯恩慈善医院所属葡萄园酒款公开竞价拍卖会"是全球规模最大的葡萄酒拍卖活动，虽然医院早已于1917年结业，但这个拍卖活动一直延续至今。

★**主要种植的白葡萄品种：**霞多丽

★**主要种植的红葡萄品种：**黑皮诺

★**主要的子产区：**绍黑－伯恩（Chorey-les-Beaune）、蒙蝶利（Monthelie）、佩尔南－韦热莱斯（Pernand-Vergelesses）、欧克塞－迪雷斯（Auxey-Duresses）、沃尔奈（Volnay）、普里尼－蒙哈榭（Puligny-Montrachet）、阿罗克斯－科尔登（Aloxe-Corton）、圣欧班（Saint-Aubin）、默尔索（Meursault）、马朗日（Maranges）、拉都瓦（Ladoix）、圣罗曼（Saint-Romain）、萨维尼（Savigny-les-Beaune）、夏山－蒙哈榭（Chassagne-Montrachet）、桑特奈（Santenay）、伯恩市（Beaune）、玻玛（Pommard）

··绍黑－伯恩··

绍黑－伯恩海拔约250米，是典型的大陆性气候。土壤类型多样，北边区域的土质，底层是混杂钙质岩、砾石的冲击土，表层是富含铁元素的石灰质泥灰土；南边区域的土质，底层是混杂鹅卵石、石灰岩的黏土，表层是石灰质的泥灰土。葡萄园大部分建在平原上，在采光、保温、疏水等方面比较差。

当地葡萄种植面积约有130公顷，种植的葡萄品种有黑皮诺、霞多丽、白皮诺、灰皮诺等。出产的红葡萄酒都是用100%的黑皮诺酿造，质地精致，单宁细腻，带有新鲜覆盆子、野樱桃、甘草、矮灌木的气息。白葡萄酒也都是由100%霞多丽酿造，果味香浓，清爽宜饮，带有白花、榛子、柑橘、香茅草的气息，性价比很高。

1970年，这里获得法国官方法定葡萄酒产地（AOC）认证，在此之前出产的酒款总以邻区的名义出售。

··蒙蝶利··

蒙蝶利地处沃尔奈村和默尔索村之间，于1937年成为法定（AOC）产区，有15个一级葡萄园，大部分都在蒙蝶利村的东面，因为那里的土质更适宜种植酿酒葡萄。几百年来，这里一直以出产黑皮诺红葡萄酒而著称，20世纪中期开始也种植霞多丽白葡萄，出产以霞多丽为主要原料的混酿白葡萄酒，目前的蒙蝶利南端区域已全部改种霞多丽。

当地出产的黑皮诺红葡萄酒，酒体结实，单宁较重，果味浓郁，酒色迷人，呈宝石红色，年轻时散发着樱桃、覆盆子、红李子等水果的香气，伴有紫罗兰、牡丹等花香，陈年后会发展出森林地表、欧洲蕨菜、香料等气息，口感会更紧致、柔顺。霞多丽白葡萄酒呈厚实的金黄色，散发着柠檬、柑橘、苹果等水果芳香，伴有淡淡鲜花、榛子等气息，口感圆熟，酸度活跃。

··佩尔南-韦热莱斯··

佩尔南-韦热莱斯处于伯恩丘产区最北端的丘陵地带，在科尔登山附近，夹在科尔登山、金丘东部斜坡之间，虽可使当地的葡萄藤免受大风的侵袭，但有部分葡萄园因为得不到充分的日照，造成葡萄果实难以按时成熟。当地的土壤类型多样，坡地底部主要是黏土、石灰岩和燧石；山坡中部的土壤类型主要是石灰岩、鹅卵石，适合种植黑皮诺；坡顶位置主要是棕色的泥灰土、碎石，较适合种植霞多丽。

这里出产的黑皮诺红葡萄酒，年轻时的酒色中会略带蓝色边缘，具有草莓、覆盆子、紫罗兰的芳香，陈年后会发展出矮木丛、香料的气息，口感柔顺，单宁致密，回甘持久。出产的霞多丽白葡萄酒，年轻时呈金黄色，陈年后会变成琥珀色，带有五月花和刺槐蜂蜜的芳香，口感均衡、脆爽，酒中特有的当地矿物质味道极具特点，酒款具有很高的辨识度。

1936年12月，佩尔南-韦热莱斯获得法国官方法定葡萄酒产地（AOC）认证。

··欧克塞-迪雷斯··

欧克塞-迪雷斯村座落在圣罗曼山谷，属大陆性气候，夏季温和干燥，冬季寒冷湿润，春季白天温暖，早晚寒冷，当地的葡萄园多建在山坡上，坐北朝南、光照充足。土壤主要是泥灰岩、石灰岩，排水性良好。葡萄种植面积约有130公顷，其中80%以上种植黑皮诺红葡，其余的种植霞多丽白葡萄。

这里出产的黑皮诺红葡萄酒呈明亮的宝石红色，有红樱桃、红李子、覆盆子的果香，还有少许牡丹的花香，口感精致柔顺，年轻时单宁的涩感明显，陈年后会变得绵滑易饮，并会出现明显的森林地表、皮革、香料等气息。霞多丽白葡萄酒呈稻草黄色，晶莹剔透，散发着杏仁、苹果的芳香，伴有饼干、矿物质等气息，年轻时口感饱满、有劲，随着熟化，口感会变得细致、优雅。

除了欧克塞-迪雷斯村庄级和欧克塞-迪雷斯一级园的酒款外，当地大部分的酒款都是以伯恩丘产区的名义出售，1937年，这里获得法国官方法定葡萄酒产地（AOC）认证。

F

··沃尔奈··

沃尔奈在玻玛村和默尔索村之间，葡萄园大部分建在金丘斜坡的中段，那里的风土条件非常优越，全部是东南朝向，日照充足，土壤排水性能很好，富含石灰岩。当地于1937年获得法国官方法定葡萄酒产地（AOC）认证，没有特级葡萄园，但有不少知名度很高的一级葡萄园，包括有桑特诺米勒（Santenots du Milieu）、橡树园（Clos des Chenes）、盖尔雷园（Les Caillerets）、香邦园（Champans）、塔耶皮埃园（Taillepieds）、路易拉图榭维（Louis Latour En Chevret）等名庄。

沃尔奈当地只出产100%使用黑皮诺作为酿酒原料的红葡萄酒，年产量约130万瓶，被法国酒界公认为是勃艮第地区出产的黑皮诺红葡萄酒中，最优雅、最女性化的酒款，香气四溢，口感柔顺，单宁精细，带有明显的红色浆果、覆盆子、紫罗兰等味道。

··普里尼-蒙哈榭··

普里尼-蒙哈榭属大陆性气候，夏季炎热干燥，冬季寒冷漫长，春季潮湿阴冷，要慎防春冻。土壤主要是混杂有泥灰土、石灰黏土的石灰岩，很适合葡萄藤根系的发育、生长与强劲伸延。历来都只种植白葡萄，酿造白葡萄酒，当地出产的霞多丽白葡萄酒在法国的葡萄酒业界拥有极高的声誉，于1939年获得法国官方法定葡萄酒产地（AOC）认证。出产的霞多丽白葡萄酒呈明快的金黄色，边缘略泛绿光，口感非常丰富，带有山楂花、成熟葡萄、杏仁蛋、白软糖、榛子、琥珀、柠檬草、青苹果等复合芳香。

近些年也开始生产黑皮诺红葡萄酒，虽然产量很小，但酒款的品质非常有特点，年轻时呈明亮的宝石红色，带有覆盆子、醋栗、黑醋栗、黑莓的芳香，陈年后会伴有皮革、麝香的气息，成分均衡、口感温和，具有很强的陈年能力。

这里拥有4个特级园、17个一级园，其中名气最大的是蒙哈榭（Montrachet）特级葡萄园。它位于普里尼-蒙哈榭和夏山-蒙哈榭两个产酒村之间，葡萄种植面积仅有约8公顷，由当地18个传统家族酒庄共同拥有。蒙哈榭特级葡萄园出产着世界葡萄酒界公认的最顶级的霞多丽干白葡萄酒，酒款的售价全球最高。

··阿罗克斯-科尔登··

阿罗克斯-科尔登在伯恩丘的北部，地跨阿罗克斯-科尔登和拉都瓦两个产酒村。这里的土壤类型多样，南边主要是棕色燧石、石灰岩，富含钾、磷酸；北边主要是鹅卵石、黏土和泥灰土。

这里95%以上是出产红葡萄酒都是以黑皮诺为原料，酒液颜色深浓，酒款年轻时会有春天花朵的芳香，伴有覆盆子、草莓、黑醋栗、黑莓等气息，陈年后会发展出牡丹、茉莉、糖渍水果、蜜饯、开心果、李子、皮革、松露、蘑菇、肉桂等复杂气味，口感耐品，活力十足，酒体结实，单宁适中，品质很高，价格也较高。

阿罗克斯-科尔登曾于1982年对区内的葡萄园划分等级，其中约1/3被评为一级园，并规定只有使用一级园所产的葡萄果实酿制的酒款，才可以在酒标上加注"阿罗克斯－科尔登一级葡萄园"的字样。

··圣欧班··

圣欧班在伯恩丘的南部，与蒙哈榭村、夏山村、普里尼村相邻，由佳美村和圣欧班村村组成。其土壤主要是富含石灰质的白色、棕色黏土，白色黏土适合种植霞多丽白葡萄，棕色黏土适合种植黑皮诺红葡萄。其中，佳美村主产红葡萄酒，圣欧班村主产白葡萄酒，产量各约占总产量的一半。

圣欧班约有3/4的葡萄园属于一级园，出产的霞多丽白葡萄酒呈金黄色，年轻时会有白色花朵、碎石、青杏仁和橙花的芳香，随着陈年，会产生蜂蜜、杏仁蛋白软糖、龙涎和肉桂的气味，口感紧实，耐嚼，刚入口略显尖刺，之后逐渐圆润；黑皮诺红葡萄酒呈深厚的石榴红色，散发着黑醋栗、樱桃和黑莓的芳香，伴有香料和摩卡咖啡的气味，口感肥美丝滑，余味十足，随着陈年，口感会更醇厚，更优质。

··默尔索··

默尔索村在沃尔奈村和普里尼蒙哈榭之间，从南至北相距约5公里，聚集有400多座葡萄园，葡萄种植面积约440公顷。

默尔索是勃艮第地区最专业的白葡萄酒产区之一，当地出产的酒款品质非常出众，风行世界各地。当地年产量中95%以上是白葡萄酒，约250万瓶，占伯恩丘产区白葡萄酒年产量的1/3以上。当地出产的白葡萄酒以霞多丽为主要原料，酒色耀眼，呈金丝黄色，随着熟成，酒色会渐变成黄铜色，更加清澈透明，酒款年轻时会有烤杏仁、榛子的味道，伴有当地矿物质、黄油、蜂蜜、柑橘类水果等气息，口感饱满圆润，是全球酒界公认的顶级霞多丽白葡萄酒的典范。

1937年，默尔索获得法国官方法定葡萄酒产地（AOC）认证，这里没有特级园，有19个一级园，其中名气最大的是夏姆（Les Chames-dessus）、热内维耶（Les Genevieres）、石头园（Les Perrieres）3个一级园。此外，这里还有不少著名的略地园（lieu-dit，指没有获得评级，但能产出优质酒款的葡萄园），这些略地葡萄园的名字，官方允许可以加注在酒款的酒标上。

··马朗日··

马朗日地处伯恩丘最南端，没有特级葡萄园，红葡萄的种植面积约有160公顷，其中约 80公顷是一级葡萄园；白葡萄的种植面积约有10公顷，其中约2公顷是一级葡萄园。

马朗日有3个产酒村，分别是舍伊－马朗日（Cheilly-les-Maranges）、德齐泽－马朗日（Dezize-les-Maranges）和桑皮尼－马朗日（Sampigny-les-Maranges）。3个村庄虽然相距不远，但土质的类型却截然不同，舍伊－马朗日村的土地表层遍布鹅卵石，德齐泽－马朗日村的土壤成分主要是石灰岩，桑皮尼－马朗日村的土壤类型主要是富含石灰的泥灰土。

1989年5月，马朗日获得法国官方法定葡萄酒产地（AOC）认证，在此之前，这里出产的酒款只能以伯恩丘产区的名义售卖。

··拉都瓦··

拉都瓦在伯恩市北边，地处科尔登山东侧山麓，是伯恩丘产区内唯一出产特级园红葡萄酒的子产区。其土壤情况很有特点，海拔较高的山坡上，地面布满鹅卵石与富含铁矿成分的微红色土壤，地表之下是石灰岩和泥灰土，十分适宜种植霞多丽白葡萄；山坡中部、底部，主要是红棕色的钙质土壤、石灰岩和黏土，很适合种植黑皮诺红葡萄。

1937年，拉都瓦获得法国官方法定葡萄酒产地（AOC）认证。拉都瓦成酒的年产量约有20万升，其中80%是黑皮诺红葡萄酒，当地出产的酒款，很少使用"拉都瓦"的名义售卖，绝大部分都只在酒标上标注"伯恩丘"的字样。

这里出产的黑皮诺红葡萄酒酒液呈石榴红色、略带紫色光芒，散发着草莓、樱桃酱、樱桃白兰地的香气，伴有草本植物、香料、咖啡、可可的味道，口感温和、柔顺，单宁、酸度和酒精度均适中。霞多丽白葡萄酒酒液呈稻草黄色，具有李子、熟苹果、木梨、无花果等香气，伴有刺槐、黄油的味道，口感紧实、紧致，风格清新，活泼自然，随着陈年，口感会变得圆润、丰满。

··圣罗曼··

圣罗曼的土壤以石灰岩和泥灰岩为主，混杂少量黏土，适宜种植霞多丽白葡萄。当地的葡萄园大多建在欧克塞－迪雷斯以西的坡地上，海拔较高，达400米，常年气温偏低，葡萄果实很难达到完全成熟，品质不稳定。因此，这里没有特级葡萄园和一级葡萄园。

这里出产的白葡萄酒都是用100%霞多丽酿制的单品酒，酒液呈淡金黄色，略带绿色边缘，散发有酸橙、白色花朵、矿物等气息，口感顺滑圆熟，品质优良。红葡萄酒都是用100%黑皮诺酿制的单品酒，酒液呈深樱桃红色，有红醋栗、覆盆子、红樱桃等红色水果的芳香，熟成几年后，会发展出香料、烟熏、烘烤等气息，单宁细致，爽口宜饮。

1947年10月，圣罗曼获得法国官方法定葡萄酒产地（AOC）认证。

··萨维尼··

萨维尼是伯恩丘一个种植规模较大的子产区，位于金丘小峡谷的山林之间，距离伯恩镇约5公里。当地有22个一级葡萄园，南侧的一级园全部建在朝东的山坡上，北侧的一级园全部建在向南的斜坡上，风土条件都不错，葡萄果实都可达到较高的成熟度，适宜种植黑皮诺红葡萄。其土壤类型随海拔高度而不同，海拔较低的区域主要是富含石灰岩的红棕色冲积土和沙石；海拔较高的边坡上，主要是铁矿石、鹅卵石。

萨维尼只出产黑皮诺单品红葡萄酒，酒液呈深樱桃红色，散发着黑醋栗、樱桃、覆盆子、紫罗兰的香气，酒体丰满，单宁紧致，口感强劲有力，各种成分均衡、适中。有个别酒庄也生产用于自饮的霞多丽、白皮诺混酿白葡萄酒，酒液呈金黄色，口感很特别，带有当地野花的芳香，伴有奶油蛋卷、柠檬、葡萄柚、矿物质的风味，十分清新爽口。

··夏山-蒙哈榭··

夏山-蒙哈榭在伯恩丘产区的南部，属大陆性气候，夏季温暖干燥，冬季寒冷漫长，春季阴冷潮湿，需要严防春冻。土质南北差异大，南边区域以石灰岩、红砾石为主，适合种植黑皮诺红葡萄；北边区域主要是黏质石灰岩，适合种植霞多丽白葡萄。葡萄种植面积有约 350 公顷，拥有 3 个特级园、20 个一级园。

在 19 世纪末之前，夏山-蒙哈榭只种植黑皮诺红葡萄，并且只生产由黑皮诺酿制的单品红葡萄酒，在遭受葡萄根瘤蚜灾害后，复种时还大量引种了霞多丽，到 20 世纪 30 年代，当地已有约 1/4 的酒庄出产霞多丽白葡萄酒，如今已占当地成酒年产量的 60% 以上。

早期出产的霞多丽白葡萄酒，细致柔美，充满花香，品质卓越，在法国市场上有很高的美誉度。但随着名气越来越大，霞多丽葡萄种植面积、产量也越来越大，造成葡萄果实的质量起伏不定，出产的霞多丽白葡萄酒也渐渐沦于平庸。

1937 年，夏山-蒙哈榭获得法国官方法定葡萄酒产地（AOC）认证。

··桑特奈··

桑特奈位于伯恩丘产区的最南端，属大陆性气候，夏季炎热干燥，冬季寒冷漫长，春季阴冷潮湿，三面地势开阔，常年遭受凛冽西风的吹袭，尤其是在葡萄开花的时节，会对当地造成很大的伤害。其土壤主要是泥灰岩，风土条件不太理想，当地结出的葡萄果实的品质在勃艮第地区属低端，以至于当地出产的酒款比较粗糙，品质一般。

桑特奈种植的葡萄品种有黑皮诺、霞多丽、白皮诺等，其中产量最大的是黑皮诺红葡萄。桑特奈子产区出产的白皮诺混酿白葡萄酒，产量虽然不大，但比较有特点，酒色清澈明亮，带有当地矿物质、野花、欧洲蕨菜、榛子的气息，清新活泼，爽口宜饮。

1937 年，桑特奈获得法国官方法定葡萄酒产地（AOC）认证。

··伯恩市··

伯恩市是伯恩丘、金丘区域内的第二大城市，是勃艮第地区的葡萄酒贸易中心。该地被铁路轨道一分为二，铁道的西侧是原生态的坡地，遍布历史悠久的葡萄园、酒庄，铁道的东侧则是近几十年陆续形成的现代酿酒厂区域，拥有 34 个一级园。

伯恩市历来都只生产黑皮诺单红葡萄酒，后来随着霞多丽白葡萄酒的市场需求越来越大，当地在十来年前也开始种植霞多丽及出产相关酒款，但产量很小，品质普通，口感平淡，略有杏仁、水果干、欧洲蕨菜、白色花朵的气息。出产的黑皮诺单品红葡萄酒品质也一般。

1936 年，伯恩市获得法国官方法定葡萄酒产地（AOC）认证。

··玻玛··

玻玛是伯恩丘一个著名子产区，在伯恩市、沃尔奈村之间。其土壤主要是石灰岩、红色粘土，为葡萄藤的成长提供了优越的条件，坚硬的石灰岩可促使葡萄根系不断壮大，不断向下生长以寻求水源，所以当地产出的葡萄果实品质非常优秀，拥有不少品质极佳的一级园。出产的黑皮诺单红葡萄酒，颜色深沉、凝重，具有浓郁的香气，伴有特殊的动物皮毛味道，单宁突出，结构紧实，有很强的陈年能力，弥久弥醇。

著名的法国葡萄酒大师雷蒙·杜梅（Raymond Dume）曾说过："波尔多葡萄酒的秘密在酒窖里，勃艮第葡萄酒的秘密在土地里。"几百年之前，玻玛出产的黑皮诺单红葡萄酒，就已被法国市场公认为是勃艮第地区的经典代表性酒款，一直拥有"勃艮第之花"的美誉。《法国美食百科全书》的饮食专家龙萨（Ronsard）曾这样评价玻玛："在这么一小块土地上，居然能酿出如此美味的葡萄酒，实在神奇！玻玛的黑皮诺葡萄酒，是世界顶级葡萄酒产地勃艮第中的顶级酒款，味美香浓，唇齿留甘，有大将之风。"

·夏隆内丘·

夏隆内丘有久远的葡萄酒历史，当地的葡萄酒类交易市场是由古罗马时期的统治者兴建的，延续至今。它地处海、河、陆的交通枢纽位置，北部与伯恩丘接壤、南部与马贡相邻，历来都是勃艮第地区乃至于法国的重要商贸中心。

产区属大陆性气候，年降雨量很小，平均海拔约300米，地势平缓宽阔，当地的葡萄园大多建在东向、西向的坡地上，由北向南延伸至马贡产区。土壤类型多样，北部主要是石灰石与掺杂大量泥沙的黏土，南部主要是花岗岩。产区的地形也很复杂，有其他产区所没有的微气候现象，这种现象或多或少影响了葡萄品质。

★**主要的子产区:** 梅尔居雷（Mercurey）、吕利（Rully）、布哲宏（Bouzeron）、日夫里（Givry）、蒙塔尼（Montagny）

··梅尔居雷··

梅尔居雷是夏隆内丘产区内产量最大、国际知名度最高的一个子产区，始建于1923年，包括梅尔居雷村和圣马丁苏蒙泰居村，葡萄种植面积约730公顷，红葡萄酒的年产量约350万瓶，白葡萄酒的年产量约50万瓶。这里属于大陆性气候，夏季漫长、温热、干燥，土壤表层覆盖石灰岩，下层是泥灰土和泥灰钙质土。主要出产由黑皮诺酿制的红葡萄酒，酒款颜色深浓，带有草莓、覆盆子、樱桃等香气，随着陈年会衍生出森林灌木、香料、烟草、咖啡豆等风味。出产的由霞多丽酿制的白葡萄酒，品质上乘，带有淡淡的五月花和槐花气息，经过陈年会产生榛子、杏仁、胡椒的味道。

梅尔居雷拥有不少一级葡萄园，分别于1990年、1997年和2003年由法国葡萄酒评级会议陆续评定认证。

··吕利··

吕利地处夏隆内丘北部的福利山山麓，葡萄种植区域大多建在海拔高于250米的山麓坡地上。其土壤类型主要是混杂沙石的石灰岩，排水性能好，适合种植酿酒葡萄。

700多年前就已经有家族式酒庄在当地建成并传承至今，拥有23个一级园，目前的葡萄面积有约350公顷，成酒年产量约300万瓶，红、白葡萄酒各占一半，红葡萄酒以黑皮诺为主要原料，具有深色水果的风味，带有明显的甘草、丁香花、玫瑰花瓣等气息，结构立体，质地上乘；白葡萄酒是用100%霞多丽酿制，口感轻盈活泼，极富魅力，散发有金银花、五月花、槐花等植物香气。该地也有出产起泡酒，产量虽然不大，却是勃艮第地区最好的起泡酒产区，口感浓郁，芳香扑鼻，在法国酒界的美誉度很高。吕利一直被国际市场忽略，酒的市场售价偏低，但性价比很高。1939年，吕利获得法国官方法定葡萄酒产地（AOC）认证。

··布哲宏··

布哲宏地处福里山的西麓，属大陆性气候，夏季温和，冬季寒冷，夏天的雨水较多，会对葡萄果实的成熟度造成一定的影响。葡萄园都处于海拔270—350米之间的坡地上。土壤类型多种，较高区域主要是白色泥灰土，中段区域主要是棕色泥灰土，因为坡度陡斜，地表的土层很薄。葡萄的种植面积约有60公顷，成酒的年产量约有40万瓶。

布哲宏只出产由阿里高特酿制的白葡萄酒，是勃艮第地区唯一一个只种植阿里高特白葡萄、只酿造阿里高特白葡萄酒的村庄级法定产区。

阿里高特白葡萄很适合生长在富含石灰质的山地上，目前是勃艮第地区用量第二大的白葡萄酒原料。这种阿里高特白葡萄酒开始并不受法国葡萄酒业界的重视，常用于酿造廉价餐酒或被用做混酿配料。后来在1973年，罗曼尼·康帝酒庄的老板兼酿酒师奥贝尔·德维兰（Aubert de Villaine）先生在布哲宏内投资开建了一个葡萄园，专门用于种植阿里高特白葡萄，他坚信一定可以酿造出物美价廉的酒款。他的坚持最终获得成功，这款酒也开始有了国际知名度。

1998年，布哲宏获得法国官方法定葡萄酒产地（AOC）认证。虽然当地并没有一级园和特级园，但出产的阿里高特单品干白葡萄酒品质上乘，口味特别，带有刺槐、柠檬、蜂蜜、当地燧石矿物质等气息，性价比很高，酒款的酒标上注有"Burgundy Aligote"的字样。

·马贡·

马贡在夏隆内丘的南边，处于里昂市和伯恩市之间，与博若莱产区相邻，西起格罗纳河谷、东至索恩河谷，地势平坦，葡萄园密布。马贡土壤类型不太复杂，底层以石灰岩为主，地表以黏性冲积土为主，气候条件也比较温和，适合种植霞多丽白葡萄。其种植面积有约6000公顷，主要种植的品种有霞多丽，成酒的年产量有近3500万升。

不少酒业经营者、酿酒师在马贡投资开办精品酒庄和创意工坊，他们勇于尝试和创新，为当地的葡萄酒行业注入了不少时尚元素与活力。

马贡出产白葡萄酒、红葡萄酒、桃红葡萄酒、起泡酒等多种酒类，其中以霞多丽白葡萄酒为主，占比 80% 以上，品质上乘，价格实惠。出产的红葡萄酒是由黑皮诺与佳美混酿制成，产量不大，但风格鲜明，口感突出，尤其是偏高的酸度，很有个性。

★**主要种植的白葡萄品种：霞多丽**

★**主要种植的红葡萄品种：黑皮诺、佳美**

★**主要的子产区：**普伊－富赛（Pouilly-Fuisse）、普伊－凡列尔（Pouilly-Vinzelles）、普伊－楼榭（Pouilly-Loche）、圣韦朗（Saint-Veran）、维尔－克莱赛（Vire-Clesse）

··普伊 - 富赛··

普伊－富赛由尚特（Chaintre）、富赛（Fuisse）、萨鲁特－普伊（Solutre-Pouilly）、韦吉森（Vergisson）等产酒村组成，葡萄种植面积近 800 公顷，是马贡的核心区域。

普伊－富赛地势比较高，处于海拔 200—300 米之间，属大陆性气候，因临近地中海，有不少微气候特点。土质很出众，除了拥有黏质石灰石土壤外，还遍布大量的珊瑚化石片岩，非常适合霞多丽白葡萄藤的生长。尤其是建在萨鲁特－普伊村与韦吉森村交界的大片坡地上的葡萄园，结出的葡萄果实具有其他产区难以比拟的诱人魅力。

普伊－富赛只出产霞多丽单品白葡萄酒，年产量约有 600 万瓶，是勃艮第地区优质白葡萄酒款的典型代表，性价比非常高，尤其是当地的布雷兄弟酒庄（Bret Brother）的系列酒款。酒色金黄，泛有浅绿色边缘；酒款年轻时，清新活泼，香气四溢，散发有柠檬、柚子、柑橘、白桃、榛子、杏仁、当地矿物质等复合气息；酒款经陈年后，会发展出面包皮、槐花、蜂蜜等馥郁风味，酒体更丰满、紧实，口感更充盈、浓厚，但市场售价却低很多。

1936 年，普伊－富赛获得法国官方法定葡萄酒产地（AOC）认证。当地在市场上美誉度很高、销量很大的酒款主要由洛奇（La Roche）、布朗芙（Les Vignes Blanches）、凯尤（Aux Chailloux）、克雷（Les Crays）等酒庄出品。

··圣韦朗··

圣韦朗位于马贡的最南端，与博若莱接壤，涵括达卡叶（Dacaye）、普利斯（Prisse）、索卢特－普伊（Solutre-Pouilly）、查恩（Chanes）、莎斯拉（Chasselas）、利恩（Leynes）、圣－阿木朗（Saint-Amourand）、圣韦朗（Saint-Verand）等产酒村。1971 年 6 月，圣韦朗获得法国官方法定葡萄酒产地（AOC）认证。

圣韦朗的葡萄园全部建在海拔高于 300 米的山坡上，坐北朝南，日照充足，春季较暖和，春雾、春寒伤藤的情况较少，地表覆盖的是混杂大量化石和燧石的蓝色石灰岩、泥灰土。

圣韦朗只出产霞多丽单品白葡萄酒，年产量约有 500 万瓶，酒款的口感偏干，酸度适中，年轻时带有张扬的花香，活力十足，陈年后会带出蜂蜜、白色坚果等气息。

F

香槟地区在法国首都巴黎市的东北边、马恩河的沿岸，是法国最北的一个葡萄酒大产区，气候寒冷，也正是因为常年低温的天气才赋予了当地出产的葡萄果实具有特别的品质。其土壤类型很特别，遍布着富含矿物质的白垩土，营养丰富，蓄水性好，白色的地表具有很强的反光作用，能帮助提高葡萄果实的成熟度，使得霞多丽、黑皮诺、莫尼耶皮诺等葡萄品种拥有了优异的品质，更成就了香槟起泡酒的非凡魅力。

香槟地区的葡萄园、酒庄主要集中在兰斯镇、马恩河谷和白丘等地方，其中的兰斯镇是香槟地区的行政中心、商业中心，当地的葡萄酒类交易市场的历史非常悠久，是全球葡萄酒爱好者到访法国时的必到之地。

除了执行法国 AOC 制度外，这里还会遵循由香槟酒行业委员会（CIVC）制定的分级制度，根据当地土质情况、葡萄果实的品质、建园历史等因素，从当地产酒村中评选出 17 个顶级村、44 个一级村，并允许这些村庄出产的酒款可在酒标上加以注释，彰显品质，其中名气最大的是出产起泡酒的香槟（Champagne AOC）、出产静止白葡萄酒的香槟山丘（Coteaux Champenois AOC）、出产桃红葡萄酒的黎赛 – 桃红（Rose des Riceys AOC）。

★**主要种植的白葡萄品种：**霞多丽

★**主要种植的红葡萄品种：**黑皮诺、莫尼耶皮诺

★**主要的葡萄产区：**马恩河谷（Vallee de la Marne）、白丘（Cote de Blancs）、兰斯山（Montagne de Reims）

·马恩河谷·

该产区葡萄酿造史非常悠久，在 2000 多年前就已出现统一围耕的葡萄园和经营性的酿酒坊。当地出产的成酒以起泡酒为主，酒款以饱满、丰润著称，香气非常浓郁，品质优异，行销全球。

马恩河谷产区拥有两个特级产酒村，是马恩河谷产区的核心子产区，分别是马恩河畔图尔（Tours-sur-Marne）、艾镇（Ay），都在马恩河的下游沿岸，葡萄园全部建在河岸旁的山坡顶上，面积共有约 300 公顷，种植的品种大部分是黑皮诺。

★**主要种植的红葡萄品种：**黑皮诺、莫尼耶皮诺

★**主要的子产区：**普伊 – 富赛（Pouilly-Fuisse）、普伊 – 凡列尔（Pouilly-Vinzelles）、普伊 – 楼榭（Pouilly-Loche）、圣韦朗（Saint-Veran）、维尔 – 克莱赛（Vire-Clesse）

·白丘·

白丘位于马恩河的南岸，葡萄种植区域从马恩河南岸的冲积平原一直延伸至沙朗巴特山的北面坡地，面积共约 3000 公顷，全部用于种植霞多丽白葡萄，仅剩很少数黑皮诺红葡萄的老藤。出产的酒款全部是用霞多丽酿制的起泡酒，品质超群，是法国顶级香槟起泡酒的代表产区。其拥有 6 个特级产酒村，分别是瓦利村（Oiry）、烁伊利村（Chouilly）、克哈芒村（Cramant）、阿维兹村（Avize）、奥格尔村（Oger）、美尼尔－苏尔－奥格尔村（LeMesnil–sur–Oger）。

★**主要种植的白葡萄品种：**霞多丽

阿尔萨斯

阿尔萨斯地区位于法国的东北角，与德国相邻，地形狭长，沿法国与德国的国界线而立，被莱茵河分为上莱茵、下莱茵南北两部分，西边倚靠著名的孚日山脉。属大陆性气候，全年日照充足，雨量充分，易出现干旱、暴雨、冰冻等极端天气，夏季因为有孚日山脉阻挡了不少包含水分的海风，所以非常炎热干燥，冬季则寒冷潮湿，尤其是孚日山脉西侧的洛林镇，是法国冬季最潮湿的地方。这里的葡萄园大多数都建在海拔较高、东南向的陡峭坡地上，尽量为葡萄藤提升采光度和保暖，以保证葡萄果实能按时成熟。

该地区地质结构复杂，土壤类型多样，海拔较高的坡地土壤很贫瘠，覆盖的都是花岗岩、片麻岩、片岩、火山岩，只有少量的黏土；山麓区域是石灰岩、砂岩、黏土、泥灰土混杂的土壤类型；平原地区遍布的是掺和沙砾的冲积土。

当地主要出产的酒款 90% 以上是白葡萄酒，年产量约有两亿瓶，其余也有出产少量的黑皮诺单红葡萄酒、桃红葡萄酒、起泡酒等。雷司令干白葡萄酒是当地产量最大、标志性的酒款，酒精度较高，酸度较高，酒体饱满，口感硬朗，带有浓郁的当地燧石矿物质的气息，很有个性。琼瑶浆白葡萄酒属迟摘型葡萄酒，酒色金黄，带有浅粉红色酒边，酒精度较高，酸度适中，酒体饱满，口感丰富，具有浓重的本地香料、德国烟熏坚果等气息。白皮诺和欧塞瓦的特点、品质相近，酿出的静止酒款都非常芳香，清新活泼，同时还是当地酿制起泡酒的常用原料，既可用于单品纯酿，也会用于混酿酒款。灰皮诺白葡萄酒酒色淡金，晶莹透亮，酒精度较高，口感中带有浓郁的当地蜂蜜风味。麝香半干微泡酒主要原料是小白粒麝香葡萄、奥托奈麝香葡萄，产量虽然不大，但品质突出，口感细腻，很受法国和德国市场的欢迎。曾是当地的主流产品的西万尼葡萄酒，因为陈年能力较弱，仅适合年轻时饮，近些年的产量已越来越小。黑皮诺单红葡萄酒产量不大，酒质不够醇厚，但因售价低廉，很受当地和德国境内相邻城镇的欢迎。

阿尔萨斯是阿尔萨斯地区葡萄酒产量最大的产区，占比 70% 以上，有 51 个特级葡萄园，产区的管理部门对这些特级园的监管非常严格，在葡萄品种规划、葡萄藤选苗、布种密度、栽种时点、田间管理、果实成熟度检验、采收时点等各个环节上都有明确的规定，以保证酿酒原料的品质。

1962 年，阿尔萨斯获得法国官方法定葡萄酒产地（AOC）认证。当地拥有不少具有国际知名度的葡萄园，如索恩堡（Schoenenbourg）、朗让（Rangen）、汉斯特（Hengst）、盖斯堡（Geisberg）、城堡山（Schlossberg）等。

★ **主要种植的白葡萄品种：** 雷司令、琼瑶浆、灰皮诺、麝香、白皮诺、欧塞瓦、西万尼

★ **主要种植的红葡萄品种：** 黑皮诺

★ **主要的法定产区：** 阿尔萨斯特级园（Alsace Grand Cru）、阿尔萨斯克蕾芒（Cremant d' Alsace）

卢瓦尔河谷

卢瓦尔河谷在法国的西北部，法国最长的河流卢瓦尔河穿境而过，是卢瓦尔河、谢尔河、卢瓦河、莱永河的交汇河谷区域，从中央山脉延伸至大西洋海岸的南特市。该地区属半海洋半大陆性气候，除受海洋、山脉、丘陵等大环境的影响外，当地还有不少因河流密布而形成的微气候因素，常年大风，潮湿，温暖。土壤类型多样，地表混杂覆盖着石灰岩、火石岩、沙质岩、砾石、页岩、冲积土，养分充足，排水性好。

卢瓦尔河谷是法国主要的葡萄酒产地之一，也是法国最大的鲜花生产基地，素有"法国花园"的美誉，葡萄园、酒庄、花园大部分建在卢瓦尔河的两岸，混杂种植。其葡萄种植和酿酒史悠久，早在 582 年就已有相关的文字记录，当地的安茹伯爵亨利二世在 1154 年成为英格兰的国王，指定卢瓦尔河谷出产的葡萄酒用做宫廷用酒，这使得这里的葡萄酒产业迅速蜚声欧洲市场，并成为上流社会追逐的新欢。

白诗南、长相思、勃艮第香瓜是卢瓦尔河谷产量最大的品种，出产的葡萄酒类型有干白葡萄酒、甜白葡萄酒、半干白葡萄酒、起泡白葡萄酒、红葡萄酒、桃红葡萄酒等，年产量有近 5 亿瓶，其中以干白葡萄酒为主，占比 60% 以上。

★ **主要种植的白葡萄品种：** 白诗南、长相思、勃艮第香瓜、品丽珠

★ **主要种植的红葡萄品种：** 佳美、赤霞珠、品丽珠、黑皮诺、马尔贝克

★ **五个葡萄产区：** 南特（Nantais）、安茹（Anjou）、索米尔（Saumer）、都兰（Touraine）、桑塞尔（Sancerre）、普伊 – 富美（Pouilly Fume）

·南特·

该产区地处于卢瓦尔河谷连接大西洋的海岸地带，在南特市的东南侧，距离约 90 公里，是卢瓦尔河谷地区葡萄种植规模最大的产区。当地属海洋季风气候，冬季短暂温暖，夏季漫长炎热，霜冻灾害少，受大西洋季风的影响，全年雨量充沛，洪涝时有发生。土壤类型在靠近海岸和河岸区域主要是黏土和碎石，坡地上的主要是花岗岩和页岩。

南特的葡萄种植和酿酒史始于 1000 多年前，由意大利的宗教僧侣传入，并随着当地修道院的增建而发展。1709 年冬，超级低温的冰灾几乎毁坏了所有的葡萄藤，灾后复种时，修道士们引进了抗冻能力很强的勃艮第香瓜白葡萄，葡萄酒产业才得以重启并持续发展至今。

产区最著名的酒款是由子产区慕斯卡德（Muscadet）出产的慕斯卡德白葡萄酒，酒款的原料是勃艮第香瓜白葡萄，使用的酿酒方式是一种当地特有的、名为"酒泥陈酿（Sur Lie）"的工艺。酒液在发酵罐中完成发酵后，并不马上分液过滤，入桶熟化，而是将酒液与酒渣、酒泥继续一起存放在罐中几个月，直到罐中的酵母菌彻底失去活性、细胞壁完全破裂溶解后才转入旧橡木桶中陈化，目的是为了增加酒款的酒精度、酒体的饱满度和营养成分，使酒款更优质耐品。这款慕斯卡德白葡萄酒，口感清雅，酸度诱人，果香弥漫，略带当地矿物质的硬朗风味，年产量仅有约 1000 万升，但国际知名度很高。此外，子产区南特大普兰（Gros Plant du PaysNantes）的旗舰产品白福儿白葡萄酒也十分特别，口感清新，酸度脆爽，带有柑橘和鲜花的香气，适合年轻时饮。

★**主要种植的白葡萄品种：**勃艮第香瓜、白福儿

★**主要子产区：**慕斯卡德（Muscadet）、南特大普兰（Gros Plant du PaysNantes）

·安茹·

该产区在卢瓦尔河中游的两岸，是法国的著名旅游地之一，当地的建筑物大部分是用白岩石建成，并错落有致地分布在葡萄园间。产区属海洋性气候，温暖，风大，雨量充沛，日照充足，适合种植多种酿酒葡萄，产量最大的是白诗南、品丽珠。产区有 27 个子产区，葡萄种植面积共有约 1 万公顷，出产有干型、半干型、甜型的红葡萄酒、白葡萄酒、桃红葡萄酒等多类酒款，成酒的年产量共近 10 亿瓶，其中 60% 以上是白葡萄酒。出产的白诗南干型、半干白葡萄酒，都是加入少量霞多丽、长相思混酿制成的，口感特别，带有贵腐酒的风味，是当地的招牌酒款，有较高的国际知名度。品丽珠、赤霞珠混酿干红葡萄酒，品质出色，带有浓郁的黑色水果风味，有陈年潜力。佳美单红葡萄酒，全部产自安茹佳美子产区，虽然年产量仅有 200 万升左右，但品质优秀，口感圆润，果味清新，性价比很高。桃红葡萄酒在欧洲市场也很受欢迎，知名的品牌有安茹卡本内（Cabernetd'Anjou）、安茹桃红（Rose d'Anjou）、卢瓦尔桃红（Rose de Loire）等。

★**主要种植的白葡萄品种：**白诗南、长相思、霞多丽

★**主要种植的红葡萄品种：**品丽珠、赤霞珠、果诺

★**主要子产区：**莱昂丘（Coteaux du Layon）

·**·莱昂丘··**

莱昂丘在昂热市的南部，索米尔镇的西边，卢瓦尔河的支流莱昂河穿区而过，在河流的长期冲击和侵蚀下形成了鳞次栉比的坡型地貌。葡萄园大多建在坐北朝南的斜坡上，以减缓北边吹来的冷凉气流对葡萄藤的侵袭。夏季非常潮湿，很利于生成葡萄藤上的贵腐菌，这一特殊的风土条件使莱昂丘成为安茹、卢瓦尔河谷地区内产量最大的贵腐酒和甜型白葡萄酒生产基地。

这里历来不生产干型的葡萄酒，只专注于甜酒的研发和酿制，并根据成酒的甜度细分出半干型（Demi-Sec）、甜型（Moelleux）、极甜型（Liquoreux）等类别，当地出产的各类甜型葡萄酒都很受市场欢迎。出产的贵腐甜酒，是100%使用白诗南白葡萄酿制而成，酿制时对于原料要求很高，必须要使用已感染了贵腐菌、完全成熟、脱水干透的晚采果实才能保证酒质、降低投资风险，此类葡萄果实在当地的奥班斯山坡种植区域的表现最为突出。

1950年，当地获得法国官方法定葡萄酒产地（AOC）认证。区内虽然有30多个产酒村，但其中只有6个可以在成酒的酒标上使用"Coteaux du Layon"（莱昂丘）的字样，分别是莱昂碧利欧村（Beaulieu-sur-Layon）、安茹法雅村（Faye-d'Anjou）、莱昂拉布雷村（Rablay-sur-Layon）、卢瓦尔罗塞福村（Rochefort-sur-Loire）、路易吉尼圣欧班村（Saint-Aubin-de-Luigne）、拉德圣兰伯特村（Saint-Lambert-du-Lattay）。

卡特休姆葡萄园（Quarts de Chaume）是莱昂丘的特级园，它的种植面积仅有约40公顷，成酒年产量仅有约3万瓶。可以在成酒的酒标上注明Grand Cru（特级园）的字样。肖姆葡萄园（Chaume）是莱昂丘的一级园，可以在成酒的酒标上注明莱昂丘一级园肖姆（Coteaux du layon premieur cru lieu-dit chaume）的字样。

·**索米尔**·

索米尔地处卢瓦尔河谷的中段、昂热市的东南方，在卢瓦尔河中游的左岸，与安茹产区相邻。当地是半海洋半大陆性气候，土壤类型主要是白垩土，葡萄种植面积有约4000公顷。产区种植的葡萄产量最大的是白诗南，出产的干型起泡酒，是卢瓦尔河谷地区很有特点的酒款，由白诗南、霞多丽等白葡萄品种经手工采摘后混酿制成，口感绵柔细腻，带有花瓣和奶油的混香，陈年至少1年后饮更佳，年产量约有2000万瓶。除了主产起泡酒外，这里也有出产少量的静止葡萄酒，白葡萄酒款主要是白诗南干白，红葡萄酒款主要是品丽珠干红。

★**主要种植的白葡萄品种：**白诗南、霞多丽

★**主要种植的红葡萄品种：**品丽珠、赤霞珠

·都兰·

该产区地处卢瓦尔河谷的中西段、卢瓦尔河的中下游。这里有无边的葡萄园景观与遍布历史悠久的古堡，著名旅游景点都尔斯古城就坐落于此，同时，这里还是作家巴尔扎克、哲学家笛卡尔的家乡。

这里种植了卢瓦尔河谷地区所有葡萄品种，并出产了多种类型的优质葡萄酒款。法国著名的品酒师、美食家拉伯雷（Rabelais）先生选择在此定居，并向人们推广当地各种精美的酒款。

圣文森特（Saint Vincent）是都兰产区名气最大的酒庄，名字在法语中是"酒神"的意思，它的历史非常悠久，始建于古罗马时期，酒神酒庄一直都只生产长相思干白葡萄酒，因风格特别而备受推崇，酒款的品质常年稳定，经久不衰，酒色淡金、明亮，口感酸爽可口，清香宜人。

★**三个子产区：**希侬（Chinon）、武弗雷（Vouvray）、布尔格伊（Bourgueil）

··希侬··

希侬地处都尔斯古城西南边的希侬镇，沿维也纳河分布，与布尔格伊隔河相望。其土壤类型主要是石灰岩、砾石、冲积沙土，很适合种植品丽珠红葡萄，因此，这里主要种植品种是品丽珠。主要出产的由品丽珠、赤霞珠混酿制成的干红葡萄酒，酒色深浓，酸度较高，口感中具有独特的铅笔屑味道，带有明显的覆盆子果香气。

··武弗雷··

武弗雷是都兰产区的核心区域，在卢瓦尔河的右岸，邻近都尔斯古城。武弗雷属大陆性气候，但也受到部分外大西洋的影响，有时会出现极端天气，因此，会影响当年葡萄果实的成熟度、甜度、酸度和采摘期，从而影响酒品的稳定性。

武弗雷主要出产白葡萄酒，有甜白、半甜白、干白、气泡等多种类型，其中以白诗南干白葡萄酒的产量最大，品质最有市场竞争力。但因为葡萄果实普遍酸度和单宁度高，所以大多数酒款要陈化至少10年。1936年，当地获得法国官方法定葡萄酒产地（AOC）认证。

··布尔格伊··

布尔格伊在都尔斯古城的西面、索米尔镇的东面，与希侬隔河相对。早在古罗马时期，这里就开始种植葡萄与酿酒。公元990年开始，进驻当地的布尔戈伊修道院的修道士、信众们开始规模化兴建葡萄园和酒庄。

布尔格伊土壤类型主要是石灰岩、砾石和冲积沙土，很适合品丽珠生长，当地主要的种植品种就是品丽珠。这里是卢瓦尔河谷地区为数不多的几个只生产红葡萄酒的法定产区之一，种植的葡萄品种除了品丽珠，也只有赤霞珠，出产的酒款约90%是红葡萄酒，约10%是桃红葡萄酒。出产的品丽珠干红葡萄酒是添加了10%的赤霞珠混酿制成的，品质上乘，结构均衡，口感酸爽宜人，带有明显的黑醋栗果、青辣椒等香气，属卢瓦尔河谷地区最好的红葡萄酒款之一。

·桑塞尔·

该产区在卢瓦尔河谷地区的东部、卢瓦尔河的左岸，早在 582 年就已开始酿酒，而真正规模化是 12 世纪，由当时位于圣·萨蒂（Saint–Satur）的奥古斯丁（Augustine）修道院的修道士们开启的，最初种植的葡萄品种是黑皮诺，直至 19 世纪遭受根瘤蚜虫病的毁灭性打击后，才全部转种长相思，仅有一些幸存的黑皮诺老藤葡萄树被保留至今。

桑塞尔属大陆性气候，受到大西洋季风与附近河流叠加形成的微气候的影响，天气变化较大，阴晴不定。为了防止积水浸泡葡萄藤的根茎，葡萄农们会在葡萄园里混杂、间隔种植一些较吸水的植物，以分流地表多余的水量。当地土壤类型以富含贝壳类化石的石灰岩、泥灰岩、燧石、黏土为主，结构复杂，有充足养分，极利于长相思白葡萄生长。这里总种植面积约 3000 公顷，除了少量黑皮诺，90% 都种植长相思。

1936 年，获桑塞尔得法国官方法定葡萄酒产地（AOC）认证，是国际酒界公认最优质的长相思葡萄酒产区，出产的长相思葡萄酒酒色金黄透亮，赏心悦目，口感平衡、耐品，散发有葡萄柚、柑橘类水果、白色花朵等香气，带有浓重的当地矿物质风味，被葡萄酒业界称颂为法国最优质的白葡萄酒款，并成为全球各地同类酒款的品质标杆。产区内有不少因长相思干白而蜚声国际的酒庄，如米洛特酒庄（Alphonse Mellot）、艾德蒙·瓦丹酒庄（Edmond Vatan）、弗朗索瓦·寇塔酒庄（Francois Cotat）等。

★主要种植的白葡萄品种：长相思

·普伊 - 富美·

普伊 – 富美位于卢瓦尔河上游的东面坡岸区域，与桑塞尔隔河相望，葡萄种植和酿酒史源于5 世纪，是由当地本笃会的修道士和信众们开启的，最初的葡萄园和酒庄面积约 40 公顷，被命名为"僧侣之居"（Loge aux Moines），这一名字沿用至今。产区地表覆盖着富含矿物质的石灰岩、泥灰石、燧石、黏土，适宜种植长相思白葡萄。现当地只种抗虫害能力较强的长相思一个品种，种植面积约 1500 公顷。

产区出产的长相思干白葡萄酒，口感细腻、酸爽，散发有金雀花、刺槐的香气，带有独特的火药燧石、烟熏肉等味道。标杆酒企是达格诺酒庄（Domaine Didier Dagueneau），老板迪迪耶·达格诺先生（Didier Dagueneau）曾于 2006 年被《品醇客》（*Decanter*）杂志评为全球十大杰出白葡萄酒酿酒师之一。1937 年，普伊 – 富美获得法国官方法定葡萄酒产地（AOC）认证。

★主要种植的白葡萄品种：长相思

汝拉 - 萨瓦

　　汝拉 – 萨瓦地区是法国众多葡萄酒产地中知名度最低的一个，位于法国最东部与瑞士接壤的边境区域，葡萄种植面积、葡萄酒产量都排在全国的末位。但这里却是法国著名的旅游景点，并因葡萄园风景迷人，色彩斑斓，获得了"法国唯一有颜色的葡萄酒产地"的美誉。

　　地区风土环境受邻近的汝拉山脉、索恩河、瑞士山区大片丛林的影响，冬季寒冷，夏季炎热，全年日照充足，当地的葡萄园大多建在坐南朝北的坡地上。

　　当地出产有白葡萄酒、红葡萄酒、桃红葡萄酒、起泡酒等多类酒款，其中以白葡萄酒的产量最大，占比 70% 以上。黄白葡萄酒（Vin Jaune）、稻草白葡萄酒（Vin de Paille）是当地特有的酒款。黄白葡萄酒口感浓重，香气四溢，带有明显的核桃、杏仁、蜂蜡等味道；稻草白葡萄酒酒色金黄，口感香甜，带有当地果酱、杏脯的风味，很有陈年潜力。

博若莱

　　博若莱地区在勃艮第地区的南边，里昂市的北边，索恩河的西岸，倚靠博若莱山的东麓，与罗纳河谷地区相邻，南北相距约 50 公里，东西跨度约 10 公里，葡萄种植的面积有近 2 万公顷。当地是典型的大陆性气候，夏季炎热湿润，冬季寒冷干燥，土壤类型主要是坚硬的花岗岩、风化的碎石、富含矿物质的硅土和稀松的黏土，很适合种植红葡萄品种。

　　当地种植的葡萄中以佳美红葡萄的产量最大，占比 80% 以上，最主要的酒款叫博若莱新酒（Beaujolais Nouveau），年产量有约两亿瓶，主要原料是佳美红葡萄，果实于每年 8 月份采摘，再使用二氧化碳浸渍法和半二氧化碳浸渍法，将葡萄果实中的酚类物质尽量多地萃取出来，整个浸渍、发酵、熟化成酒的过程不会超过两个月，以避免酒中含有过多的单宁成分和干涩味。博若莱新酒口感清新活泼，酸甜脆爽，果味浓重，带有当地红色水果、田菜花的香气，适合年轻时饮，不宜陈年。

　　1937 年，博若莱获得法国官方法定葡萄酒产地（AOC）认证。

★**主要种植的白葡萄品种：**霞多丽、阿里高特、灰皮诺

★**主要种植的红葡萄品种：**佳美、黑皮诺

★**十个产区：**布鲁依（Brouilly）、布鲁依丘（Cotes de Brouilly）、谢纳（Chenas）、希露薄（Chiroubles）、福乐里（Fleurie）、朱丽娜（Julienas）、风磨坊（Moulina Vent）、墨贡（Morgon）、雷妮（Regnie）、圣 – 阿穆尔（Saint-Amour）

该地区在法国的南部、地中海沿岸，葡萄种植区域从罗纳河一直延伸至比利牛斯山的西麓、法国与西班牙的边境。当地属典型的地中海气候，夏季炎热干燥，冬季温暖湿润，日照充足，全年气温不低于 0 摄氏度，四季多风，雨量充沛。土壤类型复杂多样，地表覆盖有鹅软石、沙岩、泥灰土、石灰岩、片岩、页岩、黏土、精细砂质土等多种土质。

这里是法国南部葡萄酒的代表性产地，有近 5 万公顷的葡萄园和 6000 多家酒企，成酒的年产量超过 20 亿瓶，占全法国的 30% 以上，出产酒款品质中等，价格低廉。

该地区主要种植的葡萄品种以歌海娜、西拉、白歌海娜、克莱雷为主，出产有干红葡萄酒、干型桃红葡萄酒、干白葡萄酒、甜红葡萄酒、甜白葡萄酒、起泡葡萄酒等多类酒款，其中以酒精度不高于 12% 的清爽型干红葡萄酒为主，产量占比超过 60%。

朗格多克 – 露喜龙于 2007 年成立了朗格多克葡萄酒行业协会（Conseil Interprofessionnel des Vins du Languedoc，简称 CIVL），将法定葡萄酒产地（AOC）的范围确定为由东比利牛斯省至加尔省之间的全部区域，2011 年又建立了一套当地自用的葡萄酒产业管理体系，新增了一些 AOC 制度中没有的条款。

该地特级葡萄园包括有米内瓦 – 拉里维尼(Minervois La Liviniere)、拉扎克 – 特拉斯(Terrasses du Larzac)、克拉普（La Clape）、科比埃 – 布特纳（Corbieres Boutenac）、圣西尼昂 – 罗格伯恩（Saint Chinian Roquebrun）、蒙彼利埃 – 格雷（Gres du Montpellier）、圣卢山（Pic-Saint-Loup）、派兹纳斯（Pezenas）等，这些特级园可以在酒标上的"Languedoc AC"字样旁加注朗格多克优秀葡萄酒（Grands Vins duLanguedoc）、朗格多克特级园（Grands Crus du Languedoc）等说明。

★**主要种植的白葡萄品种：**马卡贝奥、瑚珊、玛珊、白歌海娜、白玉霓、布布兰克、白匹克布、侯尔、图巴特、白佳丽酿、白特蕾、维欧尼、霞多丽、克莱雷

★**主要种植的红葡萄品种：**佳丽酿、歌海娜、西拉、神索、梅洛、赤霞珠、慕合怀特

★**主要的葡萄产区：**露喜龙（Roussillon）、朗格多克（Languedoc）、米内瓦（Minervois）、圣希尼昂（Saint-Chinian）、圣希尼昂 – 贝鲁（Saint-Chinian Berlou）、圣希尼昂 – 洛克布朗（Saint-Chinian Roquebrun），拉扎克 – 特拉斯（Terrasses du Larzac）、克拉普（La Clape）、圣 – 阿穆尔（Saint-Amour）

·露喜龙·

露喜龙是该地区最为重要、最有特点的产区，当地除了有出产各类主流葡萄酒款外，还有一

类与众不同的酒款，就是露喜龙天然甜葡萄酒（VDN）。露喜龙天然甜葡萄酒是一种加烈甜葡萄酒，酒精度很高，最低 15 度，细分有天然甜红、天然甜粉红、天然甜白等酒款，酿酒的原料全部是在当地夏季最炎热、最干燥的时段采收，以获取葡萄果实中的最高糖分，再采用"半发酵中断"的方法制酒，就是在葡萄原料发酵进程过半时就加入高度的、天然的葡萄酒精去杀死酵母菌，以停止原料的发酵并最大限度地保留原料中的天然糖分和甜度。其口感自然脆爽，甜而不腻，甘香异常，非常迷人，这个方法是由 13 世纪初当地著名的医生、农学家阿诺·德·维拉诺瓦先生（Arnau de Vilanova）研发的。

科西嘉

科西嘉地区在地中海的科西嘉岛，位于法国的普罗旺斯市与意大利的托斯卡纳市之间的海域。该岛自古希腊时期就已有"美丽岛"的别称，银白色的海滩，环绕着海岸的山脉，贯穿全岛的水流，自然景色十分壮观。这里还是拿破仑的出生地。

该地区属典型的地中海气候，日照充足，雨量充沛，四季大风，土壤类型因地处山麓而遍布花岗岩、片岩、褐色薄土，很适合种维蒙蒂诺、夏卡雷罗、涅露秋等来自意大利的品种，以及麝香、涅露秋、歌海娜、神索等地中海品种，其中以韦尔芒提诺与夏卡雷罗的产量最大，以涅露秋的品质最优秀。

当地葡萄种植和酿酒史悠久，19 世纪中期曾遭受葡萄根瘤蚜虫病的沉重打击，直至 20 世纪末才逐步恢复元气，重新发展。出产的葡萄酒类较多，但产量都不大，年产总量不足 2000 万瓶，红、白、桃红葡萄酒约各占 1/3，主要满足当地的市场需求。有梵尔芒蒂诺（Vermentino）、白玉霓（Ugni Blanc）、尼鲁销（Nielluccio）、西阿开兰路（Sciacarello）、巴尔雷斯（Barbarose）等品牌，具有一些国际知名度。

罗纳河谷

罗纳河谷地区在法国的东南部，位于里昂市与普罗旺斯市之间的狭长地带，北与勃艮第地区接壤，南临地中海，罗纳河穿区而过直通地中海。地区南北跨度大，因而风土环境差异较大。表现为北部属大陆性气候，冬季寒冷干燥，夏季风大多雨，土壤类型以花岗岩和砂土为主，葡萄园多建在罗纳河两岸的斜陡坡地上，梯状分布，适合种植白葡萄品种。南部属地中海式气候，冬季温暖湿润，夏季凉爽干燥，四季日照充足，雨量充沛，土壤类型主要是鹅卵石和冲积土，出产的葡萄果实糖分较高，酒款酒精度也较高，能达 16% 以上。

这里是法国酿酒葡萄种植面积第二大、红葡萄酒产量最大的产地，有 28 个法定葡萄酒产区、近万家酒企，葡萄种植面积共有约 7.5 万公顷，年产成酒近 4 亿瓶，约占法国总产量的 15%，其中红葡萄酒约 75%、桃红葡萄酒约 10%、白葡萄酒约 15%，产品行销全球。

当地种植的葡萄以歌海娜、西拉的产量最大，出产有干红、半干红、干白、甜白、桃红等多类酒款，品质都属上乘，是欧洲酒类市场的热销产品。

★**主要种植的白葡萄品种：** 白歌海娜、白玉霓、布布兰克、玛珊、瑚珊、维欧尼

★**主要种植的红葡萄品种：** 歌海娜、西拉、佳丽酿、慕合怀特、克莱雷

★ **10 个产区：** 拉斯多（Rasteau）、格里叶堡（Chateau Grillet）、科尔纳斯（Cornas）、瓦给拉斯（Vacqueyras）、克罗兹 – 埃米塔日（Crozes Hermitage）、罗第丘（Cote Rotie）、埃米塔日（Hermitage）、博姆 – 德沃尼斯（Beaumes de Venise）、吉恭达斯（Gigondas）、教皇新堡（Chateauneuf du Pape）

·拉斯多·

该产区位于罗纳河谷南部的奥朗热镇与罗纳河的支流欧维泽河的两岸，属典型的地中海气候，四季温热，日照猛烈，以致当地出产的葡萄果实的糖分很高，出产的酒款的酒精度也偏高，很利于酿出优质的自然甜酒。

产区的葡萄园多建在海拔 150 米以上的南向河岸坡地上，以减弱密斯特拉北风的侵刮，地表覆盖的是含有石灰岩、泥灰岩、砾状砂岩的红色黏土，排水性能优良，很适合歌海娜红葡萄的生长。当地葡萄的种植面积有近千公顷，成酒的年产量有近 400 万升，主要是歌海娜、西拉与慕和怀特的混酿干红，占比 60% 以上，歌海娜是这款酒的主料，为酒款提供了平衡的结构与厚重的酒体，西拉与慕和怀特的合计含量不能高于 20%，能为酒款加深酒色，增加单宁，添加果味花香。

2010 年，拉斯多获得法国官方法定葡萄酒产地（AOC）认证。拉斯多产区出产的自然甜葡萄酒很有特点，是用 90% 的歌海娜与白歌海娜、灰歌海娜、黑歌海娜混酿制成，当地的酿酒师们会在原料发酵半程时，加入高度葡萄蒸馏酒精去杀死酵母菌，终止发酵，以尽量多地保留酒液中的糖分，之后再入桶陈化起码一年后才能装瓶饮用，口感香甜浓郁，带有黑色水果、胡椒、干木皮等气息。

★**主要种植的白葡萄品种：** 白歌海娜

★**主要种植的红葡萄品种：** 歌海娜、灰歌海娜、西拉、慕合怀特、佳丽酿

·格里叶堡·

格里叶堡在罗纳河的右岸，地跨罗纳圣米歇尔和维林两个镇集，葡萄种植面积仅有约 5 公顷，是法国规模最小的葡萄酒产区。产区属地中海气候，全年受由北而来的密斯托拉风吹袭，日照充足、雨水较多，土壤以富含云母质的花岗岩、沙土为主。当地只种植维欧尼白葡萄一个品种，葡萄园

里全部都是树龄 40 年以上葡萄藤，果实产量很小，成酒年产量也很少，仅有 1 万多瓶。因此，这里也只出产维欧尼单品干白一种酒，用细长的棕色酒瓶盛装，外观独特，容易辨识。其口感酸爽、粘柔，散发有杏子、桃子的气息，陈年后会更饱满、粘稠，还会发展出油脂的香味，很有陈年潜力，甚至能达 10 年以上。因为品质出众，产量太小，所以市场售价比其他地方出产的同类产品高。1936 年，格里叶堡获得法国官方法定葡萄酒产地（AOC）认证。

·科尔纳斯·

科尔纳斯在北罗纳河谷区域，罗纳河的右岸，西望法国中央高原。产区属地中海性气候，日照充足，雨量充沛，地表覆盖的是被当地称为"戈尔"的混合土质，含有花岗岩、石灰岩、沙质黏土等成分。葡萄园建在海拔 200 米以上的河岸坡地上，种植面积仅有约 150 公顷，全部种植西拉红葡萄，成酒的年产量只有 100 万瓶左右，是罗纳河谷地区一个规模很小的精品红葡萄酒产区。

当地的葡萄种植和酿酒历史悠久，早在 10 世纪出产的西拉单品干红葡萄酒就已是欧洲不少皇族的宫廷御用酒款。酒色深浓，几近黑色，酒体饱满，口感强劲，带有水果、胡椒、甘草等复合香气，有很强的陈年能力，可达数十年，随着长年熟化酒款更醇厚，酒精度更高，酸度更平衡，单宁更诱人，还会演变出烤肉、动物皮毛、麝香、松露等气息，非常耐品。

1938 年，科尔纳斯获得法国官方法定葡萄酒产地（AOC）认证。

★**主要种植的红葡萄品种：**西拉

·瓦给拉斯·

瓦给拉斯地处南罗纳河谷区域的沃克吕兹省，位于当黛儿德蒙米埃尔山的西麓。当地属地中海气候，炎热多雨，密斯托拉风的四季吹拂，能适当调节温度和湿度，降低葡萄藤染病的风险。这里的葡萄园都建在奥维兹河两岸的梯状冲积坡地上，地表覆盖的是裹含鹅卵石、沙质的泥灰土。葡萄的种植面积约有 1500 公顷，种植的葡萄以黑歌海娜、歌海娜、西拉、慕和怀特为主。

产区早在公元前 2 世纪就开始葡萄种植和酿酒，历经 1000 多年至法国大革命时期达到鼎盛期，于 1955 年被法国酒业管理部门划入罗纳河谷丘产区，于 1967 年被评定为罗纳河谷村庄级子产区。如今成酒的年产量约有 1000 万瓶，以红葡萄酒为主，占比 90% 以上，余下的是白葡萄酒和桃红葡萄酒。出产的歌海娜混酿红葡萄酒，得益于当地独特、矿物质丰富的风土条件，品质非常优秀，主要原料是黑歌海娜、歌海娜，配料是不超过 40% 的西拉、慕和怀特，酒色深浓，黑中透红，口感强劲，口味丰富，带有黑樱桃和当地矿物质的香气，经陈年后会更显酒款的粗犷风格。

1990 年，瓦给拉斯获得法国官方法定葡萄酒产地（AOC）认证。

★**主要种植白葡萄品种：**白歌海娜、玛尔维萨、瑚珊、玛珊、维欧尼、克莱雷

★**主要种植的红葡萄品种：**黑歌海娜、歌海娜、西拉、慕合怀特、佳丽酿、神索

·克罗兹 - 埃米塔日·

克罗兹－埃米塔日位于罗纳河左岸的德龙省，是罗纳河谷地区北部最大的葡萄酒产区，葡萄种植区域涵盖 11 个镇集。产区属大陆性气候，同时受地中海较大影响，冬季冷凉干燥，夏季大风多雨，全年日照充足。葡萄园多建在河岸旁或缓或陡的坡地上，呈梯形分布，当地的土壤类型复杂多样，主要是花岗岩、混有鹅卵石的红色黏土和混有高岭石的黄白沙土，适合种植西拉红葡萄。

产区种植面积有近 1800 公顷，成酒的年产量约有 1500 万瓶，主要是西拉混酿干红葡萄酒，占比 90% 以上，余下的是用玛珊、瑚珊混酿制成的干白葡萄酒。出产的西拉干红葡萄酒，是以西拉红葡萄与不超 15% 的玛珊白葡萄、瑚珊白葡萄混酿制成，口感平衡，果香浓郁，略有动物皮革、当地香料的风味，适合至少桶陈 3 年后饮。

1937 年，克罗兹－埃米塔日获得法国官方法定葡萄酒产地（AOC）认证。

★**主要种植白葡萄品种：** 瑚珊、玛珊

★**主要种植的红葡萄品种：** 西拉

·罗第丘·

罗第丘在罗纳河谷地区最北端的丘陵地带，包括金丘、棕丘等区域，属大陆性气候，夏季炎热多雨，冬季干燥风大。土壤类型复杂多样，遍布片岩、片麻岩、花岗岩、石灰石、铁矿石、云母土、棕色壤土等复合土质。产区的葡萄种植区域全部都在海拔较高、陡坡很大的梯田上，每块葡萄园都筑有低矮石墙以防水土流失，那些连片密布的古老石墙成为了当地的标志性景观。

罗第丘在 2000 多年前已是欧洲主要的葡萄酒集散地之一，至文艺复兴时期最为兴盛，后因葡萄根瘤蚜菌灾害而遭受毁灭性的打击，至 20 世纪 80 年代初才逐渐复活力。

产区葡萄种植面积约有 300 公顷，种植的品种全部是西拉和维欧尼，成酒全部是红葡萄酒款，年产量约有 250 万瓶，是罗纳河谷地区唯一使用西拉红葡萄与维欧尼白葡萄混酿制造红葡萄酒的法定产区。酿造此类酒款时，当地的酿酒师们会将约 90% 的西拉、约 10% 的维欧尼混合在一起同时发酵，再一起入桶熟化，而不是分别酿制后再勾兑、混合，这种做法使维欧尼的作用发挥到了极致，能为酒款增加青橄榄、紫罗兰、白胡椒等独特芳香，极大地提升了酒款的优雅魅力。

吉佳乐世家酒庄（E. Guigal）是当地的标杆酒企，其生产的朗德（La Landonne）、图克（La Turque）两个酒款，都要经新橡木桶陈年至少 3 年才能装瓶上市。其口感纯美平衡，曾被美国著名的酒评家罗伯特·帕克（Robert Parker）在葡萄酒大赛中给予满分的最高评价，而酒庄的老板马赛尔·吉佳乐先生（Marcel Guigal），也曾于 2006 年被《醇鉴》（Decanter）杂志评选为"年度最佳酒业经营者"。

1940 年，罗第丘获得法国官方法定葡萄酒产地（AOC）认证。

★**主要种植白葡萄品种：** 维欧尼

★主要种植的红葡萄品种：西拉

·埃米塔日·

埃米塔日位于罗纳河左岸的德龙省，地跨丹－埃米塔日、克罗兹－埃米塔日和拉海娜等镇集，东西相距约 5 公里。产区属地中海气候，日照充足，四季大风，葡萄园都建在南向的河岸坡地上，以减弱凛冽北风对葡萄藤的伤害。其土壤类型主要是花岗岩、云母片岩、片麻岩、冲积沙土。

当地曾经参加阿尔比十字军的战士退役回乡时被皇室册封为当地的地主，在他的主导下当地开始种植酿酒葡萄和酿酒，并逐步形成规模。产区葡萄的种植面积约 140 公顷，种植有西拉、玛珊、瑚珊等品种，成酒的年产量约 80 万瓶，其中 70% 以上是红葡萄酒，余下的是白葡萄酒和稻草酒。

出产的红葡萄酒，是用西拉与不超过 20% 的瑚珊、玛珊混酿制成，口感突出，风格鲜明，带有黑色水果、当地香料和紫罗兰的气息，如经陈年，口感会变得圆润、精致。白葡萄酒，则是用玛珊、瑚珊两种白葡萄对半混酿制成，口感紧致、柔顺，散发有白桃、杏子、榛子的香气，陈年后会发展出奶油、当地蜂蜜的味道，陈年能力很强，能达 10 年以上。

产区出产的稻草葡萄酒（Straw Wine），产量不大但很有特色，是将刚采收的玛珊白葡萄平放在干稻草上，经过几十天的日晒，自然风吹直至干透后才进行发酵、熟化而成，口感香甜滑腻，适合佐餐，带有坚果和当地蜂蜜的香气。一直以来，当地不少酒款都是法国优质葡萄酒的代表之一，曾受俄国沙皇尼古拉二世（Nicolas II）、法王路易十三（Louis XIII）、法王路易十四（Louis XIV）等欧洲旧时君主的偏好。

产区内有不少具有高国际知名度的葡萄园、酒庄，如巴萨德特级园（Bessards）、埃米塔特级园（L'Ermite）、米拉园酒庄（Le Meal）、歌飞园酒庄（Les Greffieux）、慕赫园酒庄（Murets）、多尼尔特级园（Donniers）等。

1937 年，埃米塔日获得法国官方法定葡萄酒产地（AOC）认证。

★主要种植白葡萄品种：玛珊、瑚珊

★主要种植的红葡萄品种：西拉

·博姆－德沃尼斯·

博姆－德沃尼斯在罗纳河谷地区的南部、蒙米拉伊山脉的山麓，属地中海气候，四季温暖潮湿，阳光充足，在蒙米拉伊山脉的遮挡下，风灾较少，全年多雨。其土壤类型复杂多样，主要有源自三叠纪时期的褐色黏土，源自白垩纪时期的泥灰质与石灰岩和源自侏罗纪时期的泥灰沙土，富含铁质，养分充足，蓄水性佳，十分适合种植耐热的歌海娜。

2005 年 6 月，博姆－德沃尼斯获得法国官方法定葡萄酒产地（AOC）认证。产区葡萄种植面积有约 700 公顷，种植的葡萄以歌海娜的产量最大。成酒的年产量约 500 万瓶，其中 95% 以上是红葡萄酒款，是用歌海娜与西拉、慕合怀特、佳丽酿、布布兰克、神索等品种混酿制成，酒色深红，酒体饱满，口感迷人，果味浓郁，带有甘草的香气，桶陈3年以上会演变出动物皮革、磨菇的味道。

子产区麝香–博姆–德沃尼斯（Muscat de Beaumes de Venise）很独特，只种植小粒白麝香、小粒黑麝香两个品种，并只出产用这两种葡萄混酿制成的天然加强型甜白葡萄酒，原料果实的含糖量须达到250克/升以上时才能采收，要在原料发酵过程过半时，加入高纯度葡萄蒸馏酒精以终止原料的发酵并尽量多地保留酒液中的糖分、甜度，同时将酒液的酒精度提升至15%以上以达到加强酒的效果，再一并入桶熟化、陈年。此类酒款酒色金黄，镶有粉红色酒圈，酒精度、酸度、甜度都偏高，带有浓郁、活泼的花香，口感强劲，刺激十足，回味悠长。

★**主要种植的白葡萄品种：** 小粒白麝香、小粒黑麝香

★**主要种植的红葡萄品种：** 歌海娜、西拉、慕合怀特、布布兰克、神索、佳丽酿

★**主要的子产区：** 麝香–博姆–德沃尼斯（Muscat de Beaumes de Venise）

·吉恭达斯·

吉恭达斯在罗纳河谷南部的沃克吕兹省奥朗日市的东边，属地中海性气候，炎热，多雨，大风，蒙米拉伊山脉对全区的风土影响很大，加之密斯托拉风四季吹拂，当地有独特的微气候环境出产的葡萄与众不同。葡萄种植区域分布在河岸坡地上和蒙米拉伊山麓的沟壑间，土壤是混杂沙石的红色冲积黏土和包含石灰岩的泥灰黏土。种植面积约1300公顷，成酒的年产量约有700万瓶，几乎都是红葡萄酒。

产区出产的红葡萄酒，是以歌海娜为原料与不超20%的西拉、慕合怀特混酿而成，口感平衡，风味集中，香气丰富，带有樱桃、草莓、黑醋栗果等新鲜水果的味道，陈年后会使酒体更饱满，口感更浓郁，并发展出松露、烤肉、森林地表的气息，品质更上乘。产量很小的桃红干葡萄酒也特点鲜明，是用歌海娜酿成，口感鲜美，带有当地香料的气息，适合年轻时饮用。

★**主要种植的红葡萄品种：** 歌海娜、西拉、慕合怀特

·教皇新堡·

罗纳河谷地区国际知名度最高的产区是教皇新堡，其名字源于教皇克莱蒙五世（Pope Clement V），他即位后将教廷定在阿维尼翁市，当地的葡萄酒产业因此兴盛，产区也被命名为"教皇新堡"。

该产区属地中海性气候，冬季温和，夏季炎热，全年日照充足，密斯托拉风的四季吹拂，为当地的葡萄藤起到了很好的降温作用。产区南北跨度较大，葡萄种植区域内的土壤类型也因地而异：南边以鹅卵石、沙砾、红色壤土为主，适合种植红葡萄品种，果实品质优秀；中段以石灰岩、

黏土为主，适合种植白葡萄品种，果实品质上乘但产量不大；北端以碎石、细沙、黄色黏土为主，种植的都是红葡萄品种，但果实的品质比南边的稍次。

产区葡萄种植面积超3000公顷，种植的葡萄约18种，其中产量最大的是歌海娜，成酒的年产量有约2000万瓶，其中90%以上是红葡萄酒，其余的是白葡萄酒。出产的歌海娜红葡萄酒有单品也有混酿，是当地产量最大的酒款，多使用旧橡木桶陈酿，酒体饱满，口感浓重，散发有浓郁的当地香料气息，美誉度很高，酒款的酒标上印有辨识度很高的教皇三冠、双叉钥匙等标志。白葡萄酒则主要是用瑚珊、白歌海娜、克莱雷等品种酿制，个性突出，结构均衡，果味浓郁。

1933年，当地获得法国官方法定葡萄酒产地（AOC）认证。产区内的著名酒企有稀雅丝酒庄（Chateau Rayas）、博卡斯特尔庄园（Chateau de Beaucastel）、拿勒酒庄（Chateau La Nerthe）、帕普酒庄（Clos des Papes）、佩高酒庄（Domaine du Pegau）等。

★**主要种植白葡萄品种：**瑚珊、布布兰克、匹格普勒、瓦卡瑞斯

★**主要种植的红葡萄品种：**歌海娜、西拉、慕合怀特、神索、克莱雷、密思卡丹、古诺瓦兹、黑特蕾

普罗旺斯

普罗旺斯位于法国南部地中海与阿尔卑斯山脉之间，东端通过蔚蓝海岸与意大利接壤，西边与罗纳河谷地区相邻，东西相距约200公里。地区属地中海式气候，炎热，风大，日照充足，周围有群山环绕与密斯托拉风吹拂，当地也具有山地气候的特征，阴晴不定。西北部多山，有峭坡，土壤主要是石灰岩和薄土，水土流失严重，土壤贫瘠；东部地势平缓，土壤类型以有色斑岩、晶状壤土为主，略为肥沃。

当地葡萄种植面积约有3万公顷，种植的葡萄以歌海娜、侯尔产量最大，成酒的年产量有近2亿瓶，约占法国总产量的5%，其中以桃红葡萄酒的产量最大，占比超80%，其余的是红葡萄酒、白葡萄酒、起泡酒，当地是法国最重要的桃红葡萄酒生产基地，其生产的桃红葡萄酒在全国同类酒款总产量中占比超40%。

出产的桃红葡萄酒是用歌海娜、神索、堤布宏、佳丽酿等品种混酿制成，其中的歌海娜是主要原料，含量高于70%，能为酒款提供饱满的酒体和浓香的口感；神索是当地的原生葡萄品种，能为酒款提供新鲜水果的香气；堤布宏也是当地特有的红葡萄品种，能帮助酒款平衡结构，使口感更精致、细腻；佳丽酿能为酒款调和酒色，增添矿物质风味。

出产的白葡萄酒常使用的原料有侯尔、白玉霓、克莱雷、赛美蓉、布布兰克等品种，其中侯尔的使用量最大，侯尔是来自意大利利古里亚地区的白葡萄品种，能为酒款赋予饱满的酒体、柑橘梨子等水果口味。白玉霓是源于意大利托斯卡纳地区的古老白葡萄品种，果实颗粒饱满、多汁，能帮助酒款调节过重的口味，提供清新气息。克莱雷是当地的传统白葡萄品种，能为酒款赋予独特的当地香料气息。赛美蓉白葡萄能帮助酒款增浓酒色，添加蜂蜜的香气。布布兰克白葡萄

免疫力很强，对当地的极端天气、病虫害都有很强的抵抗力，并能为酒款增加精致、细腻的口感。

★**主要种植的白葡萄品种：**侯尔、白玉霓、克莱雷、赛美蓉、布布兰克

★**主要种植的红葡萄品种：**西拉、歌海娜、神索、堤布宏、慕合怀特、佳丽酿、赤霞珠

★**十个主要葡萄产区：**贝莱（Bellet）、邦多勒（Bandol）、埃克斯丘（Coteaux d' Aix en Provence）、普罗旺斯丘（Cotes de Provence）、瓦尔丘（Coteaux Varois de Provence）、圣－维克多（Sainte-Victoire）、拉隆德（Lalonde）、弗雷瑞斯（Frejus）、皮耶尔雷弗（Pierrefeu）、波城（Les Baux de Provence）、卡西斯（Cassis）、派勒特（Palette）、皮耶尔瓦赫（Pierrevert）

·贝莱·

贝莱在普罗旺斯地区东北部的尼斯山丘，是法国最小的法定产区（AOC）之一，是个非常有特色的微型葡萄酒产区，种植的葡萄品种和出产的酒款都很有特点，很受追捧。产区因地处山麓，夏季有冷凉的山风帮助降温，又因冬季有暖湿的海风帮助保温，以致当地的气候比普罗旺斯地区的其他产区都更平衡，出产的果实品质也因此更稳定、更优质。当地的葡萄园的面积不大，仅有约 40 公顷，全部建在海拔 200 米以上的山坡区域，种植的葡萄品种以黑福尔黑皮葡萄最特别，其生长规律与众不同，在每年 8—10 月的果实成熟阶段，依然会有新果陆续从已采摘的葡萄藤上结出并迅速成熟。

产区出产白葡萄酒、红葡萄酒、桃红葡萄酒等酒款，品质都属上乘，年总产量被官方规定不能超 10 万瓶，其中白葡萄酒的产量稍大，品质更有特点，是以侯尔与霞多丽、布布兰克等白葡萄品种混酿制成，酒色浓黄，口感厚重，果香四溢，散发有当地蜂蜜、香蕉皮的气息。产区出产的红葡萄酒、桃红葡萄酒主要用料都是布拉格、黑福尔、神索、歌海娜等红葡萄品种，有单品也有混酿，都具有清新靓丽的风格，口感脆爽怡人，果香张扬，适合年轻时饮。

★**主要种植的白葡萄品种：**侯尔、维蒙蒂诺、霞多丽、皮内罗洛、慕斯卡德、布布兰克

★**主要种植的红葡萄品种：**神索、歌海娜、黑福尔、布拉格

·邦多勒·

邦多勒在土伦市的西郊约 16 公里处，南滨地中海，北靠圣维克托尔山，是普罗旺斯地区的标志性产区。受地中海、海岸山脉、远处的圣博姆高原、西方的圣塞尔山脉等因素的叠加影响，气候复杂多变，土质丰富多样，使得当地种植的葡萄果实成熟度都很高，品质都很优秀。

产区成酒的年产量约 500 万瓶，其中桃红葡萄酒约占 60%，红葡萄酒约占 30%，白葡萄酒约占 10%。出产的桃红葡萄酒由慕合怀特、歌海娜、神索等品种混酿制成，品质出众，口感柔和，

结构均衡，带有当地香料与矿物质的风味。红葡萄酒主要是用含量至少60%的慕合怀特与歌海娜混酿制成的酒款，风格刚烈，口感强劲，酒精度偏高，香气明显，年轻时带有樱桃、甘草、鲜花的风味，陈化后能发展出雪茄烟草、动物皮革、当地矿物质的气息，是法国酒类市场的一款热销产品。

1941年，当地获得法国官方法定葡萄酒产地（AOC）认证。

★**主要种植的白葡萄品种：**布布兰克、克莱雷、白玉霓、长相思

★**主要种植的红葡萄品种：**慕合怀特、神索、歌海娜

·埃克斯丘·

埃克斯丘临近地中海，在普罗旺斯地区西北部的海岸冲积盆地中，四周遍布海岸山岭和丛林。产区属典型的地中海式气候，夏季炎热干燥，冬季温暖湿润，时有极端天气出现。

产区葡萄种植的面积有约4000公顷，种植的品种以西拉、神索、歌海娜等红葡萄品种为主。成酒年产量有近2000万升，其中约80%是桃红葡萄酒，约10%是红葡萄酒，约10%是白葡萄酒。出产的桃红葡萄酒原料成分复杂，用量比例平均，是用西拉、神索、歌海娜、慕合怀特、古诺瓦兹、赤霞珠等多个红葡萄品种混酿制成，在法国同类产品中个性很鲜明，辨识度很高，酒色淡粉，口感紧致，结构丰富，果味浓郁，香气四溢，宜年轻时、冰镇后饮。

★**主要种植的白葡萄品种：**维蒙蒂诺、克莱雷、白歌海娜、长相思

★**主要种植的红葡萄品种：**西拉、神索、歌海娜、赤霞珠、佳丽酿

———————— 西南 ————————

西南地区是法国的第五大葡萄酒产地，它北邻波尔多地区，西濒大西洋，在多尔多涅河、加龙河的上游两岸，有多条河流穿区而过，包括多尔多涅河、加龙河、塔恩河、洛特河等，密布的河道为当地划分出大大小小过百个葡萄酒产区。

因受大西洋、河流、河岸山地等多重因素的影响，当地具有海洋性气候和大陆性气候的双重特征，夏季炎热干燥，冬季寒凉潮湿，四季日照充足，时有暴风骤雨。其土壤类型也因为地形地貌的复杂而多种多样，适合种植各种品类的酿酒葡萄。

当地的葡萄种植和酿酒史可追溯到公元前1世纪。至古罗马帝国时期已发展得十分兴盛，后因招波尔多地区的地方产业保护政策打压，被迫将本地的成酒全部交由波尔多地区的酒商包销，并冠以对方的产地标识，直到本地开通了铁路运输线，才获得自主发展的新生。

埃克斯丘的葡萄种植面积有超5万公顷，红葡萄中以赤霞珠、白葡萄中以长相思的产量最大。西南地区出产有干红、半干红、干白、半甜白、桃红半甜、起泡、微起泡、加强型、贵腐甜白等各类葡萄酒产品，年总产量超5亿瓶，其中五成以上是白葡萄酒类。

★**主要种植的白葡萄品种：**赛美蓉、昂登、长相思、白玉霓、蒙哈维尔、赛美蓉、白诗南、密思卡岱、兰德乐、白莫扎克、白卡拉多、大满胜、小满胜、阿芙菲雅、白克莱雷、巴罗克、库尔布

★**主要种植的红葡萄品种：**赤霞珠、梅洛、西拉、丹娜、品丽珠、马尔贝克、梅瑞乐、杜拉斯、佳美、内格瑞特、阿布修、黑普鲁内拉、神索、黑福儿、莫泽格、黑皮诺、黑满胜、露泽、拉菲亚、黑库尔布、费尔莎伐多

★**主要的葡萄产区：**加亚克（Gaillac）、贝尔热拉克（Bergerac）、蒙巴兹雅克（Monbazillac）、马迪朗（Madiran）、瑞朗松（Jurancon）、卡奥尔（Cahors）

·加亚克·

加亚克是法国最古老的酿酒葡萄种植地之一，当地在古罗马时期以前就已有相关的史料记载。产区在阿尔比市的塔恩河两岸区域，同时因处于大西洋、地中海之间地带，全年都受贯通两洋的欧丹季风的吹拂，形成了有独特的微气候环境，尤其是每年4—10月的天气非常干爽，十分益于当地葡萄藤的结果、成熟与防菌。其土壤类型随地形地貌的不同而复杂多样，塔恩河左岸区域以鹅卵石、砾石、沙土为主，适合种植红葡萄品种；塔恩河右岸区域以石灰岩、沉积黏土为主，适合种植白葡萄品种；科代高地区域以石灰岩、碎石、薄土为主，适合红葡萄品种的生长。

产区葡萄种植面积有近4000公顷，种植的葡萄以杜拉斯、费尔莎伐多和西拉的产量最大。成酒的年产量约有5000万瓶，其中约60%是红葡萄酒，约25%是白葡萄酒，其余15%是桃红葡萄酒、起泡酒、微起泡酒、加亚克新酒、传统晚收甜酒等多类酒款的合计。出产的红葡萄酒主要用料是杜拉斯、费尔莎伐多、西拉、赤霞珠、品丽珠、梅洛、佳美等品种，有单品也有混酿，酒款普遍具有质朴厚重、果味浓郁、带有当地香料气息等特征。白葡萄酒则主要是用兰德乐、莫扎克、密斯卡岱等当地传统品种混酿制成，原料成分平均，酿酒工艺原始，口感脆爽，香气四溢，带有当地草本植物、胡椒的气息。加亚克新酒（Gaillac Primeur）是用佳美红葡萄制成，发酵、熟化等过程用时短，口感活泼、跳脱，适合佐餐，适合年轻时饮。微起泡酒（Vin Blanc Fraicheur Perlee）是用莫扎克白葡萄酿成，口感清新宜人，消热解暑，带有明显的青苹果和青梨香气。

★**主要种植的白葡萄品种：**兰德乐、莫扎克、密斯卡岱

★**主要种植的红葡萄品种：**杜拉斯、费尔莎伐多、西拉、赤霞珠、品丽珠、梅洛、佳美

·贝尔热拉克·

贝尔热拉克在多尔多涅河的两岸，与波尔多地区的西端接壤，葡萄园密布，田园风光迷人，

素有"波尔多后花园"的美称,是西南地区的重要葡萄酒产区。

产区属海洋性气候,全年日照充足,月均时长能达 200 小时,为葡萄的光合作用提供了优越条件。春季温暖,很利于葡萄芽的发育、生长;夏季炎热干燥,能促进葡萄果实的完全成熟,并使各种内在成分、风味更为浓缩。

产区种植的葡萄以梅洛的产量最大,出产的酒类产品中约 60% 是红葡萄酒,约 30% 是白葡萄酒,约 10% 是桃红葡萄酒。红葡萄酒的原料主要是梅洛、赤霞珠、品丽珠、马尔贝克等品种,酒款中有单品也有混酿,品质优秀,尤其是子产区贝尔热拉克丘(Cote de Bergerac)的产品,堪比顶级。白葡萄酒与桃红葡萄酒的主要用料都是赛美蓉、长相思、密斯卡岱、白诗南等白葡萄品种,全部是混酿酒款,均有口感细腻柔滑,果味浓郁,香气四溢的特点。

★**主要种植的白葡萄品种:**赛美蓉、长相思、密斯卡岱、昂登、白诗南

★**主要种植的红葡萄品种:**梅洛、赤霞珠、品丽珠、马尔贝克

★**主要的子产区:**贝尔热拉克丘(Cote de Bergerac)

·蒙巴兹雅克·

蒙巴兹雅克在西南地区的多尔多涅河的河谷区域,是法国著名的甜白葡萄酒法定产区。早在 16 世纪初就已是欧洲有名的优质甜葡萄酒生产基地。当地属海洋性气候,夏季炎热大风,冬季温暖多雨,秋季虽然日照充足,但晨雾很重,空气湿度很高,极利于葡萄藤上贵腐菌的繁殖,因此当地能出产优质贵腐甜酒。

贵腐甜酒年产量约有 700 万瓶,是用赛美蓉、长相思、密斯卡岱等品种混酿制成,口感浓郁滑腻,酒精度、甜度、酸度搭配均衡,回味持久,带有蜂蜜、香草、杏仁等香气,陈年后会有奶酪、坚果等气息。1936 年,当地获得法国官方法定葡萄酒产地(AOC)认证。

★**主要种植的白葡萄品种:**赛美蓉、长相思、密斯卡岱

·马迪朗·

马迪朗在比利牛斯山的山麓区域,与瑞朗松产区相邻,是西南地区的优质红葡萄酒产区。产区属海洋性气候,同时受比利牛斯山的影响,四季日照充足,雨量充沛,温热潮湿,土质成分主要有石灰岩、鹅卵石、泥灰土、黏土等。葡萄园多建在山麓的陡坡上,葡萄种植面积约有 1500 公顷,种植的葡萄以丹娜的产量最大。

产区葡萄酒的年产量约 1500 万瓶,全部是丹娜干红酒款,有单品也有混酿,因为丹娜红葡萄的单宁含量很高,为减弱成酒中的生涩感,酿酒原料在压榨、发酵前要进行脱梗处理,而且必须要使用新橡木桶进行熟化。出产的丹娜红葡萄酒品质上乘,风格突出,口感饱满、醇厚,带有车厘子、烤面包和当地香料的浓郁香气,适合陈年后饮。

1948 年，当地获得法国官方法定葡萄酒产地（AOC）认证。

★**主要种植的红葡萄品种：**丹娜、品丽珠、赤霞珠、费尔莎伐多

·瑞朗松·

瑞朗松在波城市的南郊、比利牛斯山的西麓，是西南地区的优质白葡萄酒产区。当地属海洋性气候，同时受比利牛斯山和流经当地的阿罗恒河与波河的影响，夏季炎热干燥，冬季寒凉潮湿，全年日照充足，雨量充沛，土壤主要是硅质岩、鹅卵石、冲积黏土，适合种植白葡萄品种。

葡萄的种植面积约有 1300 公顷，种植的葡萄以大满胜、小满胜的产量最大。产区只出产干白、甜白葡萄酒，年产量共有约 1000 万瓶，主要原料是大满胜、小满胜，配料是库尔布、白卡拉多、露泽等。产区出产的白葡萄酒款包括干型（Dry）、半甜型（Moelleux）、甜型（Liquoreux）、晚收甜型（Vendanges Tardives）等，都具有口感细腻精致、花香明显、回甘持久等特征，品质优秀、市场美誉度很高。

★**主要种植的白葡萄品种：**大满胜、小满胜、库尔布、白卡拉多、露泽

·卡奥尔·

卡奥尔在卡奥尔市的市郊，洛特河的两岸，是西南地区的优质红葡萄酒产区，葡萄种植和酿酒的历史非常悠久，当地出产的红葡萄酒颜色深浓，呈墨黑色，极少见，拥有已申请了专利保护的"黑酒"特称，是当地顶级酒款的典型标志与专用标识。

产区属海洋性气候，秋季会受来自地中海的欧丹季风吹袭，同时具有一些地中海气候的特征，葡萄种植区域的地形地貌是以被洛特河冲积、冲刷而成的凹凸状峡谷坡地为主，加上多变的天气、冬暖夏凉的气温、充分的光照、充足的水源、成分复杂的土质，使当地拥有了非常益于出产优质葡萄果实的独特风土天赋。

产区的葡萄种植面积约 4500 公顷，种植的绝大部分是红葡萄品种，出产的成酒年产量约 3000 万瓶，95% 以上是马尔贝克红葡萄酒，有单品也有混酿。卡奥尔产区出产的马尔贝克单品干红，是当地的最优酒款，酒色深浓，酒体扎实，结构均衡，口感诱人，回味悠长，带有黑皮水果和当地香料的复合风味，陈年能力很强并能逐渐生成松露、甘草、森林地表植被等气息。

出产的马尔贝克混酿干红，是以马尔贝克为主料与不超 30% 的梅洛、丹娜、黑福儿混酿制成，其中的梅洛可为酒液增加果味和香气，丹娜可为酒液增加单宁、糖分和酒精度，黑福儿可为酒液增加颜色和矿物质风味。酒款的风格很鲜明，辨识度很高，口感强劲有力，结实饱满，带有水果、咖啡豆、薄荷、矿物质等复杂气息，品质上乘，余味耐品，适合陈年后饮。

★**主要种植的红葡萄品种：**马尔贝克、梅洛、丹娜、黑福儿

格鲁吉亚
Georgia

格鲁吉亚曾被视为葡萄酒酿造的发源地，它地处欧洲，在外高加索地区的中西部，境内多为山地，北部地区是大高加索山脉。种植区域在北纬41—43度、东经40—46度，当地气候从亚热带到温带，西部年降水量为1000—4000毫米，东部年降水量为300—600毫米。这样的气候很适合种植葡萄，夏季阳光充足，冬季温和无霜。这里的天然泉水十分丰富，溪流富含矿物质，土壤有红土、黄土、黑土等，适合栽培各类植物。

当地有一种叫"maglari"（当地术语）的独特种植方式，即将葡萄藤附着在其他水果树的树干上，让葡萄和其他水果一起挂果，交杂出各种风味。这里的葡萄酒酿造工艺也很独具特色，很多酒庄至今仍沿用着当地最传统的"克韦夫利"（Kvevri）酿酒法，用大陶罐深埋在地下，用以发酵和贮存葡萄酒，这种用土封存陶罐的方式可以储存葡萄酒超过50年。当地几乎每个家庭也都自酿葡萄酒。

格鲁吉亚出产的葡萄酒有甜型酒、半甜型酒、半干型酒、干型酒、加烈酒、起泡酒等各种类型，其中半甜型酒最受欢迎。最著名的葡萄酒有1907年的赫万奇卡拉（Khvanchkara），1933年的奥贾列希（Odjaleshi），1942年的金兹玛拉乌里（Kindzmarauli），1943年的乌萨赫洛乌里（Usakhelouri）、1958年的阿赫申尼（Akhasheni）、1977年的阿拉赞山谷（Alazani Valley）。

阿哈申尼是一款天然的半甜型红葡萄酒，是用阿哈申尼葡萄园的晚红蜜葡萄酿成，呈深石榴红，口感柔滑，伴有巧克力的味道。赫万奇卡拉是一款天然的半甜型红葡萄酒，是用赫万奇卡拉地区的葡萄园栽种的亚历山卓葡萄、莫图里葡萄混酿制成，是其国内最受欢迎的半甜型葡萄酒之一。此外，还有一种葡萄酒当地叫Lelo（类似波特酒），用来自泽斯塔帕尼、泰尔焦拉、巴格达蒂、瓦尼等地的吉斯卡和索利格乌里葡萄混酿制成，颜色金黄，果香充盈。

★**主要种植的白葡萄品种：**白羽、琴纳里、基西、西克维、卡赫基、密卡胡里、卡胡里—姆茨威瓦尼、卡尔特里、骑士卡、索利格乌里、卡胡娜

★**主要种植的红葡萄品种：**晚红蜜、萨佩丽、莎乌卡托、莎卡维里、塔夫克、奥茨卡努利－萨佩丽、莫图里、泽莎维、优艾罗、欧嘉乐士、莎卡维里

★**主要葡萄产区：**卡赫基（Kakheti）、卡尔特里（Kartli）、伊梅列季（Imereti）、拉恰—列其呼米（Racha-Lechkhumi）、黑海沿岸（Black Sea Coastal）

·卡赫基·

该产区在格鲁吉亚东南部，气候温和，土壤主要是褐土和粘土，营养不足，钙质丰富。栽种葡萄藤时需深挖，才能防止因水分和有机物流失而造成营养缺乏。这里是格鲁吉亚最主要的葡萄产区，全国约 2/3 的葡萄酒产于这里，这里的葡萄以特有的味道和香气闻名，主要生产卡赫基口味的高档葡萄酒。

★主要的子产区：希达 – 卡赫基（Sita Kakheti）、加列 – 卡赫基（Galie Kakheti）

★主要的小产区：茨南达里（Tsinandali）、科瓦雷利（Kvareli）、纳帕列乌里（Napareuli）、瓦济苏巴尼（Vazisubani）、穆库扎尼（Mukuzani）、阿哈申尼（Akhasheni）、古尔贾尼（Gurjaani）、卡尔杰纳希（Kardanakhi）、提巴阿尼（Tibaani）、金兹玛拉乌里（Kindzmarauli）、玛纳维（Manavi）、蒂里阿尼（Teliani），科特基（Kotekhi）

·卡尔特里·

该产区包括木特克瓦里谷地、哥里和木赫兰低地之间的地区，属大陆性气候，夏天干热，年均降水不超过 350—500 毫米，葡萄园需浇灌。产区主要种植的葡萄有可伊西、姆茨瓦涅、布介沙乌里、其奴里、果卢里，主产法国风味的红葡萄酒、白葡萄酒、起泡酒、白兰地等，这里所产的葡萄酒常以欧洲方式灌装。

★主要的子产区：克维莫—卡尔特里（Kvemo Kartli）、什达—卡尔特里（Shida Kartli）、梅斯赫季（Meskheti）

·伊梅列季·

该产区位于格鲁吉亚西部，包括里沃尼、克维里拉等河流谷地，有潮湿的温带气候和充足的雨水。产区出产的主要是伊梅列季口味的红葡萄酒、白葡萄酒、起泡酒、白兰地等。

★主要的子产区：泽莫 – 伊梅列季（Zemo Imereti）、舒阿 – 伊梅列季（Shua Imereti）、克韦莫 – 伊梅列季（Weimer Imereti）

·拉恰 - 列其呼米·

该产区位于格鲁吉亚西部，主要生产高品质半甜葡萄酒，如赫万奇卡拉、乌萨赫洛乌里、特维希等。

★主要的子产区：克维莫—拉恰（Kvermo Racha）、列其呼米（Lechkhumi）

·黑海沿岸·

该产区位于黑海沿岸地区，属亚热带气候，空气湿润，葡萄有较长的生长周期。葡萄园主要分布在海拔 400—800 米高度。古利亚和萨梅格列罗地区曾是格鲁吉亚最古老的葡萄酒产业的中心，有悠久的酿酒历史。

★**主要的子产区：**古利亚（Guria）、阿扎尔（Hazard）、萨梅格列罗（Samegrelo）、阿布哈兹（Abkhazia）

G

德国
Germany

德国的葡萄酒历史非常悠久，可以追溯到罗马帝国统治时期。当时罗马军队在长期驻地周围开垦葡萄园，酿酒以供应给军队或一些宗教活动使用，那时起，德国境内便遍布葡萄园。

德国地处北纬47—55度、东经6—15度，是全球最北的产酒国，常年受大西洋海流影响，年均气温9摄氏度左右，莱茵河流通全境，河道两岸常会产生浓雾，对于低温天气有一定的调节作用，形成了独特的风土环境。

因为德国的年均气温偏低，境内大部分地区只适合种植喜凉的白葡萄品种，主要是雷司令，全球公认最好。除白葡萄品种外，德国境内也少量种植红葡萄品种，如黑皮诺、丹菲特、葡萄牙人等。

★主要种植的白葡萄品种：雷司令、米勒－图高、西万尼、肯纳、巴克斯、施埃博、琼瑶浆、灰皮诺

★主要种植的红葡萄品种：黑皮诺、丹菲特、葡萄牙人、特罗灵格、莫尼耶皮诺、莱姆贝格

★主要葡萄产区：摩泽尔（Mosel）、莱茵高（Rheingau）、法尔兹（Pfalz）、莱茵黑森（Rheinhessen）、阿尔（Ahr）、那赫（Nahe）、巴登（Baden）、弗兰肯（Franken）、黑森林道(Hessisiche Bergstrasse)、中部莱茵(Mittelrhein)、萨勒－温斯图特(Saale-Unstrut)、萨克森（Sachsen）、符腾堡（Wurttemberg）

·摩泽尔·

该产区是德国名气最大、产量排名第三的葡萄酒产地。这里涵盖摩泽尔河的两岸区域和汉斯塔克山与埃菲尔山之间的峡谷地带，北端至莱茵河交汇处，南端至德国与卢森堡的国界，摩泽尔河、萨尔河和乌沃河等河流穿行全境。气候受大西洋影响，冬季寒冷，夏季均温低于18摄氏度，春秋两季易遭受霜冻。土壤类型多样，下摩泽尔河谷地带主要是黏土质板岩、硬砂岩；中摩泽尔河谷地带主要是泥盆纪板岩、砂质土壤、多砾石土壤；上摩泽尔河谷地带主要是介壳石灰岩和黄土。

最早的葡萄园是公元2世纪的时候由罗马军队在摩泽尔河与莱茵河之间的驻地特里尔村周围的山丘上开建的。公元4世纪的时候，当地的葡萄种植业、酿酒业已发展得很繁盛，葡萄藤遍地

都有。这里全部葡萄园都建在河岸两旁坡度很大的斜坡上，葡萄藤都是人工种植的，而且要独立引枝栽种才能在陡坡上存活，农工们及生产工具都要使用安装在高坡顶部的绞盘链条才能上上下下，这类田间作业都非常困难，所以葡萄果实和酒的成本比其他产地的高很多。

摩泽尔葡萄种植面积共有近万公顷，拥有单一品种葡萄园 500 多座，是德国酒界公认的最佳白葡萄酒产地。当地种植的葡萄品种 90% 以上是白葡萄，产量最大的是雷司令。酿制的雷司令白葡萄酒品质优异，芳香馥郁，爽口诱人；米勒 - 图高白葡萄酒酸度自然，口感平实，带有当地矿物质风味；老藤艾伯灵起泡酒酸度很高，美味激爽，带有淡淡花香，大部分的酒款都是用绿色的直型瓶子盛装。

萨尔河子产区内的伊贡穆勒酒庄（Egon Muller）生产的白葡萄酒款是全世界最精致、价格最昂贵的。除了伊贡穆勒酒庄外，摩泽尔还有不少国际知名度很高的酒企，如露森酒庄（Dr. Loosen）、普朗酒庄（Johann Josef Prum）等。

摩泽尔除了有单一品种葡萄园（Einzellage）出产的优质白葡萄酒外，还有大量由小型混种葡萄园生产的廉价餐酒，这些酒款通常会在酒标上标注大种植园（Grosslage）、产区（Bereich）等字样。

★**主要种植的白葡萄品种：**雷司令、米勒 - 图高、艾伯灵、肯纳、巴斯克

★**主要种植的红葡萄品种：**斯贝博贡德（德国黑皮诺）

★**主要的子产区：**科赫姆（Cochem）、伯恩卡斯特（Bernkastel）、鲁尔（Ruwertal）、萨尔（Saar）、上摩泽尔区（obermosel）、摩泽尔入口（Moseltor）

·莱茵高·

该产区在莱茵河畔，虽然葡萄的种植面积不大，葡萄酒产量仅在全国占比不到 3%，却在德国的酒界占有极重要地位，是世界著名的高端白葡萄酒的出产地。

该产区的葡萄种植和酿酒史非常久远，始于公元 983 年。当地第一座葡萄园是由查理曼大帝下令开建的，当时管辖该地区的美因茨市政府还规定，当地只能种植红葡萄品种，埃伯巴赫修道院对当地葡萄酒产业的成长有很大影响。1116 年，奥古斯汀教徒、本笃会的修道士们强占了埃伯巴赫修道院，在周边区域大肆开垦葡萄园；1135 年，西多会的修道士们接管了埃伯巴赫修道院，很快换种他们带来的黑皮诺葡萄苗，并将他们积累的技术、经验也带到当地。12 世纪末，这里葡萄种植区域已延伸到陶努斯山一带，至 13 世纪中期，发展成现在的规模。

1435 年，卡岑奈伦博根的约翰四世伯爵，违反当时官方规定，在莱茵高地区自有领地内改种人们陌生的白葡萄品种雷司令，几年后酿出当地的第一批雷司令白葡萄酒并大获成功，酒质非常优秀，迅速受到当地市场的追捧与其他人的效仿，很快，这款酒便成了德国高品质白葡萄酒的代表。

1775 年，莱茵高地区的圣约翰修道院的修道士们，偶然发现葡萄成熟后如果迟采摘，果实

就会因滋生贵腐菌而腐烂，用这些已开始腐烂的葡萄果实酿出的酒款，口感很独特，非常好喝，遂将其称之为"贵腐酒"。

1867 年，德国的农学家弗里德里希·威廉·邓克尔伯格（Friedrich Wilhelm Dunkelberg），在他的《拿桑葡萄酒》一书中，详细描绘了该产区的葡萄种植情况，并将当地的葡萄园分成一级园、二级园、普通园，后来被当地官方采用，成为德国葡萄酒产业最早的官方分级制度。

产区地理环境很特别，贯穿德国全境的莱茵河流经当地时，形成了一个长达 20 公里的"L"型河湾，在这段河岸的周围形成了不规则的冲积平原、湿地、山丘、高坡等各类地型地貌。土壤类型多种多样，坡地上的主要是褐色板岩、黄土、黏土；河谷地带的主要是砂岩、冲积土、黏土；霍赫海姆镇周围主要是黄土、沙土；温克尔村、特维尔村之间区域主要是砾石、黏土、黄土；洛尔希村、吕德斯海姆村之间区域主要是黏土、板岩。

当地葡萄园多建在莱茵河右岸的坡地上，坐北朝南，有充足日照，使葡萄藤、果实免受低温伤害。因为降雨多，年量达 600 毫米以上，加上在北部陶努斯山影响下经常出现浓雾，这样的环境恰好适合贵腐菌的形成，因此，当地在雾期长的年份出产的贵腐葡萄酒带有独特的浆果风味。

现有葡萄种植面积近 5000 公顷，其中白葡萄占约 85%，当中又以雷司令产量最大，红葡萄品种中斯贝博贡德的产量最大。产区出产的雷司令白葡萄酒成熟饱满，风味十足，尤其是坡地出产的酒质更是精细。贵腐酒用全新橡木桶熟化，酸度紧致，香气浓郁，带有当地的风土质感。不少当地的传统酒商有着很高的国际知名度，如约翰内斯堡酒庄（Schloss Johannisberg）等。值得一提的是，当地的盖森海姆大学的葡萄种植与葡萄酒酿造学院深度影响了德国葡萄酒产业发展。

★**主要种植的白葡萄品种：**雷司令、米勒－图高、艾伯灵、肯纳、巴斯克

★**主要种植的红葡萄品种：**斯贝博贡德

·法尔兹·

该产区是德国葡萄酒产量第二大的产地，北靠莱茵黑森地区，西南毗邻法国。这里属类地中海气候，温暖湿润，日照充足，少有霜冻，周围山脉环绕，并在该地区投下了雨影，因此当地局部地区有适合葡萄生长的微气候。其土壤主要是壤土、黄土、白垩土、黏土、有色砂岩、沙土等。

产区有两个子产区，300 多个葡萄园、酒庄，所有的顶级葡萄园都位于山脚下的狭长地带。葡萄种植面积共约 3 万公顷，种植的葡萄以雷司令、丹菲特产量最大。出产的雷司令白葡萄酒口感丰富，高贵雅致；丹菲特红葡萄酒会用橡木桶熟成，酸甜均衡，口味鲜美；葡萄牙人红葡萄酒果味明显，顺滑易饮，多作为普通餐酒使用。

法尔兹素有"德国葡萄酒走廊"的美誉，随处都是美丽的自然风光和历史悠久的古堡庄园、村镇农舍，葡萄酒旅游为其带来了很大经济效益。

★**主要种植的白葡萄品种：**雷司令、米勒－图高、艾伯灵、肯纳、西万尼、施埃博

★**主要种植的红葡萄品种：**丹菲特、葡萄牙人、琼瑶浆

·莱茵黑森·

该产区是德国葡萄种植量和葡萄酒产量最大的产地，也是德国出口量最大的产地。其葡萄种植史始于古罗马时代，是由查理曼大帝颁令启动的，到了8世纪的时候发展成德国葡萄酒产量最大、交易最活跃的生产基地和贸易中心。

产区处在由莱茵河大湾道形成的河谷中，西边靠近那赫河，南边接壤哈尔特山脉，主要是山丘地貌，葡萄园都建在起伏的坡地上。这里气候凉爽，干燥少雨，葡萄种植区域常需人工灌溉以补充水分。土壤主要是黄土、石灰石、壤土、细沙、砾石，形成的土层结构的蓄热性良好，能助当地的葡萄根免受霜冻的伤害。

在整个葡萄酒产区中，白葡萄种植面积最大的是子产区莱茵梯田（Rhine Terrace），因为覆盖着红色板岩，所以也被称作"红坡产区"；红葡萄种植面积最大的是殷格翰子产区（Ingelheim）。主要种植的葡萄以米勒－图高、西万尼产量最大，也是目前世界上西万尼葡萄种植量最大的产地。出产的米勒－图高白葡萄酒口感柔和，酒体适中，散发着优雅的气质；西万尼白葡萄酒口味丰富、香气四溢，陈年后的口感更复杂、深沉。

当地出口量最大的酒款是圣母之乳（Liebfraumilch）半甜葡萄酒，酒的名字来源于沃尔姆斯村的圣母教堂，当地的167个产酒村都生产该款酒，其中最有名的品牌是创建于1921年的蓝仙姑（Blue Nun）圣母之乳半甜葡萄酒。这里还有全球第一个酿制雷司令葡萄酒的约翰山酒庄（Schloss Johannisberg）。

德国葡萄酒分级制度有日常餐酒、地区餐酒、高级葡萄酒（QbA）、优质高级葡萄酒（QmP）4个级别。在优质高级葡萄酒级别中，再按酒款甜度分为小房酒（Kabinett）、迟摘葡萄酒（Spatlese）、精选葡萄酒（Auslese）、逐粒精选葡萄酒（Beerenauslese）、枯果精选葡萄酒（Trockenbeerenauslese）、冰酒（Eiswein）6个级别。

★**主要种植的白葡萄品种：**米勒－图高、西万尼、雷司令、施埃博、肯纳、巴克斯

★**主要的子产区：**莱茵梯田（Rhine Terrace）

·阿尔·

该产区在阿尔河旁莱茵板岩山的边缘，地处北纬51度，是全球最北的红葡萄酒产地。当地的葡萄种植区域从马林塔尔一直延伸到林茨附近的莱茵河口，跨度约30公里。葡萄园大部分建在阿尔河中游和下游两岸的河谷山丘上，当地一种特殊的类地中海式的河谷微气候条件很利于红葡萄的生长和完全成熟，每年结出的果实都十分优质。土壤主要是板岩、玄武岩、火山岩、杂砂岩、黄土、黏土，这类结构的土层有蓄热、保温作用，有益于葡萄藤的根植。

早在罗马帝国时代，这里就开始种植葡萄，主要出产红葡萄酒，虽然规模不大，但素有"德国红葡萄酒天堂"的美誉。产量最大的斯贝博贡德酿制的红葡萄酒，入口丝滑柔顺，但酒劲热烈，

极具个性。

★**主要种植的红葡萄品种：** 斯贝博贡德、黑皮诺、葡萄牙人、雷司令

·那赫·

早在 2000 多年前，那赫就有了由当时罗马统治者们开建的葡萄园，当地的默其艮村，在 778 年时已是德国有名的葡萄酒出产村。

那赫位于在摩泽尔和莱茵河之间的洪斯吕克山，境内有那赫、格兰、阿尔森茨、松瓦德等多条河流穿行而过。葡萄园大多分布在各条河流的两岸和巴特克罗伊茨纳赫溪流的北边与西边。土壤主要是火山岩、风化岩、红板岩、黏质板岩、亚黏土、黄土、砂土等。得益于这样的风土环境，产区气候平衡温和，鲜有寒风霜冻，阳光充足，降雨不多，当地种植的葡萄能拥有较干燥的生长环境与充分的成熟期，非常适宜种植雷司令、米勒－图高、西万尼等白葡萄品种，产出的葡萄果实和葡萄酒款都非常优秀。

产区种植的葡萄以雷司令、米勒－图高、斯贝博贡德的产量最大，出产的雷司令白葡萄酒非常精美，芳香馥郁，带有辛辣口感；米勒－图高、西万尼的混酿白葡萄酒酒体丰满，酸甜均衡，带有当地泥土和矿物质的气息；斯贝博贡德红葡萄酒，轻盈易饮，适于佐餐，具有地中海风格。

从 20 世纪初开始，雷司令成为当地产量最大的酿酒葡萄品种，酿制的酒款品质也越来越好，并成功跻身德国顶级葡萄酒的行列，近些年雷司令更是在德国葡萄酒产业的舞台中心，成为德国高价酒款之一。自 1971 年产区获得德国官方的法定产区认证以来，当地除了一些大型酒企外，还吸引了不少年轻的酿酒师、农学家、经营者前来加盟、投资，涌现出很多精品葡萄园和酒庄。

★**主要种植的白葡萄品种：** 雷司令、米勒－图高、西万尼
★**主要种植的红葡萄品种：** 丹菲特、斯贝博贡德、葡萄牙人

·巴登·

该产区是德国的第三大葡萄酒产地，在陶伯尔河河谷中北部、黑森林的附近，其葡萄种植区域从海德堡覆盖至瑞士边界的博登湖，与法国的阿尔萨斯产区隔河相望，是德国跨度最大的葡萄酒产地，南北纵伸达 400 多公里，也是位于最南端的葡萄酒产地。

这里日照时间很长，是德国最温暖的区域，常被喻为"德国的普罗旺斯"。产区座落在死火山带上，境内各处的地面上都覆盖有富含矿物质的老火山灰，当地土壤中的其它成分还有砾石、石灰石、黏土、火山岩、介壳石灰等。

产区葡萄种植史可追溯到冰河世纪，那时候当地就已有野生葡萄生长。从公元 2 世纪开始，野生葡萄越长越多，从康斯坦茨湖一直向北蔓延，至 16 世纪已遍布当地的各个村镇。当时用野生葡萄酿出的酒款酒液明亮，口感强劲，十分利于健康。其产量也很大，除了能满足当地需求外，

还会通过船运销售到莱茵河沿岸的其他地区。这里是德国人均葡萄酒消费量最高的地区，每年达53瓶之多。

当地种植的葡萄品种以斯贝博贡德、米勒－图高、古特德的产量最大，出产的红葡萄酒品质非常优秀，是德国有名的高价酒款产地。斯贝博贡德红葡萄酒口感强劲，香气扑鼻；灰皮诺红葡萄酒酒体丰满，甜美芬芳；威斯堡格德红葡萄酒酸度平衡，单宁结实；桃红葡萄酒（Weissherbst）口味独特，明亮诱人；古特德白葡萄酒轻盈柔和，适合净饮；琼瑶浆白葡萄酒口感辛辣、刺激，酒精度偏高。

产区内名气最大的子产区凯泽施图尔（Kaiserstuhl），位于干弗赖堡市的北部，以弗莱堡附近莱茵河东岸的密集火山群为中心，出产例如斯贝博贡德、格劳伯根、威斯堡格德等德国最好的红酒。这里约90%葡萄酒是由著名的大型酒庄贝德舍·温泽凯勒（Badischer Winzerkeller co-co.）生产的，剩下的由小型独立生产商生产的酒款大都品质又好又有意思。

★**主要种植的白葡萄品种：**雷司令、米勒－图高、格劳伯根（灰皮诺）、古特德、琼瑶浆

★**主要种植的红葡萄品种：**斯贝博贡德、威斯堡格德（黑皮诺）

★**主要的子产区：**凯泽施图尔（Kaiserstuhl）

·弗兰肯·

该产区在巴伐利亚州的西北部，法兰克福的东边，距莱茵河约65公里，这里的葡萄种植史始于1000多年前。至中世纪晚期，当地已是德国第二大葡萄产地，种植面积近50公顷，后来葡萄园多数毁于德国与捷克的战争中，历经几十年，才又缓慢复种。

产区地型复杂，在米腾贝格的萨特山脉区域，土壤类型多种多样，主要是风化的原始岩和有色砂岩。在中央区域主要是介壳灰岩、片麻岩；在东部靠近斯泰格尔森林的区域，则主要是花岗岩、云母岩、石膏土、淤泥。这里属大陆性气候，又兼地中海气候，夏天炎热干燥，冬天寒冷潮湿，降雨较多，早霜持久，因河流而形成的局部微气候对葡萄生长起到保温、保湿的作用，能帮助果实完全成熟。

弗兰肯种植的葡萄以米勒－图高产量最大，出产的米勒－图高干白葡萄酒，紧致朴实，缺乏香气但口感硬朗，常装在圆形矮瓶中（该包装已于1989年获得欧盟专利保护，只允许当地的酒款使用）。

★**主要种植的白葡萄品种：**米勒－图高、西万尼、巴克斯、肯纳

★**主要的子产区：**美因戴翰艾克（Maindreieck）、主要广场（Mainviereck）、斯坦格瓦尔德（Steigerwald）

希腊
Greece

古希腊是西方文明的发源地，在祭祀、祈祷、婚礼、葬礼等各种场合都有葡萄酒的影子。公元前7世纪到罗马时代，可以说是希腊葡萄酒的辉煌时期。中世纪时，深受宗教影响，很多农户也开始种植葡萄，到了8世纪，葡萄酒已成为希腊最重要的农副产品。

希腊是一个位于北纬34—42度之间的山地国家，平地很少，只有近海岸和奥林匹斯山麓的小坡地才适合葡萄种植。大部分地区是地中海气候，冬季短暂，夏季炎热，只有小部分地区是大陆性气候，四季凉爽。产区内有很多高低不平的山脉，对一些极端天气起到了一定的调节作用。土壤有黏土、壤土、片岩、泥灰岩、砂质黏土、白垩土等多种，底层土是石灰岩或火山岩。希腊的葡萄种植面积有13万公顷，葡萄酒年产量40多万吨。

★**主要种植的白葡萄品种：**阿斯提可、阿斯瑞、艾达尼、拉格斯、玛尔维萨、玫瑰妃、罗柏拉、荣迪思、托阿斯、白麝香

★**主要种植的红葡萄品种：**艾优依提可、黑喜诺、曼迪拉里亚、黑月桂

★**主要的葡萄产区：**伯罗奔尼撒（Peloponnese）、爱琴群岛（Aegean Islands）、中部（Central Greece）、伊奥尼亚岛（Ionian Islands）、伊庇鲁斯（Epirus）、马其顿王陵（Macedonia）、色萨利（Thessalia）、色雷斯（Thrace）

·伯罗奔尼撒·

该产区的酿酒史可以追溯到7000年以前的古希腊和古罗马时期，尼米亚酒庄（Nemea）出产的福来神（Fliasion）葡萄酒就是伯罗奔尼撒葡萄酒的代表。

在半岛的北部地区有3个官方划分的子产区，最北的子产区是佩特雷（Patras），以麝香、黑月桂甜葡萄酒而出名；东北部的子产区是尼米亚（Nemea），酿酒历史悠久，本土葡萄是艾优依提可；中部的子产区是曼提尼亚（Mantinia），葡萄酒以芳香出名。

★**主要的子产区：**佩特雷（Patras）、尼米亚（Nemea）、曼提尼亚（Mantinia）

匈牙利
Hungary

匈牙利自古是葡萄酒生产大国，有"昔日酒王"的美誉。著名的都凯甜酒托卡伊（Tokaji），是欧洲皇室贵族最喜爱的酒款之一。随着东欧的政改风潮、产业私营化和外资的流入，匈牙利葡萄酒产业有了更好的发展条件。

匈牙利地处中欧喀拉巴阡山盆地，四周环山，是典型的大陆性气候，夏季酷热，冬季严寒。西部的巴拉顿湖是欧洲最大的湖泊，巴拉顿湖和新锡德尔湖有助于产区气候的调节，使当地的葡萄生长期变长，果实更加成熟。匈牙利东部的喀尔巴阡山脉，保护了大部分葡萄园区免遭冷风的侵袭，对当地的气候、风土有重要的影响。秋季的匈牙利阴霾的天气持续，恰好可以酿制矜贵的贵腐甜酒。北部、中西部地区盛行白葡萄酒，那里的传统干白酒色金黄，有胡椒辛辣味，口感浓烈。

用哈斯莱威路葡萄酿制的托卡伊奥苏（Tokaji Aszu）甜酒，香气充足，入口柔润，有清新桃子的味道。匈牙利的蓝茎（Keknyel）白葡萄酒产量很小，酒体丰厚浓郁，口感饱满。用产自巴拉顿湖地区的灰皮诺葡萄酿造的酒款，干爽纯正，品质极好。用匈牙利的传统品种卡达卡酿造的卡达卡（Kadarka）单品酒，酒体柔软，口感辛辣。

★**主要种植的白葡萄品种:** 富尔民特、哈斯莱威路、威尔士雷司令、伊尔塞奥利维、蓝茎、麝香、科尼耶鲁、泽菲尔、津芳德尔

★**主要种植的红葡萄品种:** 卡法兰克斯、卡达卡、品丽珠、兹威格、葡萄牙人、蓝佛朗克、可梅多克、蓝布尔格尔

★**主要葡萄产区:** 托卡伊(Tokaji)、马特拉(Matraalja)、埃格尔(Eger)、塞克萨德(Szekszard)、维拉尼（ Villany–siklos ）

·托卡伊·

托卡伊在首都布达佩斯东北部约200公里处，靠近匈牙利与斯洛伐克、乌克兰等国的界域。它位于托卡伊山麓，背靠着喀尔巴阡山脉，在海拔457米的高原上，拥有得天独厚的地理位置。这里冬季寒冷多风，春季凉爽干燥，夏季炎热，秋季雨量丰富，土壤以粘土为主，山麓地带也有粘土和黄土结合的土壤，这些都为出产高品质葡萄提供了优越的生态条件。

托卡伊的葡萄种植面积近 6000 公顷，拥有很多酒庄，专产特供欧洲王室、贵族品尝的极品

佳酿，托卡伊也因此成为欧洲葡萄酒贸易的中心之一。

当地用富尔民特葡萄酿造了世界最好的甜白葡萄酒"托卡伊奥苏"。作为匈牙利的"国酒"，这款酒甜润醇美，芳香四溢，酒液晶莹剔透呈琥珀色，具有高酸度、高甜度，有很强的陈年能力，极为与众不同。

托卡伊贵腐甜白葡萄酒，是用留在葡萄藤上自然干缩腐烂的富尔民特葡萄与哈斯莱威路葡萄混酿制成。富尔民特葡萄容易发生珍萎现象，高糖高酸；哈斯莱威路葡萄能赋予酒款平滑的口感和极富个性的回甘。正是这两种葡萄品种的结合，酿出了托卡伊奥苏葡萄酒这款神奇的佳酿。

★**主要种植的白葡萄品种：**富尔民特、哈斯莱威路、小粒白麝香

·马特拉·

马特拉在匈牙利东北部的珍珠市，距首都布达佩斯 80 公里。它位于多瑙河冲积平原，被包裹在群山之中，多瑙河从斯洛伐克南部流入匈牙利，横穿整个产区，提供了充足的水资源。那里是沉睡过千年的火山群地带，遍地都是富含微量元素、肥沃的玄武岩颗粒、火山岩、凝灰岩、黄土的混土壤。

产区虽然位于温和的欧亚大陆性气候区，同时也受地中海气候和大西洋气候的影响，四季多风、潮湿，西部的阿尔卑斯山脉与东北部的喀尔巴阡山脉，阻挡了来自欧洲三个方向的强风侵袭，保障了产区内的葡萄生长所需的温和、稳定的气候条件。当地的葡萄园主要在海拔最高的马特拉山的南麓，种植面积达 7000 公顷，卡达卡葡萄是主要种植的品种。葡萄酒年产量 1 亿多升，马特拉葡萄酒被欧盟组织选为重要会议指定用酒，是匈牙利的一个标志。

产区有一个建于 1276 年、欧洲最长的马特拉酒窖。里面拥有几百个 1 万升以上的橡木桶，最大的是 2.5 万升，藏有很多储存过百年的酒款。当地特殊的地理位置、气候及火山爆发后形成的沉积岩地貌，使得马特拉酒窖内的火山岩壁、橡木桶、葡萄酒瓶上，衍生出一种黑色的像丝绸一样光滑的"葡毛"，这是马特拉陈年葡萄酒的特征，也是马特拉陈年葡萄酒优质、高贵的标志。这里还有一个当地的传说被刻在 2.5 万公升的巨型橡木桶上。传说 700 多年前马特拉有三个美丽纯洁的少女，被法国侵略者拘禁在黑暗的酒窖中，侵略者逼迫她们赤裸着身体踩榨葡萄酿酒，她们最终酿出了异常美味的葡萄酒。少女的传说、"葡毛"的岩壁，使马特拉酒窖成为了匈牙利一个独特的风景点。

★**主要种植的白葡萄品种：**卡达卡、威尔士雷司令、灰皮诺、琼瑶浆，麝香

·埃格尔·

埃格尔古城是匈牙利的一个历史英雄城市，位于布达佩斯东北 130 公里，临近埃格尔河。产区在布克山、马特拉山等矮山环绕中，起到了免遭季候风和来自喀尔巴阡山脉寒风侵袭的作用。

大陆性气候使得产区夏季炎热，冬季常降大雪。土壤上层主要是黑色的流纹岩，下层是中新世流纹岩、黏土、板岩和流纹岩。

产区葡萄种植面积约 6000 公顷，多建于比克山脉的南面山坡上，大多数的葡萄园集中在美人谷（Szepassony Volgy）。葡萄园区的两侧是匈牙利北部高地最美丽的景区，有着"匈牙利艺术珍宝""匈牙利雅典"之称，共有 170 多处世界遗迹保护点和建筑。

这里是著名的"公牛血"（EgriBikaver，又叫 Bull's Blood）葡萄酒的故乡。"公牛血"这个名字，源于 1552 年的一场由土耳其苏莱曼大帝发动的侵略战争，当时率军抵抗的匈牙利军官为了鼓舞士气，战前给士兵提供了大量红酒，酒后的士兵们果然斗志高昂，像公牛般，结果大败土耳其军队，从此，这款红酒的"公牛血"之名流传至今。该红葡萄酒色浓味醇，口感饱满，是由几种葡萄混酿调配而成的。

★**主要种植的白葡萄品种：**灰皮诺

★**主要种植的红葡萄品种：**卡达卡、蓝布尔格尔、赤霞珠、品丽珠、梅洛、可梅多克、兹威格

·塞克萨德·

塞克萨德在匈牙利西南部的托尔瑙州首府，位于欧里阿什山东北麓的山丘上，临近希欧河畔，东北面距布达佩斯 128 公里，以出产红酒闻名。产区属温暖的大陆性气候，光照强度高，日温差大，在这种环境下生长的卡达卡葡萄，既能保留高酸度和充足香气，也能完全成熟。

产区除了红葡萄酒，也有出产少量白葡萄酒，多是用威尔士雷司令、霞多丽葡萄酿制的，这些酒款要在高质量的匈牙利橡木桶中熟成。

★**主要种植的白葡萄品种：**威尔士雷司令、霞多丽

★**主要种植的红葡萄品种：**卡达卡、梅洛、品丽珠

·维拉尼·

维拉尼位于多瑙河市的西侧，处在匈牙利与克罗地亚的边界上，距托卡伊 400 公里，距修普伦和费尔特湖 240 公里。产区地处北纬 46 度，海拔约 90 米，属地中海气候，是匈牙利气候最炎热、日照最多的产区，夏季干燥，葡萄生长期较长，果实能够充分成熟。土壤主要是黄土，混杂着红色黏土和棕色森林土，底层土是石灰岩。在 1987 年这里曾被官方授予"匈牙利葡萄酒之乡"的称号，这跟当地优秀的地理风土条件分不开。

产区主要种植红葡萄，占比超过 70%，主要出产红葡萄酒，酒款普遍呈深宝石红色，有着馥郁的香气，酒体丰满，单宁丰富，酒精度高，最出名的酒款是由品丽珠、赤霞珠酿制的，芳香浓郁，味道浓厚，口感宜人。除此之外，也出产少量的白葡萄酒，较出名的一个酒款叫"Siklos"，是用欧拉瑞兹琳、特拉米尼、奥托奈麝香等葡萄混酿制成。

★**主要种植的白葡萄品种：**灰皮诺、欧拉瑞兹琳、特拉米尼、奥托奈麝香

★**主要种植的红葡萄品种：**卡达卡、葡萄牙人、卡法兰克斯、赤霞珠、品丽珠、梅洛、兹威格

印度境内仅有几个地区符合酿酒葡萄的种植条件，主要集中在西南部的马哈拉施特拉邦（Maharashtra）、卡纳塔卡邦（Karnataka）等地，那里的萨哈亚德里山脉是高止山脉的西段，海拔较高，气候温和，是印度最适合种植葡萄的区域。

印度冬季最低温度8℃，夏季最高温度45℃，在葡萄的生长期6—8月，非常炎热，季风盛行，雨量很大。葡萄产区都处于热带气候区，大多建在海拔较高的山坡和山腰上，这样既可以减弱高温的伤害，还能免受大风的侵袭。大多数葡萄产区都需要人工灌溉，滴灌的方式从20世纪80年代开始应用。产区的土壤类型很多样，有由沙土、风化岩石形成的各种复杂土壤。

这里种植的葡萄藤大多数是由葡萄园主们从欧洲引进的抗根瘤菌的葡萄藤嫁接而成，再铺上覆富含养分的混合土壤，采用科学的种植管理方式，把葡萄拖离地面以防止沾染真菌，加上蓬盖又可使葡萄果实免遭晒伤、风害，还用支架扩大葡萄藤之间的垄隙，通过定时剪裁枝叶，控制葡萄的结果数量，以保证葡萄果实的品质。葡萄园一般在每年9月手工收摘果实，每年有170万吨的葡萄产量，大部分用于制成葡萄干，仅有很少量用于酿制葡萄酒。印度主要生产酒体厚重的加强型葡萄酒以及用传统工艺酿制的静止葡萄酒和起泡葡萄酒。

印度主要有三大葡萄酒生产商，分别是印迭戈（Chateau Indage）、格罗佛（Grover Vineyards）和苏拉（Sula Vineyards）。印迭戈酒企是印度葡萄酒市场的主导者，葡萄酒产品多样，含盖各个价位的葡萄酒产品，市场份额占比70%以上，年产量约550万升。格罗佛酒庄是印度高档葡萄酒的主要生产商。

★ **主要种植的白葡萄品种：** 汤普森无核、苏丹娜、霞多丽、白诗南、克莱雷、长相思

★ **主要种植的红葡萄品种：** 汉堡麝香、赤霞珠、梅洛、西拉、仙粉黛

★ **主要葡萄产地：** 马哈拉施特拉（Maharashtra）、卡纳塔克（Karnataka）

马哈拉施特拉

马哈拉施特拉邦是印度第三大邦，位于印度半岛西部边缘，其首府孟买是印度最大的城市。印度绝大多数葡萄酒是在这里生产的，尤其是在西高止山脉周围的田里。纳西克（Nashik）和桑迦利（Sangli）是产量最大的两个产区，种植面积有2万公顷，每年产葡萄约10万吨。

★**主要的葡萄产区:** 纳西克(Nashik)、桑迦利(Sangli)、索拉普(Sholapur)、萨塔拉(Satara)、阿迈德那格尔（Ahmednagar）、浦那（Pune）

卡纳塔克

卡纳塔克北部与马哈拉施特拉接壤，西部与阿拉伯海接壤，在西高止山脉和东高止山脉之间。该地区处于热带地区，那里的夏季和冬季温度差别不大。南亚季风可以把凉爽、潮湿的空气从海洋带到该地，时常引起暴雨。雨季从 6 月持续到 9 月，当地的种植者通过修剪葡萄藤将葡萄的发芽推迟到 11 月。卡纳塔卡邦的葡萄园都在班加罗尔市郊外的南迪山的山麓上，著名的酒庄之一格罗佛酒庄就位于南迪山周边传统的丝绸种植区。

★**主要种植的红葡萄品种:** 长相思、赤霞珠、西拉

★**主要的葡萄产区:** 喜马超尔（Himachal Pradesh）、泰米尔纳德邦（Tamil Nadu）、旁遮普（Punjab）、查谟喀什米尔（Jammu-Kashmir）

以色列
Israel

以色列是世界上生产葡萄酒历史最悠久的国度之一，早在2000多年前，就已存在规模不小的葡萄酒产业。许多葡萄园被毁于罗马人统治时期，而被全面封杀于穆斯林统治时期，这也使以色列有长达1200年的酒史出现空白。

以色列近代的葡萄酒业是由拥有拉菲酒庄的爱德蒙·詹姆斯·罗斯柴尔德（Edmond James de Rothschild）男爵引领的，1882年，他在以色列成立了卡迈尔（Carmel）酒业公司，该酒企以"卡迈尔1号"葡萄酒在1900年的法国巴黎博览会上获得金奖。在卡迈尔酒业公司的带领下，以色列重新回到了葡萄酒市场。从20世纪80年代开始，以色列的葡萄酒业才渐渐稳定、发展起来，不断有国际资本投入到该国，高端精品酒庄也越来越多。

以色列的传统葡萄品种在穆斯林统治时期全部被毁，现今种植的葡萄品种主要是在19世纪末从法国引进的，现今，以色列葡萄酒厂已全部实施高科技生产技术。所聘请的酿酒师很多就职前都曾在法国、美国、澳大利亚等地经历过长时间的培训。经历技术革新后的以色列葡萄酒业，酒款的质量有了全面提升，并已得到国际认可。

以色列北侧、东南侧分别与黎巴嫩、叙利亚相邻，西侧是地中海，西南侧是埃及，东侧隔约旦河、死海与约旦相望，葡萄种植面积约有4000公顷。当地是典型的地中海气候，一年有两季：炎热湿润少雨的夏季和寒冷多雨的冬季。冬季平均降水量约500毫米，有时会达900毫米。戈兰高地海拔较高，冬季会降雪，那里的酒农们会通过剪枝、蓬盖等方法来加强对葡萄藤的保护。

以色列的土壤多种多样，大部分地区是石灰岩，混杂有泥灰岩和白云石；他泊山附近的加利利、裘蒂亚的土壤是红色的；卡梅尔山南麓地区土壤是灰色的；戈兰高地、加利利的部分地区，是火山活动、岩浆流动造成的玄武岩层，是混杂黏土、凝灰岩；内盖夫地区是黄土和冲击沙土。

以色列的葡萄种植面积约5500公顷，其中80%的葡萄园在加利利（Galilee）、参孙（Samson）两个产区之间和海法市正南侧的沙龙平原，是以色列最大的葡萄种植区域。其中，加利利产区海拔较高，天气凉爽，昼夜温差显著，土壤肥沃，排水性好，是以色列最优质的葡萄种植区域。

以色列葡萄酒的年均产量约3600万瓶，主要是红葡萄酒和白葡萄酒，桃红葡萄酒、静止葡萄酒、起泡酒、甜酒等只有少量。以色列约有35家酿酒厂和250多个小型酒庄，产量最大的10个酿酒厂是卡梅尔（Carmel）、奔富（Barkan）、戈兰高地（Golan Heights）、泰珀贝格1870（Teperberg 1870）、宾亚米纳（Binyamina Wine Cellar）、加利尔山（Galil Mountain）、提什比（Tishbi Winery）、泰博尔（Tabor）、雷卡纳蒂（Recanati）、道尔顿（Dalton Winery），80%的葡萄酒出自这些酒厂。

★**主要种植的白葡萄品种：**长相思、霞多丽、雷司令、白麝香、翡翠雷司令、亚历山大麝香

★**主要种植的红葡萄品种：**赤霞珠、梅洛、品丽珠、琼瑶浆、西拉、阿加蒙

★**主要葡萄产地：**加利利（Galilee）、犹地亚山区（Judean Hills）、参孙（Samson）、海滨平原（Coastal Plain）、内盖夫（Negev）

意大利国土地形狭长，北部属典型的大陆性气候，冬季寒冷，夏季炎热，南部的亚平宁半岛区域属地中海气候，常年炎热干燥。受山脉、海洋的影响，全国各地都有些差异很大的微气候。土壤类型多种多样，主要是火山石、石灰石、坚硬海岩、砾石质黏土。

意大利有4000多年的葡萄种植史，是西欧最早的葡萄酒出产地，更是现代葡萄酒文化的启蒙地。目前，意大利是世界葡萄酒产量最大的国家，大部分产品都用于供应国内市场。

意大利国际知名的酒款有皮埃蒙特（Piedmont）的巴巴莱斯科（Barbaresco）红葡萄酒、巴罗洛（Barolo）红葡萄酒、阿斯蒂（Asti）起泡酒、托斯卡纳（Tuscany）的基安帝（Chianti）葡萄酒、超级托斯卡纳（Super Tuscan）葡萄酒等。

1963年，意大利的农业管理部门推出了葡萄酒分级管理制度，将意大利的葡萄酒分为日常餐酒（VDT）、地区餐酒（IGT）、法定产区酒（DOC）、优秀产区酒（DOCG）等级别。

★ **主要种植的白葡萄品种：** 白莫吉卡斯、灰皮诺、卡恩巴韦麝香、白皮诺、霞多丽、白皮诺、灰皮诺、特雷比奥罗

★ **主要种植的红葡萄品种：** 多姿桃、内比奥罗、小胭脂红、桑娇维塞、卡塔拉托、巴贝拉、黑曼罗、伯纳达、赤霞珠、格丽尼奥里诺、梅洛、黑皮诺

★ **主要的葡萄产地：** 伯瓦莱塔奥斯塔（Aosta Valley）、皮埃蒙特（Piedmont）、伦巴第（Lombardy）、威尼托（Veneto）、特伦蒂诺－上阿迪杰（Trentino–Alto Adige）、弗留利－威尼斯－朱利亚（Friuli–Venezia Giulia）、艾米利亚－罗马涅（Emilia–Romagna）、托斯卡纳（Tuscany）、马凯（Marches）、翁布利亚（Umbria）、拉齐奥（Latium）、阿布鲁佐（Abruzzo）、普利亚（Apulia）、卡帕尼亚（Campania）、巴斯利卡塔（Basilicata）、卡拉布里亚（Calabria）、西西里岛（Sicily）、撒丁岛（Sardinia）

瓦莱塔奥斯塔

瓦莱塔奥斯塔地区在意大利的西北端，西邻法国，北接瑞士，位于阿尔卑斯山脉的中段，这里有欧洲最高的山峰——博朗峰和著名的巴迪亚河。该地区属大陆性气候，四周有山脉环绕，气候相对温暖。这里的葡萄园多建在崇山峻岭之间的坡地上，种植条件非常恶劣，只能依靠农

工们徒手攀爬完成工作，所以当地的葡萄果实和葡萄酒产量都很低，在意大利产地区中其葡萄种植面积也最小。

当地出产的内比奥罗红葡萄酒口感淡雅细致，适合佐餐，是当地的主要产品；小胭脂红红葡萄酒酒色深浓，口感爽脆，果香清新；白莫吉卡斯白葡萄酒酸甜均衡，带有当地矿物质的风味。

★**主要种植的白葡萄品种：**白莫吉卡斯、灰皮诺、卡恩巴韦麝香、白皮诺、霞多丽

★**主要种植的红葡萄品种：**多姿桃、内比奥罗、小胭脂红、黑皮诺、佳美、西拉、歌海娜、富美

皮埃蒙特

皮埃蒙特葡萄种植史悠久，早在古罗马时代就已是意大利的葡萄酒生产基地和交易中心，是世界葡萄酒业界的圣地之一，与法国波尔多、勃艮第的地位相当，是资深葡萄酒迷们的必访之地。

该地区位于阿尔卑斯山脉的丘陵地带，葡萄园建在延绵不绝的坡地上，土层结构良好，土壤肥沃。当地属大陆性气候，冬季寒冷，夏季炎热，葡萄成熟期的昼夜温差很大，很利于葡萄果实浓缩更多的风土物质。

皮埃蒙特有17个DOCG产区、42个DOC产区，在意大利排名第一，葡萄酒年产量超过3亿升，其中55%是红葡萄酒。这些产区出产的内比奥罗红葡萄酒、莫斯卡托白葡萄酒、阿斯蒂起泡酒，不论酒质还是酒价都属世界顶级。

★**主要种植的白葡萄品种：**莫斯卡托、柯蒂斯、阿内斯、黎明、法沃里达、霞多丽

★**主要种植的红葡萄品种：**巴贝拉、多姿桃、弗雷伊萨、布拉奇托、伯纳达、赤霞珠、内比奥罗、格丽尼奥里诺、梅洛、黑皮诺

★**主要的葡萄产区：**阿斯蒂（Asti）、巴罗洛（Barolo）、巴巴莱斯科（Barbaresco）

·阿斯蒂·

阿斯蒂在皮埃蒙特的南部，处于塔纳罗河上游的丘陵地带，靠近阿尔卑斯山脉，地表沟壑纵横，土壤成分主要是富含钙质的白垩土，属大陆性气候、地中海气候混杂的区域。

1993年，阿斯蒂被评为DOCG法定产区；1967年，成为DOC法定产区。产区现有葡萄种植面积约1万公顷，葡萄酒年产量约8000万升，种植的品种主要是莫斯卡托。产区以出产莫斯卡托系列起泡酒而闻名全球葡萄酒业界，具体的酒款包括有：莫斯卡托全起泡酒（Moscato Bianco），规

定要用 100% 莫斯卡托葡萄酿制，酒精度要控制在 6%—8% 之间，要保留足够的糖分以保证酒款的甜度，果实原料要在发酵罐中与酒泥共处百天以上，才能转桶陈化。莫斯卡托 – 阿斯蒂微起泡酒（Moscato d' Asti），酒精度规定在 4.5%—6.5% 之间，要保留更多的糖分以使酒款更加甘甜，成酒的瓶内压力不得高于 2.5 个大气压。莫斯卡托晚收葡萄酒（Moscato Vendemmia Tardiva），是用晚采收的莫斯卡托葡萄酿制，要使果实的糖分更高，以保证成酒的酒精度不低于 12%，酒液发酵后要桶陈 12 个月以上才能装瓶。

伦巴第

伦巴第在意大利的东北部，北与瑞士相连，当地的首府城市是国际时尚之都米兰。当地的葡萄园遍布山区、平原、湖畔、海岸，气候类型多种多样，土壤类型主要是岩石和冲积土。

该地区有 5 个优秀法定产区（DOCG）、15 个法定产区（DOC），其中弗朗齐亚柯达（Franciacorta）是当地最早的法定产区，主要出产起泡酒。产区瓦尔特林纳（Valtellina）以出产超级瓦尔特林（Valtellina Superiore）内比奥罗红葡萄酒而闻名，其口感厚重，花香浓郁，在意大利与巴罗洛（Barolo）、巴巴拉斯高（Barbaresco）等酒款齐名。色富莎（Sfursat）干白葡萄酒，用风干葡萄果实酿制，口感独特，带有当地矿物质风味。

★**主要种植的白葡萄品种：**霞多丽、白皮诺、灰皮诺、特雷比奥罗

★**主要种植的红葡萄品种：**巴贝拉、内比奥罗、黑皮诺、赤霞珠、梅洛、伯纳达、科罗帝纳

★**主要的葡萄产区：**弗朗齐亚柯达（Franciacorta）、瓦尔特林纳（Valtellina）

威尼托

威尼托在意大利的东北部，首府城市是著名水城威尼斯市，西邻伦巴第，南邻艾米利亚 – 罗马涅，东邻奥地利。当地因受北部山脉和东部海洋的综合影响，全年气候温和稳定，非常适合葡萄的生长。平原的面积约占一半，地表遍布泥沙，土壤中含有黏土、钙质石、灰岩屑等成分。

威尼托是意大利葡萄种植面积最大的法定产地，也是意大利三大葡萄酒交易中心之一，有 14 个 DOCG 产区、29 个 DOC 产区，葡萄酒的年产量超 10 亿升，其中白葡萄酒的占比约 75%。

在威尼托，产区瓦坡里切拉（Valpolicella）于 1968 年被官方认定为 DOC 产区，瓦坡里切拉雷乔托（Recioto della Valpolicella）、瓦坡里切拉里帕索（Valpolicella Ripasso）等都属于该产区内的优质葡萄酒子产区。

产区巴多力诺（Bardolino）在加尔达湖东北边的平原地带，主要出产用科维纳、罗蒂内拉、

莫利纳拉等葡萄混酿而成红葡萄酒，酒体轻盈，口感酸甜，带有樱桃、浆果、青草等复杂香气，被当地的消费者称为"餐桌上的柔情美人"。

产区卢佳娜（Lugana）在威尼托与伦巴第的交界地带，土壤类型很特别，到处都是富含矿物质的白垩石灰石，出产的特比安娜白葡萄果实和酒款也都很优质、独特，成酒的颜色带有柠檬黄光泽，伴有当地的白桃、野花等浓郁香气，酸度平衡，口感饱满，带有当地矿物质的风味。

★**主要种植的白葡萄品种：**格雷拉、卡尔卡耐卡、特雷比奥罗、托凯、普罗塞克、维多佐、达莱洛、维斯派拉、霞多丽、长相思、白皮诺

★**主要种植的红葡萄品种：**梅洛、赤霞珠、科维纳、罗蒂内拉、莫利纳拉、奈格拉拉、巴贝拉

★**主要的葡萄产区：**瓦坡里切拉（Valpolicella）、巴多力诺（Bardolino）、卢佳娜（Lugana）

特伦蒂诺 - 上阿迪杰

特伦蒂诺 – 上阿迪杰在意大利最北部与奥地利的接壤地带，涵盖上阿迪杰（Alto Adige）、特伦蒂诺（Trentino）等市镇，中心城市是特兰托市。当地有 9 个 DOC 产区，葡萄酒的年产量约 1.1 亿升，其中白葡萄酒占比约 70%。

★**主要种植的白葡萄品种：**卡尔卡耐卡、特雷比奥罗、托凯、司琪亚娃、歌蕾拉、维多佐、达莱洛、维斯派拉、霞多丽、长相思、灰皮诺、白皮诺

★**主要种植的红葡萄品种：**梅洛、赤霞珠、科维纳、罗蒂内拉、玛泽米诺、莫利纳拉、奈格拉拉、巴贝拉

★**主要的葡萄产区：**上阿迪杰（Alto Adige）、特伦蒂诺（Trentino）

·上阿迪杰·

该产区靠近阿尔卑斯山脉和加达尔湖，属大陆性气候，温和湿润，日照充足，日夜温差大，海拔跨度大，地势较低的山谷区域常受冷凉的山风影响，在清早会形成环绕山腰坡地上的冷暖气流，局部的阵风能帮助葡萄藤减少病虫害。这里的葡萄种植面积约有 5400 公顷，种植的葡萄品种有 20 多个，主要以灰皮诺、琼瑶浆、霞多丽、白皮诺四种白葡萄为主，产量占比 80% 以上。其土壤类型复杂多样，包括有火山斑岩、富含石英云母的风化岩土、石灰岩、白云石、沙质泥灰岩等。

·特伦蒂诺·

该产区地势较平坦，葡萄种植区域多处于山峰环绕的谷地中，日照充足，湿润风大，葡萄果实能达到很好的成熟度。种植的品种主要是霞多丽、白皮诺、灰皮诺等白葡萄，出产的酒款大部分是静止干白葡萄酒和起泡酒，酒款品质都较普通，在意大利属中下水准。当地正尝试改革原有的合作社经营模式，以引进更多的外部资金来投资经营，力图改进生产工艺，降低白葡萄的产量，增加红葡萄的产量，争取能尽快提升当地的葡萄果实和葡萄酒的品质。

弗留利 - 威尼斯 - 朱利亚

弗留利 – 威尼斯 – 朱利亚在意大利的东北部，西接威尼托，北邻奥地利，东部与斯洛文尼亚接壤，南临亚得里亚海。该地区靠近北部的阿尔卑斯山地，属大陆性气候，间或会受地中海季风的影响。当地的土壤中石多土少，富含钙质。

因历史上被多个国家统治过，当地现今保留了许多欧洲国家的文化痕迹。其葡萄酒产业始于20 世纪 60 年代初期，不论是酿酒技术、生产设备，还是种植的品种和葡萄园管理方法，都深受德国和奥地利的影响，有别于意大利其他产区。该地区有 4 个 DOCG 产区、12 个 DOC 产区，葡萄酒的年产量约两亿升，主要是白葡萄酒款，占比近 80%。当地以出产高品质白葡萄酒而闻名，尤其是皮科里特白葡萄酒，酒色呈麦秆黄，酒体壮实，口感厚实，香气中带有橡木风味；维多佐白葡萄甜酒是当地的特产，酒色带琥珀光泽，口感清新，带有当地蜂蜜的香气。

★**主要种植的白葡萄品种：** 托凯福利阿诺、霞多丽、长相思、灰皮诺、白皮诺、丽波拉、皮科里特、维多佐、玛尔维萨、黄莫斯卡托、米勒 – 图高、雷司令
★**主要种植的红葡萄品种：** 梅洛、品丽珠、赤霞珠、莱弗斯科、斯奇派蒂诺、塔泽灵、黑皮诺
★**主要的葡萄产区：** 弗留利格拉夫（Friuli Grave）、东山（Fruili Colli Orientali）

·弗留利格拉夫·

该产区是弗留利 – 威尼斯 – 朱利亚最大的 DOC 产区，在乌迪内省和波德诺内省之间的高地平原上，葡萄种植面积约 6500 公顷，种植的品种主要是赤霞珠和梅洛。

·东山·

该产区是弗留利 – 威尼斯 – 朱利亚第二大的 DOC 产区，座落在克里奥山的山腰地带；土壤

类型复杂，包括有泥灰质、石灰岩、砂质土、沙石、钙质泥灰土等。当地的葡萄种植面积有约两千公顷，红、白葡萄的产量各占一半。

艾米利亚 - 罗马涅

艾米利亚 – 罗马涅在意大利的中北部，北至波河，南至亚平宁山脉托斯卡纳段，东至亚得里亚海，西至亚平宁山脉利古里亚段，是意大利传统的农业生产基地，也是意大利葡萄酒产量排名第三的产地。该地区属大陆性气候，常会受到地中海季风的影响，因西边靠近阿尔卑斯山脉，冷凉的山风为当地的葡萄园起到了很好的调温作用。

艾米利亚 – 罗马涅有 2 个 DOCG 产区、19 个 DOC 产区，葡萄酒年产量近 8 亿升，其中最著名的、产量最大的是红葡萄起泡酒。当地出产的蓝布鲁斯科混酿微起泡红葡萄酒，有微起泡、浓起泡两种酒款，口感有甜味，带有红黑樱桃的浓郁香气，曾于 20 世纪 70 年代风靡欧洲、美国、日本等地区和国家。

★**主要种植的白葡萄品种：**阿巴娜 – 罗马涅、特雷比奥罗、玛尔维萨、霞多丽、佩格贝碧特
★**主要种植的红葡萄品种：**蓝布鲁斯科、罗马涅桑娇维塞、芭芭罗莎、赤霞珠、伯纳达、巴贝拉
★**主要的葡萄产区：**罗马涅 – 阿巴娜（Romagna Albana）、罗马涅（Romagna）

·罗马涅 - 阿巴娜·

该产区 1987 年成为 DOCG 产区，主要种植阿巴娜白葡萄，出产的阿巴娜白葡萄酒非常优秀，爽脆可口，带有当地槐花、青柠的芬芳。

·罗马涅·

该产区 2011 年成为 DOC 产区，拥有葡萄种植面积近 3000 公顷，包括有桑娇维塞 – 罗马涅（Sangiovese di Romagna）、特雷比奥罗 – 罗马涅（Trebbiano di Romagna）等子产区，出产的桑娇维塞混酿红葡萄酒和特雷比奥罗红葡萄酒品质都很不错，具有较高的国际知名度。

托斯卡纳

托斯卡纳是意大利名声最响的葡萄酒产业基地，它地处意大利的中部，北邻艾米里亚 – 罗马涅，西北邻利古里亚，南邻翁布利亚与拉齐奥，西濒第勒尼安海，属地中海气候，冬季温和湿润，

夏季炎热干燥。当地属丘陵地貌，葡萄园大多建在连绵起伏的坡地上，土壤主要是碱性石灰质土、砂质黏土，土质中含有一种泥灰质成分，非常适合种植条件要求很高的桑娇维塞红葡萄。每年八九月的成熟期，桑娇维塞在这里能得到足够的日照以获得优质果实，成为意大利特有的、种植量最大的红葡萄品种。

托斯卡纳有 11 个 DOCG 产区、34 个 DOC 产区，葡萄酒的年产量近 3 亿升，其中红葡萄酒的占比超 70%。意大利官方规定，只有使用本土葡萄品种酿制的酒款才可以被评定为 DOC 或 DOCG 级别，因此，当地出现了另一类被称为"超级托斯卡纳"（Super Tuscany）的精品酒款。它们多出自一些年轻的酿酒师，在品种选材、混合比例、发酵方式等方面都做出了创新。其中，成名于 20 世纪 70 年代、名叫西施佳雅（Sassicaia）的红葡萄酒，口感均衡，香气浓郁，被酒迷们称为"最正宗的新派超级托斯卡纳葡萄酒"。

★**主要种植的白葡萄品种：** 特雷比奥罗、玛尔维萨、莫斯卡德洛、圣吉米亚诺维奈西

★**主要种植的红葡萄品种：** 桑娇维塞、绮丽叶骄罗、卡内奥罗、科罗里诺、玛墨兰、赤霞珠、梅洛、西拉

★**主要的葡萄产区：** 经典基安帝（Chianti Classico）、基安帝（Chianti）、布鲁奈罗蒙塔希诺（Brunello di Montalcino）

·经典基安帝·

该产区在佛罗伦萨市和锡耶纳市之间，当地遍布山林、坡地，约 7000 公顷的种植区内全是桑娇维塞红葡萄，这里虽小，却是托斯卡纳地区的葡萄酒产业中心。

1398 年，当地的卡斯特里纳、拉达、佳奥利等村落的葡萄农们，为了更好地经营各自的葡萄园、酒庄，联手组成同盟一致对外，协同生产、共同推广当地的葡萄酒产品。经过 100 多年的运作，当地于 1716 年获得了当时的托斯卡纳大公、美第奇公爵柯西莫三世颁布的产区保护法令，成为意大利历史上首个获此殊荣的产区，也奠定了其标杆地位。1932 年，格里弗镇和帕扎诺镇也被划入当地管辖，形成了现今的产区规模。

产区至今依然是意大利乃至全世界最顶级葡萄酒的代名词。为了与附近基安帝（Chianti）产区的产品区分，当地一改原有包装为高肩、修长的波尔多瓶，并选用画家乔尔乔·瓦萨里（Giorgio Vasari）在 16 世纪绘于佛罗伦萨维奇奥宫天花板上的"黑公鸡"图案来制成瓶口下方的封印，以突出自身的高端形象和精品质感。此外，只有加入经典基安帝葡萄酒产业协会的酒企，才可以在酒款瓶身上加贴一个名为"Gallo Nero"（黑公鸡）的圆形标签，也才可以在酒标上加注"CHIANTI CLASSICO"（经典基安帝）的字样。

经典基安帝设有自己的葡萄酒分级制度，将酒款分为经典基安帝（Chianti Classico）、

经典基安帝珍藏（Chianti Classico Riserva）、经典基安帝特级精选（Chianti Classico GranSelezione）三个级别。

马凯

马凯在意大利的中东部，北邻艾米利亚－罗马涅，南邻阿布鲁佐，西南邻卡帕尼亚，西邻翁布利亚与托斯卡纳。马凯在亚平宁山脉、亚得里亚海以及多条河流的影响下，气候类型复杂多样，各种天气交错出现，较难预测。

该地区受伊楚利亚人、罗马人、伦巴第人的影响，几千年前就已开始种植葡萄。目前有 5 个 DOCG 产区、12 个 DOC 产区，葡萄酒年产量约 2 亿升，其中白葡萄酒占比超过 60%。当地出产的维蒂奇诺干白葡萄酒（Verdicchio dei Castelli di Jesi），在意大利很有名，品质上乘，口感均衡，香气细腻，它的酒瓶是仿古鱼形酒壶状，很特别。

★**主要种植的白葡萄品种：** 特雷比奥罗、玛尔维萨、维蒂奇诺、白皮诺

★**主要种植的红葡萄品种：** 桑娇维塞、蒙特普奇诺

翁布利亚

翁布利亚在意大利的中部，与托斯卡纳、马凯、拉齐奥等地区相邻，当地属于丘陵地带，所有的城镇、村庄都座落在起起伏伏的坡地上。当地冬季寒冷多雨，夏季炎热干燥。葡萄园都建在山腰的梯地上，所以当地出产的酒款标签上都有"colli"（山丘）的字样。

当地葡萄酒的年产量约 1 亿升，其中红葡萄酒占比约 60%。出产的欧维耶多白葡萄酒是意大利最好的白葡萄酒款之一，性价比很高；产区蒙特法科（Montefalco）出产的萨格兰蒂诺（Sagrantino）红葡萄酒酒色深浓，口感强劲，很有陈年能力，用桑娇维塞葡萄酿制的托及亚罗珍藏红葡萄酒（Torgiano Rosso Riserva）低调深沉，口感特别，带有当地矿物质的风味。

★**主要种植的白葡萄品种：** 普罗卡尼可、欧维耶多、格莱切多、华帝露、珠佩吉欧、玛尔维萨、霞多丽、长相思

★**主要种植的红葡萄品种：** 桑娇维塞、绮丽叶骄罗、卡内奥罗、赤霞珠、梅洛、蒙特布查诺、萨格兰蒂诺

★**主要的产区：** 蒙特法科（Montefalco）

拉齐奥

拉齐奥在意大利的中西部，东连亚平宁山脉中段，西濒第勒尼安海，首都罗马是当地的中心城市。当地海岸区域炎热干燥，内陆区域湿润凉爽。土壤主要是富含钾元素、排水性良好的火山岩，很适宜种植酿酒葡萄，尤其是白葡萄品种，品质上乘。出产的酒款也以白葡萄酒为主，产量占比 80% 以上。

拉齐奥有 3 个 DOCG 产区和 26 个 DOC 产区，出名的酒款有很多，其中包括名字非常特别的"Est！Est！！Est！！！di Montefiascone"（就是它！！就是它！就是它！！！）白葡萄酒，以及佛兰斯卡蒂（Frascati）干白葡萄酒、皮格里奥塞桑纳斯（Cesanese del Piglio o Piglo）白葡萄酒、卡斯泰利罗曼尼（Castelli Romani）红葡萄酒等。

> ★**主要种植的白葡萄品种：**玛尔维萨、特雷比奥罗
>
> ★**主要种植的红葡萄品种：**赤霞珠、梅洛、桑娇维塞、蒙特布查诺、阿尔伯特、切萨内赛

阿布鲁佐

阿布鲁佐是意大利葡萄酒产量排名第五的产地，在意大利的中部，北至马凯的特伦多河，南至莫利塞，西至拉齐奥与翁布利亚的交界带，东至亚得里亚海，亚平宁山脉横亘其中并将当地分成东、西两部分。当地靠山面海，地型地貌多种多样，日照充足，雨水丰沛，日夜温差大，风大，土壤肥沃，营养丰富，风土条件非常优越，素有"欧洲自然绿化带"的美誉，更是酿酒葡萄的极佳种植地。

当代自 20 世纪 90 年代中期才开始出产出被市场认可的中高端酒款，其中有蒙特布查诺红葡萄酿制的卡洛萨（Cerasuolo）桃红葡萄酒、帕西拖（Passito）甜酒、阿布鲁佐 – 蒙特布查诺（Montepulcianod'Abruzzo）DOC 级红葡萄酒，用蒙特布查诺红葡萄、桑娇维塞红葡萄混酿的阿布鲁佐蒙特布查诺·泰拉莫山坡（Montepulciano d'Abruzzo Colline Teramane）DOCG 级红葡萄酒等酒款。

> ★**主要种植的白葡萄品种：**特雷比奥罗
>
> ★**主要种植的红葡萄品种：**桑娇维塞、蒙特布查诺、巴贝拉

卡帕尼亚

卡帕尼亚在意大利南部，北边是拉齐奥与莫利塞，西边是地中海，西南边是第勒尼安海，东边是普利亚与巴斯利卡塔。当地夏季炎热干燥，冬季温暖湿润，日照充足。遍布丘陵、峡谷，到处覆盖着火山岩凝灰土壤，养分丰富，饱含矿物质。从地中海吹来的海风，对当地的风土环境影响很大，尤其是在夏季，能起到很好的调温、补水的作用。

该地区葡萄种植史可追溯至公元前 12 世纪，是意大利最古老的葡萄酒产地之一，当地有 100 多个原生的本地葡萄品种，其中不少如今依然在大量种植，如红葡萄品种艾格尼科、派迪洛索等；白葡萄品种菲亚诺、图福格雷克、法兰娜、富雷诺等。

卡帕尼亚有 4 个 DOCG 产区、23 个 DOC 产区，葡萄酒的年产量近 2 亿升，红葡萄酒的占比较大。出产的艾格尼科红葡萄酒口感强劲，酸度、单宁、酒精度都很高，带有浓郁的本地花香，有很强的陈年能力，是当地公认的"国王"酒款；图拉斯红葡萄酒是用派迪洛索红葡萄酿制的，口感浓郁，花香四溢，适合陈年后饮；法兰娜白葡萄酒是选用当地生长于火山岩中的"火葡萄藤"（Vines of Fire）的果实酿造的，口感凛冽，活力十足，带有明显的当地矿物质风味；维素威（Vesuvio）品牌的葡萄酒，有红、白两个酒款，口感细致，芬芳怡人，是当地的经典特产，享有"基督之泪"的美称。

★**主要的葡萄产区：**阿维利诺菲阿诺（Fiano di Avellino）、都福格雷克（Greco di Tufo）

普利亚

普利亚在意大利的最东部，南侧有一个被海水冲刷而成的细长半岛——萨伦托半岛。这里是意大利的主要葡萄酒产地之一，其葡萄种植是由古希腊人开启的，至今依然被希腊人视为他们的"葡萄之乡"。当地属地中海气候，日照充足，海风凛冽，土壤类型主要是富含铁元素的第四纪沉积白垩石灰石，葡萄园都建在多石的平原区域。

普利亚有 4 个 DOCG 产区，25 个 DOC 产区，当地的葡萄酒年产量约 8 亿升，其中红葡萄酒的占比超 70%。出产的黑曼罗红葡萄酒酒体厚实，果香十足，是当地品质最好的酒款；普里米蒂沃红葡萄餐酒口感柔和，酸甜平衡，是当地产量最大的酒款。

★**主要种植的白葡萄品种：**维戴卡、白阿丽莎诺、白博比诺、特雷比奥罗
★**主要种植的红葡萄品种：**黑曼罗、普里米蒂沃、黑玛尔维萨、托雅
★**主要的葡萄产区：**布林迪西（Brindisi）、斯昆扎诺（Squinzano）、库比提诺（Copertino）

巴斯利卡塔

巴斯利卡塔在意大利的西南部，东北侧是普利亚，西南侧是卡帕尼亚，离塔兰托湾和爱奥尼亚海都不远，是一个规模不大、知名度不高的葡萄酒产地。该地区地处高山带，气候干燥寒冷，葡萄园大多建在山丘上，土壤主要是富含矿物质的火山岩。

巴斯利卡塔葡萄酒的年产量约5000万升，其中大部分是红葡萄酒。艾格尼科红葡萄是在公元前6世纪时由古希腊的侵略者带到当地并开始种植的，名字的意大利语意思是"希腊的衰败"，这款葡萄能酿制出酒色深浓、口感强劲的上好酒款。

★**主要种植的白葡萄品种：**玛尔维萨、莫斯卡托、格雷克

★**主要种植的红葡萄品种：**艾格尼科

★**一个DOCG产区：**孚图的阿里安尼科（Aglianico del Vulture）

卡拉布里亚

卡拉布里亚在意大利的南部，北边与巴斯利卡塔相邻，西南濒临墨西拿海峡与西西里岛隔海相对，东西边分别是爱奥尼亚海和伊特鲁里亚海的海岸线。

当地几百年前也曾经是欧洲的重要葡萄酒产地和交易中心，随着法国的波尔多、勃艮第等产地的兴起及后来世界葡萄酒市场的变化，如今难复当年之兴。不过，当地依然有不少富含历史底蕴的酒款深受市场欢迎，如最古老的酒款——西罗（Ciro）白葡萄酒，用东南海岸的葡萄干酿制的格雷克（Greco di Bianco）甜白葡萄酒，用麦格罗科卡尼诺与黑格来克混酿的干红，用菲娜玛尔维萨与白玛尔维萨混酿的桃花葡萄酒等。

卡拉布里亚有12个DOC产区，葡萄酒的年产量约8000万升，其中大部分是红葡萄酒和桃红葡萄酒。

西西里岛

西西里岛是意大利的一个自治区，也是地中海上最大的岛屿，距离意大利大陆的卡拉布里亚地区约200公里，岛上有座欧洲海拔最高的活火山——埃特纳火山，其喷发活跃，使岛上处处都覆盖着富含矿物质的火山灰和深色土壤。

该地区属典型的地中海气候，风大，潮湿，日照充足，雨量丰沛。岛上主要是丘陵地型，葡萄园大多建在坡顶高地上。西部离火山较远，是当地主要的农产品生产基地，除了种植酿酒葡萄外，还大量种植稻谷、橄榄、柑橘、苹果等各类农作物。

西西里岛有 1 个 DOCG 产区、21 个 DOC 产区，葡萄酒的年产量超 8 亿升，在意大利排名前五，其中一半以上是白葡萄甜酒。出产的马沙拉（Marsala）加烈甜酒，是全球酒界中独一无二的酒款，被视为当地的骄傲，主要原料是卡塔拉托白葡萄，采用当地的传统古法酿造，通过原料发酵，添加烈性酒，勾兑加热后的新鲜浓缩葡萄汁而制成，口感很特别，香甜醇厚，浓烈熏人；利帕里玛尔维萨（Malvasia dell Lipari）甜酒也是用卡塔拉托酿成的，与马沙拉加烈甜酒的口感类似，但酒精度低很多；艾特纳红葡萄酒以马斯卡斯奈莱洛红葡萄为原料，口感丰润、扎实，带有当地成熟红色水果的风味。

★**主要种植的白葡萄品种：** 卡塔拉托、尹卓莉亚

★**主要种植的红葡萄品种：** 黑美人、马斯卡斯奈莱洛

★**一个 DOCG 产区：** 瑟拉索罗 – 维多利亚 （Cerasuolo di Vittoria）

—— 撒丁岛 ——

撒丁岛是地中海上一个隶属于意大利的岛屿，与意大利大陆的托斯卡纳、拉齐奥隔海相对，距离约 200 公里，与东南向的西西里岛相距约 300 公里。撒丁岛地处北纬 38—41 度之间，是欧洲距离赤道最近的葡萄酒产地。气候本应非常炎热，但因有海风的调温作用，加上多种多样的地型地貌、土壤类型和淡水资源，使得当地的风土条件非常适宜种植酿酒葡萄。撒丁岛有 1 个 DOCG 产区和 19 个 DOC 产区，葡萄酒年产量近 2 亿升，其中超 60% 是红葡萄酒。

★**主要种植的白葡萄品种：** 玛尔维萨、侯尔、麝香、维蒙蒂诺、托巴多、纳莱加斯、莫斯卡托、玛尔维萨

★**主要种植的红葡萄品种：** 赤霞珠、博巴尔、佳丽酿、卡诺乌、莫尼卡

★**一个 DOCG 产区：** 加卢拉维蒙蒂诺 （Vermentino di Gallura）

日本
Japan

日本的葡萄酒历史始于公元718年的山梨县。根据文献记载，16世纪时有来自葡萄牙的耶稣会传教士以葡萄酒作为礼物赠给当地的官员，之后，传教士们陆续运送葡萄酒到日本，并还开始用本地的葡萄混酿制出了古老的信州（shinshu）葡萄酒。

在19世纪60年代日本明治维新后期，本地的葡萄酒产业开始启动，1875年，山梨县第一家商业酒厂在山梨县胜沼市成立，推出用美国葡萄品种和鲜食品种酿制的葡萄酒。之后因为葡萄藤的病虫害，葡萄果实的产量、品质都不稳定，日本的葡萄酒产业并没有发展起来，仅有零星葡萄园和酿酒作坊散落在国内各地勉强存活。二战期间，日本生产的葡萄酒主要供应给军队做饮品，以及为兵工厂提供酒石酸。二战结束后，随着日本的百业重建，葡萄酒产业才有了成长的机遇。当时，在日本农业复兴运动——"一村一特色、一村一产品"的影响下，多地的葡萄种植及葡萄酒酿造业获得不少资金和技术支持，重新发展起来。

早期，由于口味原因，日本的葡萄酒添加了大量白糖、蜂蜜，被称为"有酒精味的葡萄糖水"。直至20世纪70年代，日本开始学习欧洲酿酒葡萄的种植技术，改变了酿酒工艺，提升了酒品，才有了大的改变。日本当地也同步发展葡萄的有机种植，倡导绿色健康食品。在有效的宣传普及之下，当地人对葡萄酒的认识逐渐增强，加之外来葡萄酒文化的影响，在日本政府大幅降低了进口葡萄酒的税率后，日本的葡萄酒市场呈现出丰富性和多样化。山梨县在2002年提出"日本葡萄酒只用100%日本葡萄酿制"的口号，经过探索改进，以本土的甲州（Koshu）葡萄为主打品种的日本葡萄种植和酿酒业，在国际上获得了一定的竞争力。

日本的葡萄酒年产量约10万吨，世界排名28位，基本都是内销。日本气候寒冷，湿度高，栽种酿酒葡萄的难度很大，葡萄果实的品质普遍不高。

日本约有200家葡萄酒庄，主要在山梨县、北海道、山形县、新泻县、长野县、滋贺县、杨木县、京都、大阪、兵库县、宫崎县，其中近一半在富士山麓的山梨县。

日本目前还没有关于葡萄酒命名的国家法定机构，酿酒时不论用的是哪里的葡萄原料，只要是在日本本土发酵生产的酒款，全部都可标记为"日本酒"。

★**主要的葡萄产区：** 山梨县（Yamanashi）、北海道（Hokkaido）

·山梨县·

山梨县地处群山环绕的盆地中，太平洋潮湿的水气被阻隔在富士山的另一面，在多雨潮湿的日本群岛中山梨县属于日照最充足，气候最干燥的地带，是日本最适合葡萄种植的地方。

30多家古老的葡萄园和酒庄聚集在山梨县盆地东北角一片近山的冲积岩上，共同形成了日本著名的葡萄酒乡——甲州市的胜沼町。这其中包括了知名酒企中央葡萄酒（Grace）、美露香酒庄（Chateau Mercian）和丸藤葡萄酒（Rubaiyat）。

当地有一种葡萄是日本的农学家、现代葡萄酒产业的皇祖——川上善兵卫培育的。1890年，他将贝利葡萄与麝香葡萄杂交而得到贝利A麝香的本地品种，这款葡萄芽发芽晚而成熟早，能避开初春和晚秋的霜冻侵害，果粒很大且皮很厚，对真菌病的抵抗力很强。目前该品种种植面积约150公顷，是山梨县代表性的酿酒葡萄品种之一，其具有浓厚果汁味、高甜度，适用于酿制甜型酒，也可用于酿造在橡木桶中熟成的单品干红，还可与欧系品种混酿，生产出酒体丰满、口感顺滑的多种酒款。川上后来还培育了另一个杂交品种——黑皇后，后来日本最大的啤酒威士忌和葡萄酒生产商三得利（Suntory）的成立和发展大大得利于这款葡萄。近年来，日本酒厂还采取晚收风干的办法用贝利A麝香酿造甜型葡萄酒，他们还尝试用贝利A麝香与欧系品种混酿，生产出具备波尔多、勃艮第风格的葡萄酒。

此外，用甲州葡萄酿造的白葡萄酒带有苹果、柑橘等果香，还带有一些白胡椒、草本植物的香气，很适合用做餐前酒，或搭配日本料理，口感甚至比日本清酒更好。

·北海道·

北海道坐落于日本北端，地处高纬度地区，是日本第二大的岛屿，属温带季风气候，干燥而温和，是种植葡萄的绝佳之地。20世纪70年代之后，这里的葡萄生产开始扩大种植规模，酒厂数量也以翻倍的速度增加，葡萄产量约占全国的1/3。最初这里主要种植耐寒的尼亚加拉葡萄，现在由于气候变化还有更多品种如黑皮诺、肯纳、穆勒图尔高、霞多丽、长相思都可以在这里种植。

2018年日本国税厅宣布北海道入选日本葡萄酒产区保护制度，旨在保护使用北海道所产葡萄酿造的北海道葡萄酒。这是继山梨县之后，日本第2个入选该保护制度的产区。

当地有日本最大的葡萄酒生产商北海道葡萄酒公司（Hokkaido Wine Company）。该公司拥有约447公顷的葡萄园，同时还与300多个小规模的农场的种植者签订了合同。法国蒙迪耶庄园（Domaine de Montille）等外国生产商也在这里投资建厂。

★**四个子产区：**富良野（Furano）、空知（Sorachi）、十胜（tokachi)），余市（Yoichi）

黎巴嫩
Lebanon

黎巴嫩位于亚洲西部，北部、东部与叙利亚接壤，南部与以色列为邻，西濒地中海，是亚洲大陆上面积最小的国家。黎巴嫩属温和地中海气候，冬季凉爽多雨，夏季漫长，炎热干燥。

最好的葡萄酒产区是位于东部的贝卡谷地（Bekaa Valley），这条狭长的山谷位于黎巴嫩山和外黎巴嫩山之间，呈东北向西南走向。西侧的黎巴嫩山阻挡了来自海洋地区的降雨，山谷平均海拔约 1000 米，冬季气温低于 0 摄氏度，夏初山顶积雪才能完全消融转化为水源供给山谷。贝卡谷地的土壤包括白垩土、粘土和石灰岩，多为碎石。

黎巴嫩的葡萄酒历史很悠久，早在公元前 2686—2134 年，沿海城市比布鲁斯就已将葡萄酒出口至埃及。1857 年，由僧侣建成的卡萨瓦酒庄（Chateau Ksara）酿制出了黎巴嫩的第一批干型葡萄酒，奠定了黎巴嫩现代葡萄酒行业的基础。卡萨瓦酒庄时至今日已发展成为该国最大的葡萄酒生厂商。黎巴嫩的葡萄酒业曾一度毁于内战，直到 20 世纪 90 年代才渐渐复苏。如今，黎巴嫩的酒庄已超过 50 座，成酒产量约为 600 万箱，出口量超 50%，以红葡萄酒为主。

黎巴嫩红葡萄酒的酿酒品种有赤霞珠、梅洛、佳丽酿、神索等。由于夏季炎热干燥，葡萄成熟度较高，酒体也较为饱满。白葡萄品种主要是霞多丽、白玉霓、克莱雷等。敖拜德、默华是当地两种非常古老的白葡萄品种，敖拜德常与默华进行混酿，再与茴香一起酿制，便是中东地区特有的烈酒——亚力酒（Arak）。

L

★**主要种植的白葡萄品种：**霞多丽、白玉霓、克莱雷、敖拜德、默华

★**主要种植的红葡萄品种：**赤霞珠、梅洛、佳丽酿、神索

★**主要的葡萄产区：**贝卡谷地（Bekaa Valley）

卢森堡
Luxembourg

卢森堡是欧洲的一个内陆小国，与比利时、德国、法国毗邻，国土面积仅不到1600平方公里。其国内的葡萄园主要在东南部地区，分布在与德国的边界——河摩泽尔河长达42公里的河段旁。这里最好的葡萄大都种植在朝南的山坡上，其土壤主要是白垩土、黏土和板岩，底层土是石灰岩。河对岸是德国以出产强劲葡萄酒闻名的产区摩泽尔（Mosel），相比之下，卢森堡出产的葡萄酒则表现比较柔和。

卢森堡的葡萄栽培面积约1240公顷，其中，雷万尼约占29.0%，白欧泽华约占14.2%，灰皮诺约占13.7%，雷司令约占12.8%，白皮诺约占11.0%，艾伯灵约占9.5%，黑皮诺约占6.8%，琼瑶浆约占1.4%，霞多丽约占1.1%。成酒的年产量约1250万升，主要出口到比利时、德国，但出口的少有贴着卢森堡标签的瓶装酒，大多都是原酒。

卢森堡的葡萄酒生产主要以酿酒合作社的形式存在。在格雷文马赫（Grevenmacher）、雷默申（Remerschen）、斯塔德布雷迪米斯（Stadtbredimus）、威廉斯坦（Wellenstein）等产区，这些酿酒合作社使用同一个名称来命名其产品"Vinsmoselle"。此外，产区沃梅尔当日（Wormeldange）也出产少量的起泡酒，这些起泡酒以"Poll-Fabaire"命名。

为了提升葡萄酒质量，当地酒商还采用比国际葡萄酒业权威机构建议的产量限制标准更严厉的标准和规定，以保证酒品的品质，同时，他们也有自己的一套葡萄酒分级制度。

卢森堡主要出产干白葡萄酒以及"科瑞芒"（Cremant）起泡酒，也有少量的红葡萄酒、桃红葡萄酒、半甜型、甜型酒。卢森堡的甜葡萄酒分为三个类别，包括：晚收葡萄酒（Vendanges tardives）、冰葡萄酒（Vin de glace）、晾晒葡萄酒（Vin de paille）等，这些甜葡萄酒的糖度在95—130于氏度（Oechsle）之间。

卢森堡的葡萄酒，尤其是干白葡萄酒，果味浓郁，颇有当地风味，价格实惠，受到酒迷欢迎。

★**主要种植的白葡萄品种：**雷万尼、白欧泽华、灰皮诺、雷司令、白皮诺、艾伯灵、琼瑶浆

★**主要种植的红葡萄品种：**黑皮诺

★**主要的葡萄产区：**格雷文马赫（Grevenmacher）、雷默申（Remerschen）、斯塔德布雷迪米斯（Stadtbredimus）、威廉斯坦（Wellenstein）、沃梅尔当日（Wormeldange）

马其顿
Macedonia

马其顿共和国位于巴尔干半岛中部，是一个四季分明的内陆国家，现有 3.5 万公顷的葡萄园。该国既有地中海气候，也有大陆性气候，夏季白天温暖，夜间凉爽，葡萄的成熟期很长，葡萄的糖分、酸度都十分浓缩，酿出的葡萄酒颜色浓重，芳香馥郁。

马其顿的山脉呈西北走向，阻挡了北方的寒冷空气，境内有许多舒缓绵长的山坡，为葡萄种植提供了不同的风土条件。纵贯马其顿境内的瓦尔达尔河，河谷中部、南部、南部的泰克沃斯地区都是葡萄的主产区，这里拥有得天独厚的自然环境，大多数葡萄酒厂都在这里。当地的气候、土壤孕育出含糖量很高的葡萄果实，特别适合酿酒。红葡萄多来自低海拔地区的葡萄园，那里土壤肥沃，富含粘性，白葡萄则多种植在高海拔地区的葡萄园，那里的环境比较清新凉爽。特色鲜明的土壤和气候使得这里出产的葡萄酒具有强烈的芳香物质、高比例的酒精以及丰富的提取物，因此拥有复杂、独一无二的风味。

马其顿的葡萄酒史始于腓力二世、亚历山大帝时期。罗马帝国时期，马其顿是罗马帝国最重要的葡萄种植区域，葡萄酒作为东正教举行庆典时的必备之物，非常盛行。到了奥斯曼帝国时期，有许多贵族自建葡萄园，酿制葡萄酒，甚至国王也有自己的葡萄园。二战以后，马其顿实行了社会主义制度，许多酿酒厂的酿酒设备都被收归国有，重新合并成 13 家大型的酿酒厂，家庭小葡萄园的葡萄果实都要供给它们。到了 20 世纪末，马其顿共和国脱离了南斯拉夫而独立，酿酒厂重又开始私有化。如今，大量外国资金在马其顿投资葡萄种植和葡萄酒酿造。

马其顿有 14 家规模较大的葡萄酒厂，约 80 家注册酒厂，这些酒厂的年产量超过 2.2 亿升。建于 1946 年的泰克沃斯（TIKVES）公司，是马其顿最大的葡萄酒厂，也是巴尔干半岛最大的葡萄酒厂之一，其生产的葡萄酒曾在国际酒类评比中屡获大奖。该厂拥有葡萄园 3.8 万公顷，年生产能力约 5.5 万吨，一半以上销往国外，剩下的供应国内市场。此外，宝韵（Bovin）、爱尔美克（Almako）、凯特温（Kitvin）、斯科温（Skovin）、卫诺亚格（Vinojug）、保瓦达力（Povardarie）、斯科文（Skovin）等酒庄酒厂都是有名的高质量瓶装葡萄酒的生产商。

★**主要种植的白葡萄品种：**霞多丽、莱茵雷司令、思美德拉卡、白羽、麝香、琼瑶浆

★**主要种植的红葡萄品种：**韵丽、梅洛、赤霞珠、斯多娜、卡达卡、桑娇维塞、品丽珠、美乐

★**主要的葡萄产区：**瓦德谷（Povardarie）、佩拉岗尼亚－宝洛（Pelagonija–Polog）、普钦亚－奥索戈沃（Pchinya–Osogovo）

M

·瓦德谷·

　　该产区位于马其顿的中部瓦德谷流域，是马其顿最大的葡萄酒产区，葡萄酒产量占全国总产量的83%。这里夏季干燥，冬季温和，是典型的亚热带大陆性气候，地形多是小山丘，土壤以灰钙土、洪积土、黄褐色土、黑土为主。

　　产区中心区域是子产区提克韦什（Tikvesh），是马其顿最著名的葡萄酒产区，出产着马其顿最优质的葡萄酒。那里的葡萄园面积约12000公顷，约占马其顿葡萄园总面积的1/3，大量种植马其顿当地独有的古老红葡萄品种韵丽，葡萄园和酿酒厂规模都比较大，是马其顿葡萄酒产业最集中和投资最大的地区。宝韵酒庄就位于提克韦什，它的葡萄园位于海拔350米高的莱珀沃山上，种植着多种葡萄，坚持采用深耕细作的方式，以确保为生长出最优质的葡萄提供充足的养分。

　　★**主要种植的白葡萄品种：**霞多丽、麝香、琼瑶浆

　　★**主要种植的红葡萄品种：**赤霞珠、美乐、露华奇、西拉、品丽珠、味而多、桑娇维塞

　　★**四个子产区：**提克韦什（Tikvesh）

M

墨西哥
Mexico

墨西哥是美洲生产葡萄酒历史最悠久的国家。在哥伦布发现美洲新大陆后的1597年，西班牙、葡萄牙的殖民者和传教士将欧洲的葡萄品种带到了南美洲，最早在墨西哥北部的科阿韦拉州开始栽种。1699年，西班牙国王颁布法令禁止墨西哥生产葡萄酒，一直到1810年才废除。直到19世纪中期，有欧洲的葡萄种植专家利用嫁接技术，将欧洲的葡萄品种移植到美洲葡萄的植株上，以利用美洲葡萄的免疫力来抵抗欧洲的葡萄根瘤蚜病虫害，墨西哥的葡萄酒业才重新发展起来。1910年的墨西哥革命时期，大部分的葡萄酒厂被摧毁，直至革命结束后十几年间，墨西哥的葡萄酒业才又逐步恢复，如今，墨西哥葡萄酒已行销到世界几十个国家，许多酒款屡获国际大奖。

墨西哥的下加利福尼亚州冬季潮湿，夏季温暖干燥，常伴有海洋微风；帕拉斯山谷虽处在沙漠地区，但海拔达到1500米，拥有独特的微气候，白天温暖，夜间凉爽，湿度较低，十分适合葡萄种植；萨卡特卡斯州（Zacatecas）位于奥霍卡连特与马卡雷纳山谷之间，冬季非常凉爽，夏季也较为凉爽，再加上较湿的黏土，非常利于葡萄的快速成熟，并且葡萄果实含有较高的含糖量。

墨西哥的降雨量较低，最干燥区域的年降雨量有时仅200毫米，很多产区需要定时人工灌溉。墨西哥本土的葡萄很少能用来酿酒，酿酒葡萄多为来自法国、西班牙和意大利的品种。墨西哥种植的主要是赤霞珠和梅洛，也有少量的美国品种仙粉黛、黑西班牙人、乐诺瓦等红葡萄品种。白葡萄品种主要有鸽笼白、白诗南、赛美蓉、霞多丽等。墨西哥的红葡萄酒香气浓郁，酒体丰满，十分成熟。有些酒款的品质十分不错，还曾在国际评比上获得过金奖，如圣托马斯（Santo Tomas）、蒙特扎尼克（Monte Xanic）等。

★ **主要种植的白葡萄品种：**鸽笼白、白诗南、赛美蓉、霞多丽
★ **主要种植的红葡萄品种：**赤霞珠、梅洛、仙粉黛、黑西班牙人、乐诺瓦
★ **主要的葡萄产区：**北下加利福尼亚州（Baja California）、帕拉斯谷（Parras Valley）

·北下加利福尼亚州·

北下加利福尼亚州是墨西哥西北部的一个州，是墨西哥的核心葡萄酒产区，位于北下加利福尼亚州半岛的北部，东侧是太平洋，西侧是加利福尼亚湾。产区的气候冬季潮湿，夏季温暖

干燥，有海洋微风。这里的葡萄树多数是由当年的西班牙殖民者引进和种植的。墨西哥的 90% 葡萄酒产自该产区的北部。

子产区恩森那达（Ensenada）是北下加利福尼亚州产区的中心区域，位于西北海岸的瓜达卢佩岛（Guadalupe）、卡拉菲（Calafia）、圣托马斯（Santo Tomas）、圣文森特（San Vicente）、圣安东尼奥拉斯米纳斯（San Antonio de las Minas）等地也是北下加利福尼亚州产区的主要种植区域。

巴哈山脉将半岛分成南北两半，两侧的气候迥然不同：东边是索诺拉沙漠的干旱沙地，根本不适合栽培葡萄；西面是太平洋海岸，气候是半干旱的地中海气候，非常适合种植葡萄；中部的山脉高达 3000 米，气候较凉爽，略潮湿，也很适合种植葡萄。

★**主要的子产区：**恩森那达（Ensenada）

·帕拉斯谷·

帕拉斯谷是位于墨西哥中北部东马德雷山脉的一个产区，虽只是墨西哥酿酒产业的一小部分，但它的历史却非常悠久，美洲最古老的酿酒厂卡萨麦德罗（Casa Madera）就在这里。美国加州、智利的葡萄种植正是从这里传入的。

该产区处在沙漠地区，海拔达 1500 米，拥有独特的微气候，白天温暖，夜间凉爽，湿度较低，能够预防虫害疾病，这里的昼夜温差达 12 摄氏度，十分有利于葡萄的生长，产区的年降雨量较低，需要实施人工灌溉。这里的葡萄树有一部分是西班牙殖民者于 16 世纪引进美洲的葡萄树的后代，还有一部分则是从欧洲或者美国的加利福尼亚运过来的。

摩尔多瓦
Moldova

　　摩尔多瓦位于乌克兰和罗马尼亚之间，地处欧洲东部，是由德里斯特河、普鲁斯河冲刷出来的陆地。摩尔多瓦的葡萄酒年均产量约达 12.4 万吨，葡萄园面积有 14.8 万公顷，其中近 11 万公顷用于商业化种植和生产，其余分布于各个村落，许多农户家庭都拥有祖传的葡萄老藤和酿酒配方。

　　摩尔多瓦是温带大陆性气候，年平均气温 8—10 摄氏度，年降水量为 400—500 毫米，境内山丘绵延起伏，还有众多河流和山谷斜坡，气候温和，日照充足，土壤多为黑钙土，为葡萄种植提供了充足营养，使摩尔多瓦能出产高品质的葡萄果实。

　　这里种植的葡萄品种非常多样，包括 67% 的欧洲品种，15% 的高加索品种，6% 的本国品种以及其他非酿酒用葡萄。迪文葡萄是摩尔多瓦的本土特有品种，专用于酿制白

兰地。这里出产的红葡萄酒野性奔放，具有独特香气，白葡萄酒则清新易饮。

　　摩尔多瓦有名的葡萄酒窖——米列什蒂·米茨（Miletii Mici），藏有近 200 万瓶葡萄酒，是吉尼斯世界纪录中世界最大的酒窖。整个酒窖全长有 250 公里，目前开放使用的还不到一半，仅 120 公里。此外，克利科瓦（Cricova）酿酒厂也拥有长达 120 公里的地下管道用于藏酒。

　　摩尔多瓦葡萄酒协会（The Moldova Wine Guild）成立于 2007 年，是由美莲妮（Dionysos Mereni）、波斯塔瓦（Vinaria Bostavan）、瓦黛丽（Chateau Vartely）、莱恩格瑞（Lion-Gri）等几个私营酿酒厂发起建立的非营利组织，这些酒厂占全国年出口总量的一半以上，它们正努力将摩尔多瓦打造成为欧洲主要的葡萄酒生产国。

M

★**主要种植的白葡萄品种：**霞多丽、长相思、阿里高特、灰皮诺、白皮诺、雷司令、琼瑶浆、麝香、西万尼、米勒－图高、白羽、迪文

★**主要种植的红葡萄品种：**赤霞珠、梅洛、黑皮诺、马尔贝克、萨别拉维、佳美、西拉、品丽珠、味而多、佳利酿、蒙特布查诺、赛美蓉、白玉霓、丹魄

★**主要的葡萄产区：**巴尔蒂（Balti）、科德鲁（Codru）、尼斯特雷亚（Nistreana）、普卡利（purcari）、科姆拉茨（Comrat）

黑山共和国
Montenegro

　　黑山共和国（简称黑山）是巴尔干半岛上的一个小国家，最西端是亚得里亚海和爱奥尼亚海的交汇处，距离希腊161公里，与意大利相望。

　　黑山是一个典型的南欧国家，拥有干燥的地中海气候，非常适宜葡萄的生长。其葡萄酒文化也很丰富，其酿酒史被公认比法国、意大利等葡萄酒大国还早。意大利有几个著名的葡萄品种正是来自黑山，红葡萄普里米蒂沃（美国的仙粉黛）就是其中一个，最先种植在意大利的巴里、普利亚大区等地区，那里正好与黑山的巴尔地区隔海相望。

　　黑山共有近4000个葡萄园，主要分布在南部地区和沿海地区。如今最常用的是威尔娜葡萄，专用来酿制颜色深厚、口感浓郁的单一品种酒，这类酒是黑山当地最著名的酒款。品质较高的威尔娜葡萄酒在酿制过程中很少使用橡木桶，在瓶中熟成七八年就可达到最佳状态，低纬度凉爽的气候还会使成酒有些清新的酸味。

　　黑山出产的葡萄酒是巴尔干半岛最受欢迎的葡萄酒，南部地区、海岸地区的葡萄园在欧洲很有名，葡萄酒主要用霞多丽、跨界、威尔娜等品种酿制。主要出产红葡萄酒酒款颜色深厚，口感浓郁，很受市场欢迎，也有少量的白葡萄酒、桃红葡萄酒、起泡酒出产。帕朗达宇梅洛（Plantaze–Podgorica Merlot）是一款奇特的红葡萄酒，芳香怡人，用的是黑山沿海地区的本地品种。古罗马格纳黑标（Vecchia Romagna Etichetta Nera）是一款非常有活力的混酿酒，在橡木桶中熟成3年，用的是特雷比奥罗 – 罗马涅葡萄。

★ **主要种植的白葡萄品种：**霞多丽

★ **主要种植的红葡萄品种：**梅洛、威尔娜、跨界

★ **主要的葡萄产区：**黑山（Crna Gora）、植物园（Plantaze）

摩洛哥
Morocco

摩洛哥地处非洲大陆的西北端，是阿拉伯国家主要的葡萄酒产区之一，有2500年的葡萄酒史，源于腓尼基人对葡萄的栽培，在罗马时期正式形成产业，开始生产、出口葡萄酒。在50多年的法国殖民期间，摩洛哥的葡萄酒业得到了很大的发展，至独立时，境内共有5.5万公顷的葡萄园。独立后，葡萄园失去了法国酿酒人的专业技能，再加上1967年欧洲共同体国家因配额制度大大降低了葡萄酒出口量，许多葡萄园也从那时开始改种其他农作物。1973—1984年间，摩洛哥多数葡萄园被收为国有，葡萄酒业走向低谷。到了20世纪90年代，政府允许外国葡萄酒公司长期租赁国有葡萄园，于是卡思黛乐集团（Groupe Castel）、威廉彼得国际酒业（William Pitters）、泰联集团（Taillan）等几个较大规模的公司纷纷进驻摩洛哥，在外资刺激下，葡萄酒业开始复苏，再次迎来发展。

摩洛哥地形多高山，长年受大西洋的冷风影响，对处于高温气候下的葡萄园来说十分有利，因此，摩洛哥是北非国家中最具出产高品质葡萄酒潜质的国家。其葡萄园主要在中北部的梅克内斯地区。那里是三面环山一面朝海的丘陵地带，日照充足，昼夜温差极大，沙砾土壤非常适合葡萄生长。每年8月，各地的葡萄园就会收获葡萄，在梅克内斯地区、阿特拉斯山脉的山麓地区，采摘还会持续到9月底。

摩洛哥葡萄酒保持着传统的酿造方法，品质也在稳步提高。摩洛哥每年生产约4000多万瓶中高档葡萄酒，其中20%以上出口到欧美国家。红葡萄酒是摩洛哥主要的酒品，产量约占葡萄酒总量的75%，桃红葡萄酒、灰葡萄酒约占20%，白葡萄酒仅占5%。

主要产区梅克内斯地区出产的葡萄酒以糖分高、品质佳而著称，出产的红葡萄酒一直被专家评为上品，深受国际市场的欢迎。值得一提的是，摩洛哥的葡萄酒虽然品质并不比法国的葡萄酒差，但价格却只有法国葡萄酒的1/3。

摩洛哥共有14块拥有原产地名称担保制度（Appellation d' Origine Garantie，简称"AOG"）地位的产区。

M

★**主要种植的白葡萄品种：**克莱雷、麝香，霞多丽、白诗南、长相思

★**主要种植的红葡萄品种：**佳丽酿、神索、紫北塞、歌海娜、赤霞珠、梅洛、西拉

★**主要的葡萄"AOG"产区：**贝尼圣德（Beni Sadden）、贝尔卡内（Berkane）、安盖德（Angad）、盖劳因（Guerrouane）、贝尼蒂尔（Beni M'tir）、塞斯（Saiss）、泽豪（Zerhoune）、阿特拉斯山（Coteaux de l' Atlas 1er Cru）、格哈勃（Gharb）、捷拿（Chellah）、宰穆尔（Zemmour）、杜卡拉（Doukkala）

新西兰
New Zealand

新西兰地处南纬 36—45 度之间，是地球最南端的产酒国，全境分为南岛、北岛，均属海洋性气候，全年大风，南凉北暖，春夏温差大，年降雨量很大，葡萄的种植地区大都在海岸线附近。

早期，新西兰的葡萄品种、种植方式和酿酒技术等都受澳大利亚的影响，但由于多降雨使果实很难完全成熟，糖量、酸度降低，酿制的葡萄酒酸涩。直到 20 世纪 70 年代，新西兰政府决定因地制宜，自主开发本土的葡萄种植和酿酒产业，经过数十年的努力，新西兰已成为南半球在寒冷气候下首屈一指的葡萄酒产地。新西兰葡萄酒的年产量不大，酒款类型不多，但在国际市场上的口碑都很好，价格也不低。

★主要种植的白葡萄品种：灰皮诺、琼瑶浆、白诗南、维欧尼、雷司令、霞多丽

★主要种植的红葡萄品种：霞多丽、梅洛、赤霞珠、黑皮诺、马尔贝克、皮诺塔吉

★主要的葡萄产地：奥克兰（Auckland）、吉斯本（Gisborne）、霍克斯湾（Hawke's Bay）、怀拉拉帕（Wairarapa）、尼尔森（Nelson）、马尔堡（Marlborough）、坎特伯雷（Canterbury）、中部奥塔哥（Central Otago）

奥克兰

奥克兰在新西兰北岛的中北部，涵括奥克兰市、曼努考市、北岸市、怀赫科市、富兰克林区、罗德尼区、帕帕库拉区等行政地域。当地属亚热带海洋气候，温暖，湿润，日照足，风大，霜少，春夏两季多雨。土壤主要是淤泥、黏土和沙砾，排水性差，土质贫瘠。

这里有新玛丽酒庄（Villa Maria）、蒙大拿酒庄（Montana）、巴比酒庄（Babich）等规模较大、具有国际知名度的酒庄。当地还在豪拉基湾对面的怀赫科岛上建了不少葡萄园和酒庄度假邨，一直是葡萄酒爱好者热衷的目的地。

★主要种植的白葡萄品种：灰皮诺、霞多丽

★主要种植的红葡萄品种：梅洛、赤霞珠、黑皮诺

★主要的葡萄产区：亨德森（Henderson）、克利夫登（Clevedon）、库姆（Kumeu）

吉斯本

吉斯本在新西兰北岛的东海岸波弗蒂湾，靠近地球日期变更经线，是世界最早看见太阳的地方。当地气候温暖湿润，日照充足，冬季少霜，多雨。土壤主要是排水性好的泥沙、黏土和碎石。

1913 年，吉斯本最开始种植葡萄和酿酒时主要以家庭作坊为主，后来在德国人的带领下逐渐商业化和规模化，现已是新西兰第三大葡萄酒产地。

当地种植量最大、最优质的葡萄品种是霞多丽，由此酿出的白葡萄酒浓郁高贵，口感迷人，很受市场欢迎，为当地赢得了"新西兰霞多丽之都"的美誉。琼瑶浆葡萄酒口感细腻，颇具个性，特别是玛塔维洛（Matawhero）、圣利（Vinoptima）两个酒庄的酒款。白诗南葡萄酒产量很少，口感精致，极具当地风土特色，以米尔顿（Millton）酒庄的产品为代表。

吉斯本有一个葡萄酒品鉴中心，建在吉斯本市的中心商业街，集中了当地所有的酒款，配以当地的美食、土特产，统一展示、促销，很受游客和消费者的欢迎。

> ★**主要种植的白葡萄品种：**琼瑶浆、白诗南、维欧尼、雷司令、霞多丽
>
> ★**主要种植的红葡萄品种：**马尔贝克、梅洛、皮诺塔吉
>
> ★**主要的葡萄产区：**亨德森（Henderson）、克利夫登（Clevedon）、库姆（Kumeu）

霍克斯湾

霍克斯湾在 19 世纪中期开始种植葡萄和酿酒。到 20 世纪 20 年代，已有一定规模，并且诞生了如传教区酒庄（Mission Estate)、德迈酒庄（Te Mata Estate）、维达尔酒庄（Vidal Estate）、麦当劳酒庄（McDonalds Winery）、格伦谷酒庄（Glenvale Winery）、埃斯克山谷酒庄（Esk Valley Winery）等一些知名酒企。

霍克斯湾在新西兰北岛的东海岸，南向距首都惠灵顿约 300 公里，北向距奥克兰约 400 公里。当地气候温暖，干燥，少雨。土壤主要是土质优良、排水性好的黏土、石灰石和粗沙砾。有四条河流经过该地区，遍布冲积河谷和梯田，水资源充沛。

这里是新西兰产量最大、品质最好的红葡萄酒产地，当地赤霞珠、梅洛、西拉等酒款的年产量全国占比 80% 以上，其中的赤霞珠混酿红葡萄酒，拥有诱人的成熟水果风味，陈年后结构饱满复杂、口感精致优雅。此外，还出产霞多丽、长相思等白葡萄酒，酒款口味柔和，富含矿物质、核桃的风味。

> ★**主要种植的白葡萄品种：**霞多丽、长相思
>
> ★**主要种植的红葡萄品种：**赤霞珠、梅洛、西拉

怀拉拉帕在新西兰北岛的南部，距离惠灵顿约 100 公里，葡萄的种植面积在新西兰排名第六，现已成为新西兰葡萄酒业开拓国际市场的新兴力量。当地夏季炎热干燥，昼夜温差大，冬季凉爽多雾，多雨湿润。土壤主要是富含矿物质，排水性良好的石灰石、粉砂，非常适合葡萄种植。不同产区的地形有明显不同：格莱斯顿产区被几条河流长期冲刷形成了奇特地形———一边是坡地和梯田，一边是陡峭悬崖；而另一个产区马斯特，则是在一片平原之上。每年的 3 月份完成葡萄采摘后，在马斯特产区的地标"千年树"下，会举行一年一度的品酒庆祝活动。

> ★ **主要种植的白葡萄品种：** 长相思、霞多丽、雷司令、灰皮诺
> ★ **主要种植的红葡萄品种：** 黑皮诺、西拉
> ★ **主要的葡萄产区：** 马丁堡（Martinborough）、马斯特（Masterton）、格莱斯顿（Gladstone）

N

·马丁堡·

马丁堡在怀拉拉帕地区的最南端，距离首都惠灵顿约 150 公里，气候干燥、凉爽，处于塔拉鲁瓦山、林姆塔卡山的背风坡上形成的雨影区内，是新西兰北岛最干燥的地方。土壤主要是石灰岩、冲积土，表层土浅薄、贫瘠，底层富含矿物质。

产区易遭受春季霜冻，所以，当地的葡萄园都装了强力暖风机，以帮助葡萄藤抵御春冻的伤害。当地葡萄的种植面积仅约 700 公顷，主要种植黑皮诺，葡萄的生长期和成熟期都很长，产量不大，但品质上乘，能展现当地的风土特点。当地基本上都是家族式经营的小酒庄，成酒的产量虽然仅占全国的 1% 不到，但出产的黑皮诺单品红葡萄酒风味凝炼，质地细腻，酒体复杂，精致优雅，带有红樱桃、草莓的馥郁香气，是新西兰的明星酒款。

★ **主要种植的红葡萄品种：** 黑皮诺

尼尔森

尼尔森在新西兰南岛的最北端，属海洋性气候，日照充足，风大湿润。当地的土质条件很好，土壤主要是砂砾、黏土。威美亚平原地带由河流冲积而成，土壤成分主要是淤泥、砂石。

当地有 20 多个传统酒庄，都是家族式经营，年轻的酿酒师们发挥创意，改良了不少酿酒工艺，他们将新西兰特有的野生酵母用于发酵，酿出的酒款具有鲜明特色，尤其是霞多丽白葡萄酒，芳香四溢，精致优雅，富含坚果和矿物质的风味。

★ **主要种植的白葡萄品种：**霞多丽、雷司令、灰皮诺、长相思、琼瑶浆

★ **主要种植的红葡萄品种：**黑皮诺

★ **主要的葡萄产区：**蒙特雷山（Moutere）、威美亚平原（Waimea）

马尔堡

马尔堡在新西兰南岛的东北角，20 世纪 70 年代开始规模化的葡萄种植和酿酒，目前是新西兰葡萄种植面积最大、葡萄酒产量最大的产地，全国占比 70% 以上。

当地气候干燥凉爽，昼夜温差大，是新西兰日照时间最长的地区。土壤主要是排水性良好的砂石、黏土和鹅卵石。由于四季凉爽，夜晚寒冷，葡萄的生长期和成熟期都很长，产出的葡萄酒具有高酸度，口感激爽，果香诱人，带有草本植物、矿物质的气息，尤其是当地的标志产品长相思白葡萄酒，口味独特、驰名世界。

★ **主要种植的白葡萄品种：**长相思、霞多丽、雷司令

★ **主要种植的红葡萄品种：**黑皮诺

★ **主要的葡萄产区：**怀劳谷（Wairau Valley）、阿沃特雷谷（Awatere Valley）

坎特伯雷

坎特伯雷在新西兰南岛的中部，夏季干燥，冬季寒冷，土壤主要是淤泥、砂砾、石灰石、白垩土等。葡萄的生长期和成熟期都很长，酸度较高，糖分较少，具有气候寒冷产地的风土特征，酿出的葡萄酒酸甜平衡，酒精度不高，果香清新，年轻易饮。

坎特伯雷从 19 世纪中期开始种植葡萄和酿酒，至 20 世纪 70 年代开始规模化和商业化，现有约 **50** 个葡萄园、酒庄，是新西兰第四大葡萄酒产地。雷司令白葡萄酒是当地的特产，有国际知名度，具有草本、水果的香气，略带当地的蜂蜜味，陈年后会发展出煤油的气息。黑皮诺红葡萄酒带有明显的浆果芳香，还有些烟草的气味，是新西兰的同类酒款中独有的特点。

★ **主要种植的白葡萄品种：**长相思、霞多丽、雷司令

★ **主要种植的红葡萄品种：**黑皮诺

★ **主要的葡萄产区：**班克斯半岛（Banks Peninsula）、怀帕拉谷（Waipara Valley）

中部奥塔哥

中部奥塔哥在新西兰南岛的南部，是全球最南端的葡萄酒产地。这里地处山谷深处，周围环绕的都是常年积雪的山脉，属海洋性气候，但也有一些大陆性气候的特征，夏季短暂，炎热干燥，冬季寒冷，四季少雨。冬季常有南风带来的大雾，给葡萄成长造成伤害。因此，当地的葡萄园大部分都建在海拔200—400米（新西兰平均海拔最高的产地），背南朝北的山腰坡地上，并配备了大功率的风机和水枪以减弱雾害。该地区土壤主要是排水性良好、富含矿物质的黄土、冲积淤泥和砂砾，因为气候干燥，还需挖渠引水，增加人工灌溉。

产区虽然产量都不大，但因独到的种植和经营管理方式，出产的酒款水准普遍很高，属于新西兰的精品产地，很有发展潜力。例如黑皮诺单品红葡萄酒，因风格独特而声名远播，很受资深葡萄酒爱好者们的认可。

★**主要种植的白葡萄品种：** 长相思、霞多丽、雷司令、灰皮诺

★**主要种植的红葡萄品种：** 黑皮诺

秘鲁
Peru

秘鲁位于南美洲西部，西侧濒临太平洋，南部是沙漠，北部是山区，东部高原平均海拔 3750 米，国土南端位于赤道线，北端处于南回归线，是真正的热带国家。秘鲁拥有世界上最复杂的水域系统，包含大面积的亚马逊流域热带雨林，亚马逊河就是发源于此。

秘鲁的葡萄种植史开始于 16 世纪，由西班牙人引入酿酒葡萄，在太平洋与安第斯山之间，找到了在纬度 30—45 度之外，适合葡萄种植的海岸平原区域，经过数十年不断地改进和发展，出产的葡萄酒品质优秀。

海岸平原区的皮斯科市位于秘鲁葡萄酒产区的中心，距离首都利马南部约 220 公里，周围是钦查、伊卡、莫克瓜、塔克纳等村镇，这些地方也都是葡萄种植区。

罗纳河谷南部的歌海娜葡萄是秘鲁酿酒业主要的品种，酿出的葡萄酒呈肉红色，酒精度较高。歌海娜与小北塞的杂交品种紫北塞葡萄和赤霞珠也是当地的葡萄品种。秘鲁人也用长相思和麝香白葡萄混制来酿制特浓迪（Torontel）葡萄酒。

被联合国知识产权组织裁决确认产地国籍权的皮斯科白兰地蒸馏葡萄酒是世界上知名度很高的酒品，这款酒非常清澈，是秘鲁所有的出口酒款中最成功的。秘鲁全国葡萄酒年产量约为 4300 万升，出口量有限，大部分供国内消费。

伊卡位于阿塔卡马沙漠北部土壤肥沃的绿洲上，秘鲁最好的酿酒厂都在这里，有三个驰名国际酒业市场的商业葡萄酒厂，塔卡玛葡萄酒厂（bodega Tacama lies）、奥库卡赫酒厂（bodega Okukah）和比斯塔阿莱格雷酒厂（Vista Alegre lies）。

塔卡玛葡萄酒厂在伊卡以北 10 公里，出产的赤霞珠红葡萄酒和长相思白葡萄酒品质优异。在伊卡以南约 40 公里处的奥库卡赫酒厂，是秘鲁的首家大型葡萄酒厂，出产世界闻名的白兰地葡萄酒皮斯科（piscos）。比斯塔阿莱格雷酒厂位于伊卡市以北 3 公里，是一个采用现代化技术和设备生产的企业。

除此之外，伊卡还有近百个统称为"artesanales"（工艺酒厂）的小酒厂。这些酒厂都是使用秘鲁传统的酿造方式进行生产，包括葡萄的压榨、发酵、储存等。

在葡萄收获季节，秘鲁有许多葡萄采摘的庆祝活动，产区周边的酒厂都会参与。秘鲁传统型的葡萄酒，标签上有"bodegas artesanales"（传统工艺酒厂）的标注，这意味着秘鲁葡萄酒是属于旧世界的。很多标有"bodegas artesanales"的葡萄酒款品质相当不错。由于出口量不高，这种酒款在国外很难见。

★**主要种植的白葡萄品种：**长相思、麝香

★**主要种植的红葡萄品种：**赤霞珠、歌海娜、紫北塞

葡萄牙
Portugal

葡萄牙在伊比利亚半岛的西部，是传统的旧世界产酒国，历来以出产加烈葡萄酒（包括波特酒、马德拉酒等）和高酸度的白葡萄酒为主，近几十年也开始注重红葡萄酒的生产。

12世纪时，葡萄牙西北部的米尼奥镇就已是葡萄牙的酒业贸易中心，大量的加烈酒从这里出口到欧洲各国。到了英法战争期间，葡萄牙取代法国成为英国主要的葡萄酒供应国，波特酒因此被称为"英国男人的葡萄酒"。

19世纪30年代末，葡萄牙爆发葡萄根瘤蚜病灾害，葡萄园、酒庄都遭到毁灭性打击，直到1986年加入欧盟后，葡萄牙的葡萄酒产业才通过技术革新、开发新品种而再度启动，重获国际酒界的关注。

葡萄牙属海洋性气候，深受大西洋季风的影响，夏季温暖干燥，冬季凉爽潮湿，内陆平原少雨，沿海山丘谷地雨大，境内有海岸、山林、河川、沙带等各种地型地貌，西北与东南地区的风土环境有极大差异。由于纬度、海洋、山区对气候的影响，不同产区之间种植的葡萄品种都有些不同，酿成的酒在风格上也有很大的差异。

葡萄牙葡萄酒共分为了3个等级，分别是法定产区葡萄酒（Denominacao de Origem Controlada，简称DOC）、地区餐酒（Vinho Regional，简称VR）和餐酒（Vinho）。

★**主要种植的白葡萄品种：**华帝露、舍西亚尔、阿尔巴利诺、阿瑞图、胡佩里奥、安桃娃、赛西尔、羔羊尾

★**主要种植的红葡萄品种：**多瑞加、丹魄、巴加、卡斯特劳、特林加岱拉、紫北塞

★**主要的葡萄产地：**阿特连茹（Alentejo）、贝拉斯（Beiras）、特茹（Ribatejo）、埃斯特雷马杜拉（Estremadura）、塞图巴尔半岛（Peninsula de Setubal）、杜罗河（Douro）、杜奥（Dao）、特兰斯蒙塔诺（Transmontano）、阿尔加维（Algarve）、亚速尔群岛（Azores）、百拉达（Bairrada）、米尼奥（Minho）、马德拉群岛（madeira）

--- 阿特连茹 ---

阿特连茹在葡萄牙的南部，气候火热干燥，地形平整，基本是平原和一些斜度较缓的丘陵。受到大陆性气候和地中海气候的影响，该地区降水较少，夏季炎热。气候和土壤条件都有所不同：北部温暖潮湿，土壤为花岗岩土；中部是典型的大陆型气候，冬季寒冷，夏季炎热，土壤为页岩土；南部是温暖的地中海气候，土壤为石灰质粘土。

阿连特茹在众多葡萄酒产区中以高产著称，这里出产的白葡萄酒口感柔顺、尖酸，略带热带水果的香气；红葡萄酒酒体丰满，单宁厚重，带有红色水果的风味。

阿特连茹是一个地区餐酒（VR）产区，除了 8 个 DOC 法定产区，其他大部分的葡萄酒都以 VR 餐酒的等级销售。当地知名的酒庄有艾斯波澜酒庄（Herdade do Esporao）、穆高酒庄（Herdade do Mouchao）、卡都萨酒庄（Cartuxa）、波图加·拉莫斯酒庄（Joao Portugal Ramos）、摩查酒庄（Mouchao）。

★ **主要种植的白葡萄品种：** 胡佩里奥、安桃娃、阿瑞图

★ **主要种植的红葡萄品种：** 特林加岱拉、阿拉哥斯、卡斯特劳、紫北塞

★ **八个法定(DOC)产区：** 亨波塔莱格雷区（Portalegre）、波尔巴区（Borba）、雷东多区（Redondo）、埃武拉区（Evora）、雷根戈斯区（Reguengos）、格兰哈 – 阿玛雷莱亚区（GranjaAmareleja）、维迪格拉区（Vidigueira）、莫拉区（Moura）

贝拉斯

贝拉斯位于葡萄牙的北部，在葡萄牙与西班牙的边界区域，从大西洋海岸一直延伸到与西班牙的边界，约 160 公里长，因此风土条件变化很大，区内有海岸线、河流、山谷、湖泊、高原和低矮的山脉。其土壤类型多样，西部为海岸砂质土，内陆为拜尔拉达的石灰岩和粘土，中部为蒙德戈和西拉河谷的冲积土。

当地主要出产起泡酒，酒款大多比较酸，口感明快，清新淡雅，也少量出产红葡萄酒和白葡萄酒。白葡萄酒清新芬芳，红葡萄酒浓郁丰满。

★ **主要种植的白葡萄品种：** 阿瑞图、赛西尔、羔羊尾

★ **主要种植的红葡萄品种：** 国产弗兰卡、红巴罗卡、国产多瑞加、罗丽红、黑皮诺

★ **主要的法定（DOC）产区：** 贝拉（Beira Interior）、拉佛思（Lafoes）

特茹

特茹在葡萄牙的中部，是一个内陆产区。该地横跨伊比利亚半岛最长的特茹河，这条连接马德里和里斯本的主要水道的河流使得两岸土壤肥沃，造就了其农业和畜牧业。特茹河是葡萄牙和西班牙之间通商顺畅的重要通道，使得当地成为葡萄牙最富有的地区之一，也形成了天然的葡萄酒市场。除此之外，特茹还是全世界最大的软木塞产区，出产的软木约占世界总量 2/3，葡萄牙

的斗牛也主要出产自这里。

这里主要种植的红葡萄品种有以地区命名的特茹、特林加岱拉、本土多瑞加、赤霞珠和梅洛；白葡萄品种有本地品种——高产早熟又有独特香气的费尔诺皮埃斯。出产的红葡萄酒、白葡萄酒数量参半，品质都不错，价格都很实惠，主要供应葡萄牙国内市场。

> ★**主要种植的白葡萄品种：**费尔诺皮埃斯
> ★**主要种植的红葡萄品种：**特茹、特林加岱拉、本土多瑞加、赤霞珠、梅洛

埃斯特雷马杜拉

该地区在葡萄牙的首都里斯本市的西侧，临近西班牙的同名产区埃斯特雷马杜拉，此前作为葡萄牙 VR 级别最大的产区，一直被称为里斯本。

当地出产的白葡萄酒酸度平衡，带有野花的气息，适合陈年；红葡萄酒口感饱满，香气芬芳，单宁厚实，可以瓶陈数年。

> ★**主要种植的白葡萄品种：**阿瑞图、费尔诺皮埃斯、玛尔维萨、色拉诺瓦、维特
> ★**主要种植的红葡萄品种：**紫北塞、阿拉哥斯、卡斯特劳、红迷乌达、国产弗兰卡、国产多瑞加、特林加岱拉

塞图巴尔半岛

该地区与大西洋相临，横跨里斯本南部泰格斯河的入海口，塔古斯大桥将其与里斯本相连。当地属于地中海气候，夏季炎热干燥，大部分降雨集中在温和的冬季。

当地出产的白葡萄酒酒体轻盈，口味淡雅，略带野花香；红葡萄酒酒色红紫，口感柔顺，带有当地香料的风味。卡斯特劳是这个半岛产区的主打红葡萄品种，它是酿造帕尔梅拉优质红葡萄酒的主要原料。这里是号称世界最好的加强型麝香甜白酒的产地，2010 年，加强型麝香甜白曾经获得了罗伯特·帕克的满分评价，2011 年又在世界麝香白葡萄酒评比中获得了最高分。

塞图巴尔半岛的两个 DOC 法定产区帕梅拉（Palmela）和塞图巴尔（Setubal），出产了不同风格的葡萄酒。帕梅拉用在干燥的沙质土壤上表现出色的卡斯特劳葡萄酿造大部分葡萄酒，当然也有其他葡萄牙和国际品种，如赤霞珠、国产托里加和西拉。塞图巴尔则是用亚历山大麝香酿制的甜型强化葡萄酒，被称为赛图巴尔麝香加强甜葡萄酒（Moscatel de Setubal）。这些葡萄酒的酿造中会将剩下的葡萄皮在变质后加入葡萄酒中，这使得酒款具有独特的花香特征。

★**主要种植的白葡萄品种：**亚历山大麝香

★**主要种植的红葡萄品种：**卡斯特劳、特林加岱拉、阿弗莱格、国产托里加、西拉

★**主要的法定（DOC）产区：**帕梅拉（Palmela）、塞图巴尔（Setubal）

杜罗河

杜罗河在葡萄牙的东北部山区，是历史悠久且著名的产区。这里背靠蒙特木罗山脉，杜罗河从西班牙进入葡萄牙，横贯葡萄牙流入大西洋。当地气候非常干燥，多种地形和气候同时存在，主要的葡萄园沿着蜿蜒的河谷种植，山体对葡萄树有一定的保护作用。

当地出产葡萄牙的经典酒款波特加烈酒，也有少量优秀、口感厚重、结构复杂的红、白葡萄酒。使用本土多瑞加酿造的干型葡萄酒色泽深浓，风味集中，单宁充沛，有水果风味，陈年潜力很好。以本土多瑞加、红巴洛卡和丹魄三种葡萄进行的混酿，被称为"葡萄牙混酿"。

★**主要种植的白葡萄品种：**玛尔维萨、古维欧、拉比加多、维欧新

★**主要种植的红葡萄品种：**国产多瑞加、国产弗兰卡、红巴罗卡、阿拉哥斯、猎狗、特林加岱拉、维毫、丹魄

★**主要的法定（DOC）产区：**上杜罗河（Douro Superior）、上科尔古河（Cima Corgo）、科尔古河（Baixo Corgo）

P

杜奥

杜奥位于葡萄牙的中北部，受大西洋气候影响较深，冬季寒冷多雨，夏季炎热干燥，拥有较多的有本地特色葡萄品种。近年来，这里发展成为最具潜力的葡萄酒产区之一。当地出产的白葡萄酒芳香四溢，果味浓郁；红葡萄酒香气丰富，酒体丰满，适合陈年。

★**主要种植的白葡萄品种：**依克加多、碧卡、赛西尔、玛尔维萨、华帝露

★**主要种植的红葡萄品种：**国产多瑞加、阿弗莱格、珍拿、罗丽红

罗马尼亚
Romania

罗马尼亚国土面积不大，在匈牙利和黑海之间，地处中欧和东南欧的交汇处，连接法国地中海海岸的东部。被喀尔巴阡山脉分成两个部分，西部、北部是大陆性气候，夏季温暖，秋季漫长温和，冬季短暂寒冷，葡萄成熟期很长。东部受地中海影响，夏季炎热，冬季温和。喀尔巴阡山的土壤多石，排水性好；海岸地区则多是沉积土、沙土。

罗马尼亚开始种植葡萄和酿酒的时间可追溯到4000多年前，到了2000多年前的古罗马时期，罗马尼亚已就遍布葡萄园和酒庄。罗马尼亚现有葡萄种植面积达20多万公顷，是欧洲第五大葡萄酒出产国，也是一个葡萄酒消费大国，大部分产量用于满足国内市场。

罗马尼亚人称自己的国土是"葡萄酒的土地"，出产的葡萄酒果香突出，单宁柔顺，品质十分优秀，在国际葡萄酒比赛中屡次摘金夺奖。尤其是用白公主、黑姑娘等罗马尼亚特有的葡萄品种酿出的酒款，越来越受资深葡萄酒客的喜爱。

R

★**主要种植的白葡萄品种：** 霞多丽、意大利雷司令、长相思、灰皮诺、琼瑶浆、白公主、奥托奈麝香、阿里高特、罗曼尼斯卡塔马萨（小白粒麝香）、格拉萨、法兰奇莎、黄奥多贝什蒂、布舒瑶克薄荷丁、富尔民特

★**主要种植的红葡萄品种：** 赤霞珠、黑皮诺、梅洛、黑姑娘、加达卡（卡达卡）、勃玛、黑巴贝萨卡

★**主要的葡萄产区：** 塔纳夫（Tarnave）、科特纳里（Cotnari）、穆法特拉尔（Murfatlar）、迪鲁马雷（Dealu Mare）

·塔纳夫·

该产区位于喀尔巴阡山脉附近锡比乌镇的正北方向，这里地势较高，受河流影响湿度较大，气候凉爽，适宜种植白葡萄。出产的白葡萄酒款果味浓郁，酸度适宜。这里的酿酒厂有布拉杰（Blaj）、佳德维（Jidvei）、特尔讷韦尼（Tarnaveni）、扎加尔（Zagar）等。

★**主要种植的白葡萄品种：** 灰皮诺、意大利雷司令、富尔民特、霞多丽、白公主

★**主要种植的红葡萄品种：** 赤霞珠、富尔民特

·科特纳里·

该产区位于雅西市西北部的山区。在斯蒂芬大帝（Stephen the Great）统治罗马尼亚时期，他非常钟爱科特纳里产区的葡萄酒，专门投资搭桥修路到山里运送葡萄酒，还建了自己的酒窖。该产区位于雅西市西北部的山区，主要出产白葡萄酒，还出产了罗马尼亚最好的甜型葡萄酒。

★**主要种植的白葡萄品种：**罗曼尼斯卡塔马萨、白公主、法兰奇莎

·穆法特拉尔·

该产区是罗马尼亚非常重要的产区，位于多布罗加地区。这里年均光照时间达 300 天，黑海带来的湿气为其出产贵腐葡萄创造了有利条件。产区以出产甜葡萄酒而闻名，葡萄果实糖分很高，晾制成葡萄干后，再用于酿制甜葡萄酒。

这里的酿酒厂包括有穆法特拉（Murfatlar）、梅吉迪亚（Medgidia）、切尔纳沃德（Cernavoda）、阿达姆克里西（Adamclisi）等。

★**主要种植的白葡萄种：**灰皮诺、霞多丽、意大利雷司令、长相思、奥托奈麝香
★**主要种植的红葡萄品种：**赤霞珠、梅洛、黑姑娘、黑皮诺

·迪鲁马雷·

该产区分布在喀尔巴阡山次级产区 400 平方公里的范围内，是罗马尼亚葡萄藤种植密度最大的产区，也是罗马尼亚红葡萄酒的发源地，当地的土壤和气候赋予了当地酒款特殊的风味。

这里的酿酒厂有克卢格雷亚斯克谷乡（Valea Calugareasca）、图哈尼（Tohani）、皮特罗萨（Pietroasa）等。

★**主要种植的白葡萄种：**灰皮诺、白公主、长相思、奥托奈麝香、罗曼尼斯卡塔马萨
★**主要种植的红葡萄品种：**赤霞珠、梅洛、黑姑娘

R

斯洛文尼亚
Slovenia

斯洛文尼亚是中欧南部的一个小国，毗邻阿尔卑斯山，西近意大利，西南靠亚得里亚海，东部、南部与克罗地亚接壤，东北通匈牙利，北连奥地利。斯洛文尼亚有欧洲中部大陆、阿尔卑斯山和地中海三种气候，夏季平均气温21摄氏度，冬季平均气温0摄氏度，沿海地区属地中海气候，内陆地区属温带大陆性气候，冬季寒冷干燥，夏季十分炎热。

这里的葡萄园多位于朱利安阿尔卑斯山与卡拉凡克山之间的山麓地带及潘诺尼亚平原等地，其土壤主要是石灰质，葡萄种植面积超2.23万公顷，葡萄种植需要做好春季防霜冻、生长期防干旱、夏季防冰雹等抗灾保护措施。

目前有2.8万多家酿酒厂，年产量近亿升，出产的葡萄酒中有75%为白葡萄酒，大多数供国内市场消费，每年仅有600多万升用于出口，出口对象基本都是东欧的国家。

斯洛文尼亚设置了官方的葡萄酒分级制度，分别是日常餐酒（Namizno vino）、地区餐酒（Deelno vino PGO）、优质葡萄酒（Kakovostno ZGP）、顶级葡萄酒（Vrhunsko vino ZGP）。

★**主要种植的白葡萄品种：** 霞多丽、长相思、灰皮诺、白皮诺、格雷拉、拉斯基瑞兹琳、金麝香、维托斯卡、莎斯拉、肯纳、克劳基维纳、奥托奈麝香、兰芳、西万尼、纽伯格、雷司令

★**主要种植的红葡萄品种：** 梅洛、赤霞珠、黑皮诺、品丽珠、西拉、兹威格、巴贝拉、佳美

★**主要的葡萄产区：** 波德拉夫（Podravje）、德拉瓦河谷（Posavje）、普乐莫斯卡（Primorska）

·波德拉夫·

该产区是斯洛文尼亚葡萄酒产量最大的产区，在斯洛文尼亚的东部，葡萄园主要在马里博尔、奥尔莫日镇周围，种植面积约1.1万公顷。这里主要是小而平缓的山丘，土壤的矿物质含量丰富，遍布非碳酸盐的岩石，排水性极好。

产区的东部是大陆性气候，西部是亚高山气候，葡萄在成长期间能够得到长时间的光照，十分有利于果实的成熟。产区夏季时有旱灾，从潘诺尼亚平原刮来的热风更会加重旱情；冬季寒冷且伴有大雪，长期有来自斯洛文尼亚东北方的布拉风。

★**主要种植的白葡萄品种：** 雷司令、琼瑶浆、米勒－图高、灰皮诺、白皮诺

★**主要的子产区：** 普雷克穆列（Prekmurje）、马里博尔（Maribor）、中斯洛文尼亚戈里瑟

（Srednje Slovenska Gorice）、拉德戈纳－卡佩拉）（Radgona-Kapela）、斯玛捷－维耶斯坦（Smarje-Virstanj）、阿罗泽（Haloze）、柳托梅尔－奥尔莫什（Ljutomer-Ormoz）

·德拉瓦河谷·

该产区位于斯洛文尼亚的东南部，毗邻克罗地亚，是斯洛文尼亚葡萄产量最小的产区，因出产质量稳定的葡萄酒而出名。葡萄种植区主要在新梅斯托市和克尔什科两镇之间。尽管产区的地理面积比波德拉夫产区大，但葡萄园的分布密度低，种植面积仅有波德拉夫产区的一半，所以葡萄产量很小。出产特色的茨维契克（Cvicek）酒，是用不同红葡萄品种与白葡萄品种混酿而成的，其酒体轻盈，口感尖酸。

★**主要种植的葡萄品种：**佳美、霞多丽、灰皮诺、白皮诺、黑皮诺、圣劳伦、蓝佛朗克、兹威格、莱茵雷司令、琼瑶浆

★**主要的子产区：**多伦斯卡（Dolenjska）、比泽斯科－布雷吉治（Bizeljsko-Brezice）、贝拉克拉伊纳（Bela Krajina）

·普乐莫斯卡·

该产区位于亚得里亚海沿海地区，南面与克罗地亚接壤，西面与意大利的弗留利－威尼斯朱利亚大区接壤，当地属于温暖的地中海型气候，出产的红葡萄酒、白葡萄酒都很有特点，远近闻名。自1991年起这里的葡萄酒品质就一直在飞跃上升，是斯洛文尼亚第一个获得国际声誉的产区。

★**主要种植的白葡萄品种：**丽波拉、弗留利、灰皮诺、霞多丽、长相思

★**主要种植的红葡萄品种：**莱弗斯科、赤霞珠、梅洛、佳美娜、黑皮诺

★**主要的子产区：**戈里斯卡·布达（Goriska brda）、科佩尔（Koper）

S

南非
South Africa

南非葡萄酒业的起源和发展离不开南非葡萄酒之父——西蒙·范德斯代尔（Simon van der Stel）。17世纪中期，荷兰政府为了减少远洋船员罹患败血病的几率，将33岁的荷兰外科医生西蒙·范德斯代尔派到南非去管理菜园和食品供应，并为荷兰东印度公司的远航船只在香料贸易海运航程中必经的南非建立物资补给站。西蒙·范德斯代尔到南非后，发现开普敦的地中海气候非常适合种植葡萄，便开始栽培从欧洲带来的葡萄苗，1659年，开普敦的第一批葡萄酒诞生了。后来成为总督的他于1685年在开普敦创办了康斯坦提亚酒庄（Constantia），很快那里就成为南非的葡萄酒交易中心。1778年，康斯坦提亚酒庄被转卖给了汉德里克·科鲁迪（Hendrik Cloete），经过新主人的不断改进，由他酿制的康斯坦提亚加强型甜酒极受当时欧洲贵族阶层的欢迎。

1866年，南非葡萄园区遭受了毁灭性的葡萄根瘤蚜虫病破坏，整个行业陷入几十年的萎靡。直至20世纪初，南非的葡萄种植业才开始复苏。期间，又因为神索葡萄的过度出产，最终导致大量的葡萄酒滞销。为防止类似情况，南非政府于1918年成立了"酒农联合协会"（KWV），专门负责管理南非的葡萄种植与葡萄酒生产，使得南非的葡萄酒产业就此稳定、健康地成长起来。

南非夏季温暖，冬季寒冷潮湿多风，高山地区有雪，少霜冻、暴雨等极端天气，因有从南极洲漂来的本吉拉洋流的影响，使得南非开普敦的天气比其他同纬度的地方凉爽，所以在开普敦的厄加勒斯南部、西岸等地区的葡萄成熟期会长些，果实品质上乘，酿出的酒款很优雅。大多数葡萄园在西开普敦和南开普敦，分布在从北至南长达700公里的区域内。

★主要种植的白葡萄品种：白诗南、长相思、霞多丽、鸽笼白、赛美蓉、维斯雷司令、琼瑶浆、麝香

★主要种植的红葡萄品种：赤霞珠、梅洛、品丽珠、西拉、皮诺塔吉

★主要的葡萄产地：西开普（Western Cape）东开普（Eastern Cape）

西开普

西开普省西临大西洋，南临印度洋，气候深受两大洋交汇的影响，属典型的地中海气候，夏季漫长，日照充足，冬季温暖湿润。当地常被强烈的"道格特角风"（Cape Doctor）吹袭，很利于减少葡萄园中病虫害的滋生，非常适宜葡萄生长，所以这里成为了地球上最优质的葡萄种植基

地之一，南非90%以上的葡萄酒都产自这里。

西开普是南非主要的葡萄产业基地，集中了南非大部分葡萄园和酿酒厂。当地种植过绝大多数葡萄品种，出产的酒款品类繁多，不论清新、厚重、雅致、活泼、内敛、奔放、高贵、野性、昂贵、低廉等各种品质，应有尽有。

★**主要种植的白葡萄品种：**阿瑞图、费尔诺皮埃斯、玛尔维萨、色拉诺瓦、维特

★**主要种植的红葡萄品种：**紫北塞、阿拉哥斯、卡斯特劳、红迷乌达、国产弗兰卡、国产多瑞加、特林加岱拉

★**主要的产区：**开普南海岸（Cape South Coast）、海岸（Coastal Region）、布里厄河谷（Breede River Valley）、克林克鲁（Klein Karoo）

·开普南海岸·

★**主要的子产区：**奥弗山（Overberg）、沃克湾（Walker Bay）、厄加勒斯角（Cape Agulhas）

★**主要的小产区：**克莱因河（Klein River）、天地山脊（Hemel-en-Aarde Ridge）、艾琳（Elim）

··奥弗山··

奥弗山在开普省的东南向约90公里处，种植的葡萄品种有霞多丽、长相思、维欧尼、雷司令、黑皮诺等，出产的葡萄酒细致清新，果香精致，类似欧洲风格。

··沃克湾··

沃克湾在开普省的南向约100公里处，种植的葡萄品种有霞多丽、长相思、黑皮诺、皮诺塔吉、内比奥罗等，出产的葡萄酒清新易饮，适合佐餐。

··厄加勒斯角··

厄加勒斯角在开普省的东南向约175公里处，是开普南海岸产区最南部的葡萄种植区域，位于印度洋、大西洋交汇处的海滨地带，常年受海洋季风的影响。种植的葡萄品种有长相思、赛美蓉、鸢维乐、西拉、黑皮诺等，出产的葡萄酒有明显的矿物味，年轻时清新活泼，若经几年瓶中熟成则酸度突出，口感丰富，另具特色。

···克莱因河···

克莱因河在开普省的东南向约125公里处，种植的葡萄品种有桑娇维塞、西拉等，出产的葡

萄酒果香浓郁，酒体丰满，口感细腻。

···天地山脊···

天地山脊在开普省的南向约120公里处，种植的葡萄品种有维欧尼、长相思、霞多丽、黑皮诺等，这里的 Creation 酒庄、Babylon Peak 酿酒厂在南非很有名。

···艾琳···

艾琳在开普省的东南向约198公里处，正处于厄加勒斯角的角尖上，种植的葡萄品种有长相思、赛美蓉、黑皮诺等，出产的葡萄酒浓郁厚重，酸度很高，带有砂质矿物和香料等风味，有陈年能力，备受市场赞誉。

·海岸·

★**主要的子产区：**威灵顿（Wellington）、泰格堡（Tygerberg）、黑地（Swartland）、好望角（Cape Point）、帕尔（Paarl）、斯特兰德（Stellenbosch）、达岭（Darling）、康斯坦提亚（Constantia）、弗兰谷（Franschhoek Valley）

★**主要的小产区：**得班山古（Durbanville）、布巴尔德山（Voor Paardeberg）

··威灵顿··

威灵顿在开普省的东北向约65公里处，是南非的"葡萄酒之都"，种植的葡萄品种有维欧尼、马尔贝克、味而多、皮诺塔吉等，出产的葡萄酒酒体丰满，果香丰富，尤其是味而多单品酒，极富国际盛名。

··泰格堡··

泰格堡在开普省的东北部郊区，规模不大。

··黑地··

黑地在开普省的东北向约60公里处，种植的葡萄品种有白诗南、瑚珊、玛珊、霞多丽、赤霞珠、皮诺塔吉、西拉、慕合怀特、歌海娜、神索、佳丽酿等，出产的葡萄酒细腻、微酸、收敛、单纯。

··好望角··

好望角在开普省的南向约21公里处，种植的葡萄品种有长相思、赛美蓉、霞多丽等，出产的白葡萄酒果香突出，口感浓郁，酒精度高，余味绵长，富含矿物质风味，属世界顶级水平。

··帕尔··

帕尔在开普省东北方向59公里处，种植的葡萄品种有霞多丽、白诗南、维欧尼、赤霞珠、皮诺塔吉、西拉、黑皮诺等，主要生产霞多丽白、白诗南等单品白葡萄酒，果香馥郁，品质上乘。

··斯特兰德··

斯特兰德在开普省的东向约50公里处，是南非最大的葡萄酒产区，出产的酒款全部都是橡木桶陈酿，有"橡木之城"的称号，更被誉为"南非的波尔多"。当地汇集了南非最好的葡萄园和酒庄，还建有几所大学校区和科研基地，是南非有名的参观游览地点。

斯特兰德属地中海气候，夏季日照时间长，光照强度大，昼夜温差大，土壤是排水性良好的深色土和风化花岗岩。种植的葡萄品种有霞多丽、白诗南、长相思、赛美蓉、赤霞珠、品丽珠、皮诺塔吉、西拉、黑皮诺等。主要是采用波尔多的酿造技术生产混酿红葡萄酒，原料包括赤霞珠、梅洛、马尔贝克、西拉等品种。除了红葡萄酒之外，当地也出产白葡萄酒和起泡酒，维利厄拉酒庄（Villiera）出产的起泡酒，品质可与法国香槟产区的起泡酒媲美。

西蒙（Simonsberg-Stellenbosch）、德文谷（Devon Valley）、红客沙谷（Jonkershoek Valley）、鹦鹉山（Papegaaiberg）等是南非官方产地认证的优质葡萄园（Ward）。

··达岭··

达岭在开普省的东北向约55公里处，种植的葡萄品种有霞多丽、长相思、雷司令、黑皮诺等，出产的白葡萄酒品质很好，驰名国际市场；红葡萄酒以黑皮诺单品酒为主，风格独特。

··康斯坦提亚··

康斯坦提亚在开普省的西南向约14公里处，种植的葡萄品种有亚历山大麝香、霞多丽、长相思、赛美蓉、雷司令、赤霞珠、品丽珠、内比奥罗、西拉、马尔贝克、味而多等。

这里是南非最古老的葡萄种植区域，以当地的传统天然葡萄甜酒、百年老藤的长相思白葡萄酒而闻名，出产的酒款结构精致，细腻甘甜，品质优异。

··弗兰谷··

弗兰谷在开普省的东北向约68公里处，种植的葡萄品种有霞多丽、白诗南、梅洛、黑皮诺等，主要生产霞多丽、黑皮诺等白葡萄酒。

···得班山古···

得班山古在开普省的东北向约20公里处，种植的葡萄品种有霞多丽、长相思、赛美蓉、雷司令、赤霞珠、梅洛、品丽珠、西拉、黑皮诺等，出产的葡萄酒风格简单，细致纯净。

S

布巴尔德山在开普省东北向约 50 公里处，种植的葡萄品种有白诗南、维欧尼、玛珊、瑚珊、白克莱雷、布基特伯、西拉、慕合怀特、神索、佳丽酿、桑娇维塞等，出产的葡萄酒酸度细致，果香收敛，带有明显花岗岩矿物风味。

·布里厄河谷·

★**主要的子产区：** 罗贝尔森（Robertson）、布里厄克鲁夫（Breedekloof）、伍斯特（Worcester）

··罗贝尔森··

罗贝尔森在开普省的东北向约 140 公里处，种植的葡萄品种有霞多丽、鸽笼白、赤霞珠、黑皮诺等。

··布里厄克鲁夫··

布里厄克鲁夫在开普省的东北向约 96 公里处，种植的葡萄品种有长相思、白诗南、霞多丽、赛美蓉、维欧尼、赤霞珠、皮诺塔吉、梅洛、西拉、味而多、马尔贝克、巴贝拉等。出产的红葡萄酒带有红色和黑色浆果风味，间中会有香料胡椒味，颜色浓郁，单宁柔软，若经橡木桶熟成，口感会更加丰满。

··伍斯特··

伍斯特在开普省的北向约 120 公里处，种植的葡萄品种有霞多丽、白诗南、长相思、鸽笼白、皮诺塔吉、赤霞珠、哈尼普特等。

·克林克鲁·

★**主要的子产区：** 卡利茨多普（Calitzdorp）、塔哈多高地（Tradouw Highlands）

··卡利茨多普··

卡利茨多普在开普省的东北向约 400 公里处，是半干旱的沙漠地区，种植的葡萄品种有亚历山大麝香、霞多丽、长相思、国产多瑞加、罗丽红、红巴罗卡、黑皮诺等，主要生产类似葡萄牙酒质的波特酒，风格特别，是南非的"波特酒之都"。

··塔哈多高地··

塔哈多高地在开普省的东北向约 300 公里处，葡萄种植面积很小，葡萄酒产量很少。

东开普

　　东开普省南临印度洋，面积 16.9 万平方公里，是南非的第二大省份。当地的地形多样，气候多变，夏季多雨，年均降雨量从海岸地带向北部山区和大卡鲁高原逐步递减。西北部和北部的天气很干燥，植被以灌木为主。东部沿海地带气候中性，适于植物生长，平原上、峡谷中都密布森林。该地区 2009 年才开始系统规划区域内的葡萄产业，是南非境内年资最浅的葡萄酒出产地，目前区域内发展得最好的产区是圣弗朗西斯湾（St Francis Bay）。

S

瑞士
Switzerland

瑞士地处欧洲中央，被法国、意大利、德国、奥地利等国家环绕。瑞士的纬度与法国的勃艮第差不多，同样处在北半球最适宜种植葡萄的地带。瑞士多山地和湖泊，阿尔卑斯山脉、汝拉山脉占国土面积的将近3/4，这种地理形成了多样的微气候环境和土壤特质。瑞士境内许多山峰高度都超过4000米，气候凉爽多变。

瑞士的酿酒史是因中世纪修道院的推动而兴起的，至今已超两千年。19世纪60年代，葡萄根瘤蚜菌病在欧洲的大爆发，严重打击了瑞士的葡萄酒产业，到20世纪初，瑞士的葡萄园数量减至原来的一半，现仅有约1.6万公顷葡萄园。

瑞士每年出产约1.1亿升葡萄酒，其中，白葡萄酒产量是红葡萄酒的两倍。莎斯拉是人类最早种植的葡萄品种之一，在其他地方常做为食用葡萄栽种，只有在瑞士才将它用做酿酒葡萄，发掘利用了它的特质，酿造出精致的白葡萄酒，口碑很好。莎斯拉白葡萄酒是瑞士葡萄酒的形象大使，酒色呈浅金黄色，口感清冽，干型，味道柔和绵长，带椴树花香和矿物气息。瑞士的葡萄酒大都酒体单薄，味道单一，国内的整体市场不是特别景气。

★**主要种植的白葡萄品种：**米勒－图高、霞多丽、西万尼、灰皮诺、白皮诺、长相思、莎斯拉、小奥铭、萨瓦涅

★**主要种植的红葡萄品种：**黑皮诺、佳美、梅洛、西拉、小胭脂红、格纳兰、黛奥琳诺、赤霞珠、品丽珠

★**主要的葡萄产区：**苏黎世湖（Zurich Lake）、提契诺（Ticino）、日内瓦（Geneva）、纳沙泰尔（Neuchatel）、瓦莱州（Valais）、沃州（Vaud）

·苏黎世湖·

苏黎世湖是位于瑞士东部的葡萄酒产区，当地的葡萄园分布在瑞士最大的城市苏黎世周围。产区属大陆性气候，冬季寒冷，夏季温暖，空气干燥，平均海拔400米，两旁山坡的高度约915米，山坡上更寒冷，光照强度更大。这里出产的葡萄酒酒体轻盈，口感酸脆。

★**主要种植的白葡萄品种：**米勒－图高、霞多丽、灰皮诺、长相思

★**主要种植的红葡萄品种：**黑皮诺、梅洛

·提契诺·

提契诺规模较小，是瑞士的所有产区中最靠南的，位于阿尔卑斯山南部，有着特殊的地形、高度和纬度，葡萄园分布在瑞士与意大利的边境线上。蒙迪切内里山将产区一分为二，受到山区影响，当地天气变化难测，暴雨频发，年降雨量很大，夏季的平均气温在瑞士国内最高，比瑞士的其他产区更适合种植葡萄。葡萄园面积有 1100 公顷，大部分种植的是 20 世纪初从法国波尔多地区引进的梅洛。梅洛很适应这里的气候，出产的梅洛单品酒经新橡木桶熟成后，会有与波尔多红葡萄酒一样的细腻、均衡的口感。

★**主要种植的红葡萄品种：**梅洛

·日内瓦·

日内瓦是瑞士的第二大城市，葡萄种植区域都在距离城郊不到 10 公里的范围内，面积约 1300 公顷。产区气候很受日内瓦湖的影响，夏季温度不高，冬季雪霜不大，海拔 365—460 米，降雨量在 1000 毫米左右，总体来说，是瑞士较温暖的葡萄种植区域之一。产区的土壤类型主要是年代较近的冲积土与年代较远的火山岩，不同地形、高度的土壤类型也有所不同。

目前，产区正从传统的白葡萄酒生产转向市场需求量更大的红葡萄酒生产，种植的红葡萄酒品种包括佳美、黑皮诺、佳玛蕾、黑佳拉等。其中，佳玛蕾、黑佳拉是瑞士本地的杂交葡萄品种。此外，当地也试种梅洛、赤霞珠、品丽珠等葡萄，开发相关酒款，以扩大出口市场。

★**主要种植的红葡萄品种：**佳美、黑皮诺、佳玛蕾、黑佳拉、梅洛、赤霞珠、品丽珠

★**三个子产区：**东部（Entre Arve et Lac）、南部（Entre Arve et Rhone）、西部（Mandement）

S

·纳沙泰尔·

该产区是瑞士规模最小的产区，位于瑞士的法语区，与法国阿尔布瓦地区的汝拉山隔山而邻，因为有纳沙泰尔湖、比尔湖和穆尔藤湖三个小湖，沿岸的山丘上分布着广阔的葡萄园，一直延伸到湖边，这里常被称为"三湖区"（Three Lakes Region）。

产区的气候经过湖区的调节，夏季温度不高，冬季雪霜对葡萄园的影响也不大，年均降雨量在 1000 毫米左右。由于这里光照强度不稳定，所以葡萄园多建于从早到午有阳光照射的湖区的北岸。当然，南岸也有一些葡萄园，但都选在光照角度较好的山坡上。

纳沙泰尔是瑞士第一个实行葡萄产量控制的产区，主要种植红葡萄品种，酿造红葡萄酒，酒款大都使用黑皮诺酿制。种植的白葡萄品种不少，但产量都不多，包括有莎斯拉、霞多丽、灰皮诺等。这里的干型玫瑰红葡萄酒非常有名，是用黑皮诺与其他品种混酿制成的，颜色带粉红色，就像小鸟的眼睛一样，在法语中被叫做"松鸡的眼睛"（Oeil de Perdrix）。

★**主要种植的白葡萄品种：**莎斯拉、霞多丽、灰皮诺

★**主要种植的红葡萄品种：**黑皮诺

·瓦莱州·

瓦莱州位于瑞士西南部，夏季气温高，光照强度大，拥有类似地中海的气候。这里的山谷四面受山峰遮挡，地势又高而陡峭，葡萄园很多都建在坡度达 42 度的山坡上，这样的条件本不利于耕作和采摘，但由于葡萄园的朝向好，日照充足，土壤的排水性也好，四季都有热燥风，气候温暖，所以酒农们依旧喜欢选择这里种植。这也使瓦莱州成为瑞士最大的葡萄酒产区，其种植面积约有 2010 公顷，葡萄酒产量超全国总量的一半，其中白葡萄品种占大部分。酒农将绝大部分葡萄果实出售给当地的葡萄种植合作社，仅自留少量用于酿造自己的品牌酒款。

瓦莱州产区很有特点，在国际葡萄酒市场上颇有知名度，共有 125 个法定子产区、小产区，知名的特级葡萄园有孔泰（Conthey）、韦特罗（Vetroz）、圣莱奥纳尔（Saint-Leonard）、萨尔格什（Salgesch）等。

·沃州·

该产区位于瑞士西南部的法语区，是瑞士的第二大葡萄酒产区。其气候很受日内瓦湖的影响，冬季霜冻不重，夏日温度不高，因阳光通过湖面反射，葡萄园普遍能接收到强度适中的光照，这里大部分的葡萄园都建于以石灰石土壤为主的朝南山坡上。沃州著名的拉沃（Lavaux）葡萄园梯田被列为联合国教科文组织认定的世界文化遗产。

沃州葡萄园约为 3800 公顷，占瑞士中面积的 25%，其中白葡萄品种占 66%，主要是莎斯拉，也有霞多丽、灰皮诺、白皮诺、长相思、维欧尼等品种。产区出产的传统的莎斯拉白葡萄酒清新爽脆，有精致的香气和紧致的矿物质风味，十分易饮。目前，用霞多丽酿制的单品种酒也开始流行，逐渐成为瑞士用于出口的主打酒款。

当地葡萄酒产业绝大部分是个体小型企业，他们以葡萄酒合作社的形式进行酿酒和市场销售，越来越多的小型合作社开始创建自己的葡萄酒品牌。

★**主要种植的白葡萄品种：**莎斯拉、霞多丽、灰皮诺、白皮诺、长相思、维欧尼

★**主要的子产区：**拉阔特（La Cote）、拉沃（Lavaux）、沙布莱（Chablais）、邦维亚赫（Bonvillars）、威邑（Vully）

突尼斯
Tunisia

突尼斯位于非洲大陆最北端，有着悠久的酿酒史，其葡萄栽培技术、酿酒工艺最先由腓尼基人带来，之后由罗马人继承发展。与北非很多国家有着相似的经历，都是奥斯曼人来了禁止了酿酒活动，又由殖民他们的法国人重新复兴起来。因而，法国对突尼斯的葡萄酒文化有着很深的影响。

突尼斯界于北纬30—37度之间，北部、东部临地中海，隔着突尼斯海峡与意大利的西西里岛相望，东南部与利比亚为邻，西部与阿尔及利亚接壤。因为阿特拉斯山脉的阻隔，突尼斯分为南北两种不同的气候区——北部多山，属亚热带地中海气候，温暖湿润，遍布多石、贫瘠的土壤；南部延续至邻国阿尔及利亚的沙漠地带，属热带大陆性气候，天气炎热，日夜温差大。其葡萄种植主要在北部，主要使用更多深色皮葡萄酿制桃红葡萄酒和酒体丰满、口味丰富的红葡萄酒，强烈光照使得突尼斯的酒款酒体厚重，酒精度高。白葡萄酒产量很小。

★**主要种植的白葡萄品种：**霞多丽、克莱雷、亚历山大麝香、白玉霓、佩德罗－希梅内斯

★**主要种植的红葡萄品种：**佳丽酿、神索、歌海娜、西拉、慕合怀特、赤霞珠、梅洛

T

乌拉圭
Uruguay

乌拉圭位于南美洲东南部，东南濒临大西洋，西面、北面与阿根廷、巴西相邻。乌拉圭处于南纬30—35度，在潘帕斯平原与巴西高原之间，北部是低山，中部是丘陵，南部是平原，沿海是低地，海岸线约200公里长，整体地势从北向南由高到低。其气候属亚热带湿润类型，夏季不热，冬季温和，降水较多，季节分配较均匀。乌拉圭的葡萄园大多数在首都蒙得维的亚北部的山区内，尤其是在卡内洛内斯（Canelones）、蒙得维的亚市（Montevideo）、里维拉省（Rivera）、圣何塞（San Jose）等省份。

自1870年巴斯克人引进丹娜特葡萄到乌拉圭以来，乌拉圭一直是南美洲重要的产酒国，目前排名第四。乌拉圭是世界上葡萄酒消费量最高的10个国家之一，年人均消费葡萄酒约30升。乌拉圭大约有300家葡萄酒厂，这些厂家一直积极采用各种办法提高葡萄酒的品质，以获得市场竞争力。酒款也出口到巴西、加拿大、美国、墨西哥及欧盟国家。

丹娜特是乌拉圭最主要的酿酒葡萄，占种植总面积的36%，其他葡萄品种有梅洛、霞多丽、赤霞珠、品丽珠、汉堡麝香，以及一些美国杂交葡萄。用丹娜特酿制的红酒色彩浓厚，口感强烈，适合与味道浓烈的食物匹配。最盛行的桃红葡萄酒则用汉堡麝香作为原料。

乌拉圭出产的葡萄酒分2个等级：优质葡萄酒级别（Vino de calidad preferente，简称VCP）与日常餐酒级别（Vino comun，简称VC）。

★**主要种植的白葡萄品种：** 霞多丽、汉堡麝香
★**主要种植的红葡萄品种：** 丹娜特、梅洛、赤霞珠、品丽珠
★**主要的葡萄产区：** 卡内洛内斯省（Canelones）、蒙得维的亚省（Montevideo）、里维拉省（Rivera）、圣何塞省（San Jose）

·卡内洛内斯省·

卡内洛内斯省位于乌拉圭的南部，在首都蒙得维的亚的正北方，靠近大西洋，气候较温和，是葡萄园的集中地。胡安尼科和普罗格雷索是卡内洛内斯西南部的两个酒镇，海拔高度只在25—55米之间。这两镇附近的葡萄种植区域是乌拉圭葡萄酒产业的中心，种植着世界上最多的丹娜特葡萄树，也有许多国际品种。从1930年开始经营葡萄园的卡劳（Carrau）家族是乌拉圭知名的葡萄酒企业。其多数葡萄园都在地势低且平坦的平原上，除了种植有梅洛、赤霞珠、霞多丽等品种，

还栽培了意大利的传统品种内比奥罗和玛泽米诺。

★**主要种植的白葡萄品种**：白皮诺、白诗南、长相思、霞多丽

★**主要种植的红葡萄品种**：丹娜特、西拉、品丽珠、梅洛、内比奥罗、玛泽米诺

·蒙得维的亚省·

乌拉圭的首都蒙得维的亚是世界上最年轻的首府产区之一，其北部郊区与卡内洛内斯镇之间地带，沿着大西洋海岸从首都向东延伸至马尔多纳多省，是乌拉圭大部分高产葡萄园的所在地。蒙得维的亚面积虽小，但能出产一些高品质的葡萄酒。产区以种植丹娜特葡萄为主，同时也种有用于酿制白葡萄酒的白葡萄。

★**主要种植的白葡萄品种**：白皮诺、白诗南、霞多丽

★**主要种植的红葡萄品种**：丹娜特、赤霞珠

·里维拉省·

里维拉省位于乌拉圭北部，东北侧是巴西，西南侧是塔夸伦博省。这里山地丘陵很多，地势低而平坦，最高的葡萄园的海拔仅 215 米。

在位于巴西边境附近的子产区塞罗·沙波（Cerro Chapeu），仅有一个产量很小的商业酿酒厂博德加斯·卡劳（Bodegas Carrau），但那里的酿酒师弗朗西斯科·卡劳（Francisco Carrau）所酿的丹娜特葡萄酒品质极高。

★**主要种植的红葡萄品种**：丹娜特

★**主要的子产区**：塞罗·沙波（Cerro Chapeu）

·圣何塞省·

圣何塞省位于乌拉圭的西南部，在蒙得维的亚的正西侧，地处拉普拉塔河河口的北岸，向西一百多公里，是巴拉那河与乌拉圭河的交汇处，分布着起伏和缓的山丘。当地的葡萄园以种植丹娜特葡萄为主，既可用来酿制单品酒也常用与其他葡萄品种混酿。白葡萄酒主要采用白皮诺葡萄来酿制。

★**主要种植的白葡萄品种**：白皮诺、白诗南、霞多丽

★**主要种植的红葡萄品种**：丹娜特、丹魄、品丽珠、西拉、梅洛

西班牙
Spain

老牌旧世界产酒国西班牙，至今已有 4000 多年的葡萄酒史。它位于欧洲的伊比利亚半岛，葡萄种植面积有近 120 万公顷，世界排名第一，葡萄酒产量排在法国和意大利之后，位居世界第三。地形和气候的多样性导致西班牙的葡萄酒也很多元化。当地人非常热爱葡萄酒，但他们喜欢往葡萄酒里混兑汽水，这种饮法后来影响了其他国家一些人。最有名的酒款是雪莉（Sherry）酒，还有一个国际知名度很高的起泡酒叫卡瓦（Cava），与法国香槟十分相似。1932 年，西班牙开始施行官方制定的葡萄酒原产地命名制度（Denominacion de Origen，DO）。

★**主要种植的白葡萄品种：**沙雷洛、阿尔巴利诺、帕诺米诺、阿依仑、马家婆、帕雷亚达
★**主要种植的红葡萄品种：**丹魄、歌海娜、莫纳斯特雷尔
★**主要的葡萄产地：**安达路西亚（Andalucia）、阿拉贡（Aragon）、卡斯蒂利亚 – 拉曼恰（Castilla La Mancha）、卡斯蒂利亚 – 莱昂（Castillay Leon）、加泰罗尼亚（Catalonia）、巴伦西亚（Comunidad Valenciana）、加利西亚（Galicia）、马德里（Madrid）、纳瓦拉（Navarra）、巴斯克（Pais Vasco）、里奥哈（Rioja）

安达路西亚

安达路西亚在西班牙的南部，濒临大西洋、直布罗陀海峡和地中海，它是大西洋与地中海的交汇点，连接了欧洲与非洲，这样的地理位置使多种文明在此交汇，形成了独特的风情。该地区的葡萄种植区域很大，有多个产区，产区之间的气候特征、土壤类型都不同，出产的葡萄酒也各有特色。

在安达路西亚，各种口味和价位的葡萄酒款都能找到，它是葡萄酒爱好者向往的目的地。当地盛产雪莉酒，品牌很多，知名度最高的是"赫雷斯"牌雪莉酒，其品质优异，口感香甜，带有坚果香气。除此之外，还有赤霞珠、西拉红葡萄酒、灰皮诺白葡萄酒等，采用传统工艺酿造，有当地风土特点。

★**主要种植的白葡萄品种：**灰皮诺
★**主要种植的红葡萄品种：**赤霞珠、西拉
★**主要的产区：**赫雷斯 – 雪利（Jerez–Xeres–Sherry）

·赫雷斯 - 雪莉·

该产区是安达卢西亚地区最重要的产区，地处加的斯省，葡萄种植区域遍布赫雷斯、圣玛丽亚、奇皮奥纳、特雷武赫纳、罗塔、王港、奇克拉纳 – 德拉弗龙特拉、莱夫里哈等村镇。

产区气候温暖潮湿，日照充足，常有大西洋的暖湿气流为当地补充水分和调节气温，这样出产的葡萄果实普遍能保持高的酸度。当地土壤主要是一种富含白垩土的白土地，这种土壤吸水能力很强，干后外层会变得坚硬，能保护葡萄根免遭晒伤。

赫雷斯是西班牙雪莉酒的重要生产基地，分为干型雪莉酒（Generosos）、自然甜型（Naturally Sweet Sherry）和加甜型风格（Strengthen Sweet Sherry）。产区出产的雪莉酒如干爽清爽的菲诺（Finos）、深色厚重的欧罗索（Olorosos）、麦黄带咸的曼萨尼亚（Manzanilla）、圆润可口的希门涅斯（Pedro Ximenez）、浓烈带苦的淡奶油（Cream）。除了大量出产雪莉酒外，这里还有生产一款在西班牙国内销量很大的赫雷斯白兰地（Brandyde Jerez）。

当地种植的帕洛米诺葡萄占比约90%，用其酿制的雪莉酒，有"开花"和"不开花"两种，早期的酿酒师在将原酒装入橡木桶发酵时，为了防止酒因环境温度过高而腐坏，没有装满全桶，而是留出 1/3 的空间让酒与桶内的存留空气发酵，促使酒液的表面产生一层由天然酵母菌孢子构成的白色酒膜，称为"开花"，这层酒膜还能使酒色明亮，酒液散发更浓烈的面包香。为了保证出品的稳定性和一致性，当地还研究了一套雪莉酒陈化管理方法——索雷拉（SOLERA）。在酒窖中将不同年份的酒桶按"老下新上"分层堆放，装瓶前会从老酒、新酒中各取一部分，再以老酒做为基酒与新酒进行调和后再封装。

★**主要种植的白葡萄品种：**帕洛米诺、佩德罗—希梅内斯、麝香

阿拉贡

阿拉贡是西班牙的 17 个自治区之一，地域从北部的比利牛斯山脉延伸至伊比利亚高原中部，东侧是加泰罗尼亚，西侧是拉里奥哈、卡斯蒂利亚 – 莱昂等地，埃布罗河流经全域，将其分成南北两岸，北岸是索蒙塔诺，南岸则是主要的葡萄种植区域。

该地区属温带大陆性气候，湿润凉爽，当地的葡萄园多在海拔 300—1000 米以上，地势较高。当地主要的生产商都是些酿酒合作社，它们是由一些家庭作坊式的葡萄园和酒庄结合，当地的产品是用歌海娜、丹魄、佳丽酿酿制的桶装酒。

★**主要种植的白葡萄品种：**马家婆、麝香、霞多丽
★**主要种植的红葡萄品种：**歌海娜、丹魄、佳丽酿
★**主要的产区：**博尔哈（Campo de Borja）、卡利涅纳（Carinena）

·博尔哈·

博尔哈是阿拉贡地区的 DO 法定产区，在萨拉戈萨省的西北部，位于贝蒂科山脉和埃布罗河谷之间区域，涵盖阿贡、阿尔韦里特、浮恩德等 16 个村镇。

产区属温带大陆性气候，冬季寒冷潮湿，夏季炎热干燥，常年受西北干燥冷风影响，降雨稀少。土壤主要是棕灰色的石灰土、阶地土壤和富含铁质的黏土，排水性良好，养分充足。由于地势高低不平，不同位置的葡萄园也存在较大差异，地势较低区域气温较高，葡萄易早熟，出产的酒款单宁更结实；而坡地的地势较高，日照充足，凉爽，出产的酒款风味更复杂。

当地以出产歌海娜红葡萄酒为主，酒质出众，层次分明，带有迷人的芳香。50 年以上的老藤出品的酒款，被公认为西班牙的"歌海娜王国"。当地还出产少量的清新的马家婆白葡萄酒，酒精度较低，价格大众化。

★**主要种植的白葡萄品种：**马家婆、麝香、霞多丽

★**主要种植的红葡萄品种：**歌海娜、丹魄、马苏埃拉、赤霞珠、梅洛、西拉

·卡利涅纳·

卡利涅纳在阿拉贡的萨拉戈萨省，包括埃布罗河谷在内的十几个村镇，是欧洲最古老的葡萄酒产区之一。

产区属大陆性气候，夏季炎热，冬季寒冷，昼夜温差大，从北面吹来的寒流季风，能帮助葡萄藤降温和除湿。产区地势较高，海拔在 400—800 米之间，葡萄园多处于斜长的坡地上。土壤主要是冲积土、棕红色砂石、石灰岩和板岩，土质疏松，富含矿物质。

产区出产的歌海娜红葡萄酒酒质温醇，酒体健硕，年轻时口感丰富，带有紫罗兰、黑莓、李子等复杂香气，适合早饮；丹魄、马苏埃拉的混酿桃红葡萄酒酒色粉艳，果香浓郁；马家婆白葡萄酒酒色呈淡麦黄，清淡酸爽。

为顺应市场发展的需要，卡利涅纳将当地各自经营的家庭作坊式葡萄园、酒庄整合成若干个酒业生产合作社，统一进行了一系列改革，包括技术革新、品种规划、质量监管、产量控制等，使之有成为优质产区的潜力。1932 年，卡利涅纳获得西班牙官方（DO）资格。

★**主要种植的白葡萄品种：**马家婆、白歌海娜、罗马麝香、帕雷亚达、霞多丽、维奥娜

★**主要种植的红葡萄品种：**红歌海娜、丹魄、马苏埃拉、卡利涅纳

————卡斯蒂利亚 - 拉曼恰————

卡斯蒂利亚 - 拉曼恰位于西班牙南部，属大陆性气候，夏季炎热，冬季寒冷，漫长，常年干旱少雨，地势高，平均海拔 600 米。葡萄园大都在海拔较高的坡地上，因当地的风土条件极端恶劣，

葡萄果实和酿酒都不稳定。自 1986 年之后，因技术改良，葡萄酒产业才有了起色。

★**主要种植的白葡萄品种：**阿依仑、马家婆、弗德乔、长相思
★**主要种植的红葡萄品种：**丹魄、歌海娜、赤霞珠、廷托雷拉歌海娜、西拉、森希贝尔
★**主要的产区：**阿尔曼萨（Almansa）、拉曼恰（La Mancha）、瓦尔德佩涅斯（Valdepenas）

·阿尔曼萨·

阿尔曼萨在阿尔瓦塞特省的东部，涵盖阿尔曼萨、阿尔佩拉、博内特、伊格鲁埃拉、奥亚贡萨洛等村镇，当地的葡萄园都在海拔较高的坡地上。出产的廷托雷拉歌海娜红葡萄酒果香充盈，轻松易饮，是当地最畅销的酒款；赤霞珠红葡萄酒酒色呈樱桃红，酸度较高，口感丰富。

★**主要种植的白葡萄品种：**阿依仑、弗德乔、长相思
★**主要种植的红葡萄品种：**廷托雷拉歌海娜、丹魄、莫纳斯特雷尔、西拉

·拉曼恰·

拉曼恰在阿尔瓦塞特、雷阿尔、昆卡、托莱多等行政区的交界地带，是西班牙最古老的葡萄种植区域，种植面积也当属最大。产区属极端大陆性气候，常年干燥少雨，夏季温度极高，冬季温度常低至零下 10 摄氏度以下。虽然风土条件恶劣，但阿依仑白葡萄却长势很好，产量很大。

1976 年，拉曼恰获得西班牙的官方（DO）认证。产区出产的阿依仑白葡萄酒清新爽口，简单易饮，带有热带水果的香气，尽管在口感上还不够完美，但价格实在，深受大众喜爱；马家婆白葡萄酒酒精度较高，口味较浓；森希贝尔红葡萄酒，年轻时果香宜人，经橡木桶熟化后会有烤肉气味。

★**主要种植的白葡萄品种：**阿依仑、马家婆
★**主要种植的红葡萄品种：**森希贝尔

卡斯蒂利亚 - 莱昂

卡斯蒂利亚 – 莱昂地区是西班牙 17 个自治区中面积最大的省份，杜埃罗河贯穿全境，葡萄园遍布河流的两岸，种植面积很大，是西班牙最大的葡萄酒产业基地，产量在全国占比一半以上。

卡斯蒂利亚 – 莱昂地区夏季炎热漫长，冬季寒冷短暂，日照充足，日夜温差大，干燥少雨，杜埃罗河是当地的主要种植用水来源。该地区盛产优质葡萄果实，出产各式各样的葡萄酒款，其中尤以干红葡萄酒最负盛名，平均水准上乘。该地区和杜埃罗河畔有很多欧洲乃至国际著名的酒

企，是西班牙的古老经典葡萄园和酒庄的集中地，处处闪耀着人类几千年葡萄酒文化的耀眼光芒，在众多国际资深葡萄酒迷的眼中充满魅力。

> ★**主要种植的白葡萄品种：** 玛尔维萨、小粒白麝香、弗德乔、阿比洛、帕洛米诺、格德约、长相思
>
> ★**主要种植的红葡萄品种：** 丹魄、歌海娜、赤霞珠、廷托雷拉歌海娜、西拉、森希贝尔
>
> ★**主要的产区：** 萨莫拉领地（Tierra del Vino de Zamora）、托罗（Toro）、比埃尔索（Bierzo）、杜埃罗河岸（Ribera del Duero）、希加雷斯（Cigales）、卢埃达（Rueda）

·萨莫拉领地·

萨莫拉领地在萨莫拉省的东南部，平均海拔高达800米，葡萄园主要分布在杜罗河两岸的坡地上，出产的丹魄红葡萄酒产量最大，其口味浓重，香气馥郁，单宁结实，老藤酒款更显著；玛尔维萨白葡萄酒口感清新，酸甜均衡，带有特有的草本香。

★**主要种植的白葡萄品种：** 玛尔维萨、小粒白麝香、弗德乔、阿比洛、帕洛米诺、格德约

★**主要种植的红葡萄品种：** 丹魄、赤霞珠、歌海娜

·托罗·

托罗位于萨莫拉省和巴利亚多利德省的交界地带，涵括莫拉莱斯－德托罗、爱佩戈、佩莱亚贡萨洛、桑索莱斯等十几个村镇。

产量最大的红多罗红葡萄酒口感强劲，带有浓郁的黑色浆果风味，陈年后会有肉质感；红多罗、歌海娜的混酿桃红葡萄酒呈玫瑰红色，带有成熟红色浆果的香气；玛尔维萨白葡萄酒酒色特别，略带浅绿色，口味清爽，具有当地土质的苦涩味。

★**主要种植的白葡萄品种：** 玛尔维萨、弗德乔

★**主要种植的红葡萄品种：** 红多罗、歌海娜

·比埃尔索·

比埃尔索在莱昂省的西北部，涵盖20多个村镇，产区气候温热多雨，葡萄园多数在海拔较低的山谷里。出产的门西亚干红葡萄酒，产量大、品质高，呈樱桃红和紫罗兰色，口感明亮，果香充盈，带有黑莓风味；格德约白葡萄酒特色鲜明，色黄，酸爽，果香浓；门西亚、帕洛米诺混酿的桃红葡萄酒，酒色粉紫，带有草莓和覆盆子的香气。

★**主要种植的白葡萄品种：**白夫人、帕洛米诺、玛尔维萨、格德约

★**主要种植的红葡萄品种：**门西亚、廷托雷拉歌海娜、梅洛、赤霞珠、丹魄

·杜埃罗河岸·

杜埃罗河岸是指布尔戈斯、瓦拉多利德、塞哥维亚等省市之间的卡斯蒂利亚－莱昂区域，涵括近百个村镇。产区地处伊比利亚半岛的北部高原，平均海拔达 800 米。当地属大陆性气候，夏季短暂而炎热，冬季漫长而寒冷，无霜期很短暂，葡萄只能靠人工保暖。土壤主要是石灰泥和石膏，灌溉依靠杜埃罗河的水。葡萄种植面积有近万公顷，大部分位于布尔戈斯，出产的葡萄果实质量上乘。

产区是西班牙的优质葡萄酒生产基地，以出产高品质红葡萄酒而闻名，国际知名度很高，丹魄红葡萄酒是最主要的酒款，其颜色深浓，单宁紧实，香气复杂，具有很强的陈年能力，可经桶陈几十年而成为口味复杂、醇厚浓香的特级珍藏酒款，品质堪称完美。酒款也曾多次在国际酒评赛中获得大奖。除此之外，知名的酒款还有歌海娜桃红葡萄酒、阿比洛白葡萄酒等。

当地有不少国际知名的酒企出产了享誉世界的酒款，如创立于 1864 年、当地最早的贝加西西里酒庄（Vega Sicilia）产出的"Unico"（唯一）丹魄红葡萄酒是其旗舰产品。该酒款酿制方式非常讲究和特别，先将葡萄原料在初始发酵后，放入全新的法国橡木桶中熟成，几年后转放入旧的美国橡木桶中去软化酒体一段时间，然后再次放回全新的法国橡木桶中继续陈年，这样耗时至少十年。由丹麦酿酒学家皮特（Peter Sisseck）创立于 1995 年的平古斯酒庄（Dominio de Pingus），其经典酒款是"Pingus"（平古斯）丹魄红葡萄酒。

★**主要种植的白葡萄品种：**阿比洛

★**主要种植的红葡萄品种：**丹魄（占比 80% 以上）、歌海娜、赤霞珠、马尔贝克、梅洛

·希加雷斯·

希加雷斯在巴利亚多利德镇和帕伦西亚省的杜纳斯市之间，葡萄园大多分布在杜罗河的北边洼地和皮苏埃加河的两岸等地带。用丹魄葡萄与白葡萄混酿而成的希加雷斯（Cigales Nuevo）桃红葡萄酒很受当地欢迎，其酒色像洋葱皮，口感清新柔顺，带有果香、烤面包等风味，桶陈或瓶陈一年以上，酒款浓烈度会提升，酒色也会加深，口味中还会演化出浓郁的果香。歌海娜、丹魄混酿红葡萄酒，年轻时清新爽口，怡人易饮，经橡木桶陈年后会获得饱满的酒体和浓郁的口感。

★**主要种植的白葡萄品种：**弗德乔、阿比洛

★**主要种植的红葡萄品种：**丹魄、歌海娜、灰歌海娜

X

·卢埃达·

卢埃达在巴利亚多利德和塞戈维亚和阿维拉之间，葡萄种植区域分布在地势起伏的高原上。产区产量最大的弗德乔白葡萄酒，带有独特的青麦色，余味甘中带苦，具有茴香、薄荷等混合香气，在当地的别名是"Dorado"（有黄金之意）。产量最大的红葡萄酒是以丹魄与赤霞珠混酿的酒款，具有艳丽的樱桃红色，口感质朴，单宁结实，带有浓郁果香。长相思白葡萄酒品质上乘，口感润滑，带有独特的烤肉香气。

★**主要种植的白葡萄品种：**弗德乔、维奥娜、长相思、帕洛米诺
★**主要种植的红葡萄品种：**丹魄、赤霞珠、梅洛、歌海娜

加泰罗尼亚

加泰罗尼亚在伊比利半岛的东北部，濒临地中海，是西班牙经济最繁荣的独立自治区，也是西班牙最重要的葡萄酒产业基地。这里的风俗文化与西班牙其他地区很不一样，加泰罗尼亚人热情而浪漫，很具创新精神。这里的葡萄酒也体现出独具匠心，很多创新的酒款如蜜思嘉（Moscatel）甜酒，香醇迷人，带有陈木的香气；卡瓦起泡酒，酸甜平衡，带有复杂的果味。

★**主要种植的白葡萄品种：**玛尔维萨、小粒白麝香、弗德乔、阿比洛、帕洛米诺、格德约、长相思
★**主要种植的红葡萄品种：**丹魄、歌海娜、赤霞珠、廷托雷拉歌海娜、西拉、森希贝尔
★**主要的产区：**巴赫斯平原（Pla del Bages）、佩内德斯（Penedes）、塞格雷河岸（Costers del Segre）、蒙桑特（Montsant）、卡瓦（Cava）、普里奥托拉（Priorat）、阿雷亚（Alella）

·巴赫斯平原·

巴赫斯平原在加泰罗尼亚中部洼地的东端、曼雷萨市的四周，南边接壤蒙特塞拉特山脉。产区出产的霞多丽混酿的白葡萄酒，甘甜脆爽，适合年轻时饮；梅洛和赤霞珠混酿的桃花葡萄酒呈覆盆子粉红色，香气纯净，果香充盈，带有当地的草本气息；赤霞珠红葡萄酒单宁细致，口感醇香。

★**主要种植的白葡萄品种：**霞多丽、琼瑶浆、马家婆、匹格普勒、帕雷亚达、长相思
★**主要种植的红葡萄品种：**苏莫尔、丹魄、梅洛、品丽珠、赤霞珠、西拉、歌海娜

·佩内德斯·

佩内德斯在加泰罗尼亚自治区的首府城市巴塞罗那四周，处于加泰罗尼亚山脉与地中海沿岸之间的平原地带。该产区是加泰罗尼亚地区葡萄酒产量最大的产区，其酒质的整体水平很高，巴塞罗纳是当地的酒业交易中心。同时，这里也是西班牙葡萄酒产业的改革中心，这里率先在西班牙使用不锈钢罐和电子温控等方法酿酒，创新酒款，取得了优秀的成绩。尤其是其推出的卡瓦起泡酒，精选马家婆、沙雷洛、帕雷亚达等果实，经两次发酵后混酿而成，酒体轻盈，清新爽脆，因品质突出而获得国际美誉。

卡瓦起泡酒包括有白葡萄起泡酒、玫瑰花起泡酒、不甜型（Extra Seco）起泡酒、不甜型（Seco）起泡酒、微甜型（Semi-Seco）起泡酒等一系列酒款。此外，产区出产的霞多丽白葡萄酒口感柔顺，有柠檬、奶油的香气，适合陈年；丹魄和黑皮诺混酿的桃红葡萄酒呈覆盆子的粉红色，口感浓烈，果味馥郁；歌海娜红葡萄酒略带草药味，适合年轻时饮；赤霞珠、梅洛的混酿红葡萄酒单宁厚重，口感紧致，带有烤肉气味。

由桃乐丝（Torres）家族于1870年在加泰罗尼亚镇创建桃乐丝酒庄（Torres），是西班牙规模最大的酒企。

★**主要种植的白葡萄品种：**马家婆、沙雷洛、帕雷亚达、霞多丽、雷司令、琼瑶浆、白诗南、亚历山大麝香

★**主要种植的红葡萄品种：**歌海娜、梅洛、佳莉菲娜、丹魄、黑皮诺、莫纳斯特雷尔、赤霞珠、西拉

★**主要的子产区：**上佩内德斯（Alt Penedes）、中佩内德斯（Medio Penedes）、下佩内德斯（Baix Penedes）

·塞格雷河岸·

塞格雷河岸在莱里达与塔拉戈纳之间的区域，出产的玛卡贝娅、沙雷洛、帕雷亚达混酿白葡萄酒历史悠久，口感独特，酒精度较低，酸度较高；霞多丽白葡萄酒清新怡人，果香充盈，可早饮，可陈年；丹魄、梅洛混酿的桃红葡萄酒酒色粉嫩，新鲜纯净，果香细腻；黑皮诺红葡萄酒口感温醇，香气浓郁，带有当地松脂的香气。

★**主要种植的白葡萄品种：**玛卡贝娅、沙雷洛、帕雷亚达、霞多丽、白歌海娜、阿巴娜、雷司令、长相思

★**主要种植的红葡萄品种：**黑歌海娜、丹魄、长相思、梅洛、玛纳斯特尔、查帕、珊素、黑皮诺、西拉

★**主要的子产区：**阿尔特萨德塞格雷（Artesa de Segre）、加里格斯（Garrigues）、若曼达（Raimat）、莱里达（Segria）

·蒙桑特·

蒙桑特靠近普里奥拉和塔拉戈纳，葡萄园零散分布在海拔 300 米以上的坡地上。产区出产的白歌海娜白葡萄酒酒色金黄，带有树木和草药的气味；玛卡贝娅白葡萄酒酒精度低，口感清爽，果香精致，适合佐餐；歌海娜桃红葡萄酒酒体丰满，风味浓郁，带有红色浆果的气息；赤霞珠和马苏埃拉的混酿红葡萄酒酒精度高，口感浓烈，风味复杂，带有肉类的质感。

★**主要种植的白葡萄品种：**霞多丽、白歌海娜、玛卡贝娅、麝香、潘萨、帕雷亚达

★**主要种植的红葡萄品种：**赤霞珠、佳丽酿、歌海娜、多绒歌海娜、梅洛、玛纳斯特尔、西拉、丹魄、马苏埃拉

·卡瓦·

卡瓦在巴塞罗那的四周，涵盖近百个城镇。产区主要生产卡瓦起泡酒，由马家婆、沙雷洛、帕雷亚达等品种混酿而成，瓶陈一年内的是年轻酒款，酒精度较低，口感清新，带有蔬菜气息，适宜早饮；瓶陈一年半以上的是陈酿珍藏酒款，当地称为"利口酒"（expedition），口感细腻，风格优雅，带有杏仁、当地草药和烤面包的香气，品质可与法国香槟起泡酒媲美。

★**主要种植的白葡萄品种：**马家婆、霞多丽、沙雷洛、帕雷亚达、苏比拉特

★**主要种植的红葡萄品种：**歌海娜、查帕、黑皮诺

·普里奥托拉·

普里奥托拉在塔拉戈纳省境内，由蒙桑特、斯卡拉戴、拉维拉等村镇组成。出产的马家婆、白歌海娜混酿的白葡萄酒酒色淡麦黄，口感温顺，很有亲和力，略带当地水果、草药的风味；佳丽酿红葡萄酒，具有混浊的深樱桃红色，口感醇厚，香气复杂，单宁突出，余味持久，带有当地矿物质的风味。

★**主要种植的白葡萄品种：**白诗南、马家婆、白歌海娜、佩德罗—希梅内斯

★**主要种植的红葡萄品种：**佳丽酿、歌海娜、多绒歌海娜、赤霞珠、梅洛、西拉

·阿雷亚·

阿雷亚在马雷斯梅市与东巴列斯市之间的区域，涵括阿雷亚、阿尔亨托纳、卡夫里尔斯等城镇，是西班牙最小的法定产区之一。产区出产的传统酒款是白潘萨白葡萄酒，酒体较轻，口感柔顺，果香淡雅；赤霞珠、梅洛混酿的红葡萄酒，结构均衡，余味悠长，品质优秀。

★**主要种植的白葡萄品种：**白潘萨、白歌海娜、玫瑰潘萨、匹格普勒、玛尔维萨、马家婆、帕雷亚达、

霞多丽、长相思、白诗南

★**主要种植的红葡萄品种：**黑歌海娜、丹魄、梅洛、黑皮诺、西拉、赤霞珠

—————————— 巴伦西亚 ——————————

　　巴伦西亚是西班牙的一个自治区，位于伊比利亚半岛的东部，与地中海接壤，是地中海重要的港口之一，地理分布复杂，同时具有高海拔内陆和海岸附近的平坦的地形。沿海地区属地中海气候，炎热，雨水少，阳光充足。中部高海拔地区属于一个过渡性的大陆性气候，内陆地区夏季温暖冬季温和，气候半干旱。地形和气候的多样使这里的葡萄酒也具有不同的特点，出产有白葡萄酒、红葡萄酒、桃红葡萄酒以及加强葡萄酒。

★**主要种植的白葡萄品种：**麝香、马卡贝奥、莫赛格拉、霞多丽、马家婆、玛尔维萨

★**主要种植的红葡萄品种：**赤霞珠、西拉、歌海娜、丹魄、阿依伦、莫纳斯特莱、博巴尔、廷托雷、弗卡亚特、梅洛、黑皮诺

★**三个特等产区：**乌迭尔 – 雷格纳（Utiel–Requena）、瓦伦西亚（Valencia）、阿利坎特（Alicante）

·乌迭尔 – 雷格纳·

　　乌迭尔 – 雷格纳在巴伦西亚省的西部，涵盖坎波罗夫莱斯、考德特德拉斯丰特斯、丰特罗夫莱斯、雷克纳等村镇。产量最大的是博巴尔桃红葡萄酒，酒色带浅黄橙色，酒味纯浓，带有当地野生动物的气息；歌海娜红葡萄酒清新爽口，适合年轻时饮；莫赛格拉白葡萄酒口味淡雅，略带奶油的香气；马家婆白葡萄酒酒精度低，适合餐前饮用。

★**主要种植的白葡萄品种：**马家婆、莫赛格拉、普兰塔诺瓦、霞多丽、长相思

★**主要种植的红葡萄品种：**博巴尔、丹魄、歌海娜、赤霞珠、梅洛、西拉

·瓦伦西亚·

　　瓦伦西亚位于西班牙东部，涵盖 66 个村镇，一直是西班牙最大的葡萄酒出口集散地，涵盖了海运、铁路和公路三个方面。

　　产量最大的莫赛格拉白葡萄酒，气味清新，香气怡人，适合年轻时饮；用晚收麝香葡萄酿制的迷斯特拉甜酒（Mistelas）白葡萄酒，酒色金黄，口感诱人，香气浓郁；歌海娜、莫纳斯特雷尔的混酿红葡萄酒，成熟温婉，果香芬芳，带有热带水果的风味；丹魄和赤霞珠的混酿红葡萄酒口感活泼跳跃，酒味热情奔放，极具地中海风情。

★**主要种植的白葡萄品种：**马家婆、玛尔维萨、莫赛格拉、麝香、佩德罗—希梅内斯、普兰塔菲那、普兰塔诺瓦、托尔托丝、维蒂尔、霞多丽、赛美蓉、长相思、匈牙利麝香

★**主要种植的红葡萄品种：**歌海娜、莫纳斯特雷尔、丹魄、廷托雷、弗卡亚特、博巴尔、赤霞珠、梅洛、黑皮诺、西拉

★**主要子产区：**卡斯特雷尔—德瓦伦西亚（Moscatel de Valencia）、华伦天奴（Valentino）、克拉利亚诺（Clariano）

·阿利坎特·

阿利坎特产区，在瓦伦西亚地区的阿利坎特省与穆尔西亚省的交界地带，葡萄种植区域从海岸地区一直延伸到拉马丽娜等内陆腹地。产区出产的霞多丽白葡萄酒酒色浅黄，能散发出成熟水果的香气；麝香甜葡萄酒口感香醇，带有蜂蜜的味道；莫纳斯特雷尔桃红葡萄酒酒色粉红，果香怡人，清新易饮；廷托雷拉歌海娜红葡萄酒口感稠密，带有干草和桉树叶的气息。

★**主要种植的白葡萄品种：**莫赛格拉、亚历山大麝香、马家婆、普兰塔菲纳、维蒂尔、阿依仑、霞多丽、长相思

★**主要种植的红葡萄品种：**莫纳斯特雷尔、歌海娜、廷托雷拉歌海娜、博巴尔、丹魄、赤霞珠、梅洛、黑皮诺、西拉

加利西亚

加利西亚是西班牙一个自治区，地处伊比利亚半岛，在西班牙的西北部，是西班牙的少数民族聚居地，有着悠久的葡萄种植史。该地区属海洋性气候，受季风影响，温暖潮湿，多雨，适宜葡萄种植，果实生长期较长，成熟缓慢。

这里是著名的白葡萄酒产地，出产的干白葡萄酒口感顺滑，芳香四溢，性价比很高。当地还将酿制白葡萄酒后剩余的果渣蒸馏，用于生产口感强劲、酒味独特的烧酒，如白烧酒、草药烧酒、焦黄烧酒、咖啡甜酒等，有很多口味，十分畅销。

★**主要种植的白葡萄品种：**麝香、马卡贝奥、莫赛格拉、霞多丽
★**主要种植的红葡萄品种：**赤霞珠、西拉、歌海娜，丹魄，阿依仑、莫纳斯特莱、博巴尔
★**三个特等产区：**下海湾（Rias Baixas）、河岸（Ribeiro）

·下海湾·

该产区在蓬特韦德拉省的西南部，出产的阿尔巴利诺白葡萄酒酒色浅绿黄，口感滑顺，余味持久，带有草药、野花、苹果、杏子、薄荷等混合香气；黑凯诺桃红葡萄酒，酒色呈明亮的紫樱桃色，酸度较高，带有桉树和当地草药的独特气息。

★**主要种植的白葡萄品种：**阿尔巴利诺、白罗雷拉、特雷萨杜拉、白卡菲诺、特浓情、格德约

★**主要种植的红葡萄品种：**黑凯诺、艾斯帕德罗、红罗雷拉、索松、门西亚、布兰塞亚奥

★**主要的子产区：**萨雷斯谷（Val do Salnes）、奥罗萨尔（O Rosal）、第亚郡（Condado do Tea）、苏托迈奥尔（Soutomaior）、乌拉河畔（Ribeira do Ulla）

·河岸·

该产区在奥伦赛省的西部，米洛河穿全区而过。产量最大的特雷萨杜拉白葡萄酒酸度较高，清新爽脆，带有青苹果、茴香的气息；帕洛米诺白葡萄酒口感清淡，适宜佐餐；阿里坎特红葡萄酒酸甜平衡，单宁扎实，带有红色浆果的风味；门西亚红葡萄酒口感清纯，带有当地的草本气息；布兰塞亚奥、凯诺、索松的混酿红葡萄酒口感适中，果香复杂，带有草本风味。

★**主要种植的白葡萄品种：**特雷萨杜拉、帕洛米诺、格德约、马家婆、罗雷拉、阿尔巴利诺、阿比洛、马家婆、拉多

★**主要种植的红葡萄品种：**凯诺、阿里坎特、索松、费隆、门西亚、丹魄、布兰塞亚奥、丹魄

马德里

该地区在西班牙的首都马德里市，属大陆性气候，温差大，多雨，极端天气，土壤主要是黏土、石灰石。

产量最大的玛娃白葡萄酒，口感清新柔顺，果香怡人，带动物皮味；当地传统的白葡萄酒是将阿比洛葡萄放在木桶中浸皮 3 个月并发酵而制成，十分浓重；歌海娜桃红葡萄酒酒色粉红，酒香浓烈，果味厚重；丹魄红葡萄酒酒体轻盈，口味清新，适合年轻时饮。

★**主要种植的白葡萄品种：**玛娃、阿依仑、阿比洛、帕雷亚达、马家婆、特浓情、小粒白麝香

★**主要种植的红葡萄品种：**丹魄、歌海娜、梅洛、赤霞珠、西拉

★**主要的葡萄产区：**阿里甘达（Arganda）、纳瓦尔卡内罗（Navalcarnero）、圣马丁－德巴尔代格莱西亚斯（San Martin de Valdeiglesias）

纳瓦拉

纳瓦拉在西班牙与法国的边界区域，是宗教信徒们去圣地亚哥朝圣的必经之地，早在公元 2 世纪时就有传教士和信众在这里兴建葡萄园和酒庄，当地的葡萄酒产业在 19 世纪中期因葡萄根瘤蚜菌而遭受重创，直到 20 世纪初才重新发展起来，时至今日，这里至今已成为世界知名的葡萄酒产地。

该地区气候类型复杂多样，土壤肥沃，风土条件非常优越，是西班牙的优质葡萄果实和葡萄酒出产地，特别是当地出产的歌海娜桃红葡萄酒，属西班牙最佳、世界顶级。出产的歌海娜桃花葡萄酒酒色粉嫩，口感均衡，果香浓郁，带有当地特有的浆果风味；丹魄和赤霞珠混酿的桃红葡萄酒呈覆盆子粉红色，清新爽脆，单宁较高；梅洛红葡萄酒口感浓重，酸度较高，带有黑色浆果的成熟风味；霞多丽白葡萄酒酒色金黄，口感柔顺，质地粘滑，带有烤面包香气；小粒白麝香甜白葡萄酒品质出众，酸甜平衡，清新爽口，带有蜂蜜的香气。

★**主要种植的白葡萄品种：**霞多丽、白歌海娜、玛尔维萨、小粒白麝香、维奥娜
★**主要种植的红葡萄品种：**赤霞珠、歌海娜、格拉西亚诺、马苏埃拉、梅洛、丹魄

巴斯克

巴斯克在西班牙的北部海岸，临近比利牛斯山，西接坎塔布连山脉，南邻里奥哈地区，在西班牙与法国的边界。当地气候属海洋性气候，温和，风大，降雨充沛。巴斯克被巴斯克山脉分成埃布罗河谷（Ebro Valley）、里奥哈阿拉维萨（Rioja Alavesa）和拉纳达阿拉韦萨（Llanada Alavesa）三个部分。葡萄园多集中在靠近海岸的的盆地中。

当地最有特色的酒款是查科丽（Txakoli、Pais Vasco）起泡酒，是用产量最大的白苏黎白葡萄酿制的，口感酸甜清爽，饮用时要将酒从尽量高的位置倒入醒酒器，以产生尽量多的气泡，可将酒款的最佳状态激发出来。

★**主要种植的白葡萄品种：**白苏黎、小满胜
★**主要种植的红葡萄品种：**红贝尔萨、红贝尔萨

里奥哈

里奥哈在西班牙的埃布罗河谷，西端是哈罗，东端是阿里奥拉，东西两端相距约 100 公里，

南北两端相距约 50 公里，是西班牙一个国际知名度很高的葡萄酒产业基地，有近 3000 年的葡萄酒史。19 世纪中，法国大批因遭受葡萄根瘤蚜灾害而失业的酿酒师和工人到此谋生，使种植技术和生产工艺得到提升，里奥哈的葡萄酒产业因此声名鹊起。当地多数采用传统手工采摘葡萄果实，除梗后使用二氧化碳浸泡发酵，再入桶熟化、陈年，桶陈两年、瓶陈 3 年后再上市。

产量最大的丹魄红葡萄酒品质优异，属西班牙的顶级酒款，尤其是陈年后，口感非常柔顺迷人；歌海娜桃红葡萄酒呈覆盆子的粉红色，果香扑鼻，清香怡人，特别是产自下里奥哈（Rioja Baja）的酒款，很受市场欢迎；奥维娜白葡萄酒年轻时酒色麦黄，果香充盈，带有当地的草本气息，经橡木桶陈年后，酒色会变成金黄色，口感中会发展出奶油的香气。

★**主要种植的白葡萄品种：**维奥娜、玛尔维萨、白歌海娜

★**主要种植的红葡萄品种：**丹魄、歌海娜、格拉西亚诺、马士罗

★**主要的葡萄产区：**奥哈（La Rioja）、巴斯克（the Basque Country）、纳瓦拉（Navarra）

附录：葡萄品种中英文对应表

A

Abbuoto 阿尔伯特

Abouriou 阿布修

Agiorgitko 艾优依提可

Aglianico 艾格尼科

Aidani 艾达尼

Airen 阿依仑

Albanfa 阿巴娜

Albana di Romagna 阿巴娜 - 罗马涅

Albarino 阿尔巴利诺

Albillo 阿比洛

Aleksandrouli 亚历山卓

Alfrocheiro 阿尔巴利诺

Alicante 阿里坎特

Alicante Bouschet 紫北塞

Aligote 阿里高特

Antao Vaz 安桃娃

Aragonez 阿拉哥斯

Aramon 阿拉蒙

Arinto 阿瑞图

Arneis 阿内斯

Arrufiac 阿芙菲雅

Assyrtiko 阿斯提可

Athiri 阿斯瑞

Aurore 晨光

Auxerrois 欧塞瓦

Auxerrois Blanc 白欧泽华

B

Babeasca Neagra 黑巴贝萨卡

Babic 巴比奇

Bacchus 巴克斯

Baco Noir 黑巴科

Baga 巴加

Barbera 巴贝拉

Baroque 巴罗克

Bianco d'Alessano 白阿丽莎诺

Bical 碧卡

Black Queen 黑皇后

Blanc de Morgex 白莫吉卡斯

Blatina 布莱塔那

Blauburger 蓝布尔格尔

Blaufrankisch 蓝佛朗克

Bogdanusa 博格达克

Bombino Bianco 白博比诺

Bonarda 伯纳达

Bordeleza Zuria 巴洛克

Bourboulenc 布布兰

Brancellao 布兰塞亚奥

Braquet 布拉格

Bukettraube 布基特伯

Burgund Mare 勃玛

Busuioaca de Bohotin 布舒瑶克薄荷丁

C

Cabernet Sauvignon 赤霞珠

Cabernet Franc 品丽珠

Cabernet Gernischt 蛇龙珠

Cadarca 加达卡

Cafino Blanco 白卡菲诺

Caino 凯诺

Caino Tinto 黑凯诺

Camaralet 白卡拉多

Canaiolo 卡内奥罗

Cannonau 卡诺乌

Cariffena 佳莉菲娜

Carignan 佳丽酿

Carinena 卡利涅纳

Castelao 卡斯特劳

Catarratto 卡塔拉拉托

Catawba 卡托巴

Cayuga 卡玉佳

Cencibel 森希贝尔

Cercial 赛西尔

Cereza 瑟雷莎

Cesanese 切萨内赛

Chambourcin 香宝馨

Chardonnay 霞多丽

Chasselas 莎斯拉

Chenin Blanc 白诗南

Chinuri 琴纳里

Chkhaveri 莎卡维里

Ciliegiolo 绮丽叶骄罗

Cinsaut 神索

Clairette 克莱雷

Clairette Blanche 白克莱雷

Clairette Gris 灰克莱雷

Colombard 鸽笼白

Colorino 科罗里诺

Concord 康科德

Cornalin 格纳兰

Cortese 柯蒂斯

Counoise 古诺瓦兹

Courbu 库尔布

Courbu Noir 黑库尔布

Criolla 赤欧拉

Crljenak Kastelanski 卡斯特拉瑟丽

D

De Chaunac 德索娜

Delaware 特拉华

Dimyat 迪米亚特

Diolinoir 黛奥琳诺

Divin 迪文

Dobricic 多布里契奇

Dolcetto 多姿桃

Dona Blanca 白夫人

Dornfelder 丹菲特

Duras 杜拉斯

Durella 达莱洛

Dragon Eye 龙眼

Drupeggio 珠佩吉欧

Dzelshavi 泽莎维

E

Ehrenfelser 茵伦芬瑟

Elbing 艾伯灵

Elvira 艾维拉

Emerald Riesling 翡翠雷司令

Encruzado 依克加多

Erbaluce 黎明

Espadeiro 艾斯帕德罗

F

Falanghina 法兰娜

Falerno 富雷诺

Favorita 法沃里达

Fernao Pires 费尔诺皮埃斯

Ferron 费隆

Fer Servadou 费尔莎伐多

Feteasca Neagra 黑姑娘

Feteasca Regala 白公主

Fiano 菲亚诺

Folle Blanche 白福儿

Folle Noir 黑福尔

Forcayat 弗卡亚特

Francusa 法兰奇莎

Frankovka 弗兰戈维卡

Freisa 弗雷伊萨

Friulano 弗留利

Frontenac 芳堤娜

Fuella 福拉

Furmint 富尔民特

G

Galbena de Odobesti 黄奥多贝什蒂

Gamaret 佳玛蕾

Gamay 佳美

Gamza 加姆泽

Garanoir 黑佳拉

Garganega 卡尔卡耐卡

Garnacha Tinta 红歌海娜

Garnacha Tintorera 廷托雷拉歌海娜

Garnacha Negra 黑歌海娜

Glera 歌蕾拉

Godello 格德约

Goruli Rntsvane 哥卢丽

Gouveio 古维欧

Graciano 格拉西亚诺

Grasa 格拉萨

Grasa de Cotnari 科特纳里格拉萨

Grasevina 格雷维纳

Grechetto 格莱切多

Greco di Tufo 图福格雷克

Greco Nero 黑格来克

Grenache 歌海娜

Grenache Blanc 白歌海娜

Grenache Gris 灰歌海娜

Grenache Peluda 多绒歌海娜

Grignolino 格丽尼奥里诺

Gros Manseng 大满胜

Gutedel 古特德

Gruner Veltlinerr 绿维特利纳

H

Hanepoot 哈尼普特

Harslevelu 哈斯莱威路

Hondarribi Beltza 红贝尔萨

Hondarribi Zuri 白苏黎

Humagne Rouge 小胭脂红

Hrvatica 霍瓦蒂卡

I

Italian Riesling 意大利雷司令（贵人香）

Inzolia 尹卓莉亚

Irsay Oliver 伊尔塞奥利维

Isabella 伊莎贝拉

Ives 艾夫斯

Izkiriota Ttipia 小满胜

J

Jaen 珍拿

Jurancon Noir 黑福儿

K

Kadarka 卡达卡

Kakheti 卡赫基

Kakhuri mtsvivani 卡胡里–姆茨威瓦尼

Kartli 卡尔特里

Kekfrankos 卡法兰克斯

Kekmedoc 可梅多克

Kerner 肯纳

Keknyelu 科尼耶鲁

Kisi 基西

Khikhvi 西克维

Koshu 甲州

Krakhuna 卡胡娜

Kraljevina 克劳基维纳

Krstac 跨界

L

L' Acadie Blanc 阿卡迪亚布兰科

Lado 拉多

Lagorthi 拉格斯

Lambrusco 蓝布鲁斯科

Lasina 莱西纳

Laski Rizling 拉斯基瑞兹琳

Lauzet 露泽

Lemberger 莱姆贝格

Len de L' el 兰德乐

Lenoir 乐诺瓦

Loureira 罗雷拉

Loureira Blanca 白罗雷拉

Loureira Tinta 红罗雷拉

M

Macabeo 马家婆（玛卡贝娅）

Magliocco Canino 麦格罗科卡尼诺

Malaga 马拉加

Malbec 马尔贝克

Malvar 玛娃

Malvasia 玛尔维萨

Malvasia Bianca 白玛尔维萨

Malvasia Fina 菲娜玛尔维萨

Malvasia Nera 黑玛尔维萨

Malvazija 玛尔瓦泽亚

Mammolo 玛墨兰

Manastrell 玛纳斯特尔

Mandelaria 曼迪拉里亚

Manseng Noir 黑满胜

Maratheftiko 玛拉思迪克

Marechal Foch 马雷夏尔福煦

Marastina 马拉希娜

Marsanne 玛珊

Marselan 马瑟兰

Marzemino 玛泽米诺

Mataro 马塔罗

Mauzac 莫札克

Mauzac Blanc 白莫扎克

Mavro 玛乌柔

Mavrodaphne 黑月桂

Mayorquin 玛尧圭

Mazuela 马苏埃拉

Mazuelo 马士罗

Merseguera 莫赛格拉

Merlot 梅洛

Melnik 梅尔尼克

Melon de Bourgogne 勃艮第香瓜

Mencia 门西亚

Merwah 默华

Monastrell 莫纳斯特雷尔

Montepulciano 蒙特布查诺

Montravel 蒙哈维尔

Moscadello 莫斯卡德洛

Moscatel 密斯卡岱

Moscatel de Hungria 匈牙利麝香

Moscatel Romano 罗马麝香

Moscato 莫斯卡托

Moscato di Chambave 卡恩巴韦麝香

Moschofilero 玫瑰妃

Mourvedre 慕合怀特

Mouyssagues 莫泽格

Mtsvane kakhuri 密卡胡里

Mujuretuli 莫图里

Muscardin 密思卡丹

Muskat 麝香

Muscat Bailey A 贝利 A 麝香

Muscat Blanc a Petits Grains 小粒白麝香

Muscat Canelli 白麝香

Muscat Hamburg 汉堡麝香（玫瑰香）

Muscat Ottonel 奥托奈麝香

Muller-Thurgau 米勒 - 图高

N

Nebbiolo 内比奥罗

Negrara 奈格拉拉

Negrette 内格瑞特

Negroamaro 黑曼罗

Nerello Mascalese 马斯卡斯奈莱洛

Nero d'Avola 黑美人

Niagara 尼亚加拉

Nielluccio 涅露秋

Norton 诺顿

Nouvelle 驽维乐

O

Obaideh 敖拜德

Ojaleshi 欧嘉乐士

Olaszrizling 欧拉瑞兹琳

Ondenc 昂登

Optima 欧提玛

Ortega 欧特佳

Otskhanuri Sapere 奥茨卡努利 - 萨佩丽

Ottonel Muskotaly 奥托奈麝香

P

Pardina 帕尔迪纳

Parellada 帕雷亚达

Pagadebit 佩格贝碧特

Palomino 帕洛米诺

Palomino de Jerez 赫雷斯帕洛米诺

Pansal 潘萨

Pansa Blanca 白潘萨

Pansa Rosada 玫瑰潘萨

Pedro Ximenez 佩德罗 - 希梅内斯

Petite Arvine 小奥铭

Petite Sirah 小西拉

Petit Bouschet 小北塞

Petit & Gros Rouge 小胭脂红

Petit Manseng 小满胜

Petit Verdot 味而多

Picardan 琵卡单

Picpoul 匹格普勒

Picpoul Blanc 白匹格普勒

Picpoul Gris 灰匹格普勒

Picpoul Noir 黑匹格普勒

Picolit 皮科里特

Piedirosso 派迪洛索

Pimid 帕米德

Pinotage 皮诺塔吉

Pinot Blanc 白皮诺

Pinot Gris 灰皮诺

Pinot Meunier 莫尼耶皮诺

Pinot Noir 黑皮诺

Planta Fina 普兰塔菲纳

Planta Nova 普兰塔诺瓦

Plavac Mali 普拉瓦茨马里（小兰珍珠）

Plavina 普拉维娜

Portugieser 葡萄牙人

Primitivo 普里米蒂沃

Procanico 普罗卡尼可

Prosecco 普罗塞克

Prunelard 黑普鲁内拉

R

Rabigato 拉比加多

Rabo de Ovelha 羔羊尾

Raffiat 拉菲亚

Ranfol 兰芳

Red Misket 切尔文麝香

Red Sentlovrenka 圣劳伦

Refosco 莱弗斯科

Rhein Riesling 莱茵雷司令

Ribolla 丽波拉

Riesling 雷司令

Rivaner 雷万尼

Rkatzeteli 白羽

Robola 罗柏拉

Roditis 荣迪思

Rolle 侯尔

Rose Honey 玫瑰蜜

Roupeiro 胡佩里奥

Roussanne 瑚珊

Rumeni Muskat 金麝香

S

Sagrantino 萨格兰蒂诺

Sainte-Croix 圣克罗伊

Samso 珊素

Sangiovese 桑娇维塞

Sangiovese di Romagna 罗马涅桑娇维塞

Saperavi 萨别拉维（晚红蜜）

Sauvignon Blanc 长相思

Sauvignon Gris 灰苏维翁

Savagnin 萨瓦涅

Savatiano 洒瓦滴诺

Schiava 司琪亚娃

Schioppettino 斯奇派蒂诺

Sciacarello 夏卡雷罗

Seigfried Rebe 齐格弗里德

Semillon 赛美蓉

Sercial 舍西亚尔

Severny 塞佛尼

Seyval Blanc 白谢瓦尔

Shavkapito 莎乌卡托

Sideritis 西德瑞提斯

Silvanec 西万尼

Scheurebe 施埃博

Spatburgunder 斯贝博贡德

Smederevka 思美德拉卡

Souson 索松

Souzao 维毫

Stanushina 斯多娜

Subirat 苏比拉特

Sultana 苏丹娜

Sumoll 苏莫尔

Syrah 西拉

T

Taitska 骑士卡

Tamaioasa Romaneasca 罗曼尼斯卡塔马萨

Taurasi 图拉斯

Tavkveri 塔夫克

Tazzelenghe 塔泽灵

Tempranillo 丹魄

Teran 特朗

Terret Noir 黑特蕾

Thompson Seedless 汤普森无核

Tibouren 堤布宏

Tinta Barocca 红巴罗卡

Tinta de Toro 红多罗

Tinta del Pais 丹魄（西班牙称法）

Tinta Roriz 罗丽红

Tinto Cao 猎狗

Tintorera 廷托雷

Tocai friuliano 托凯福利阿诺

Torrontes 特浓情

Tortosi 托尔托丝

Touriga 多瑞加

Touriga Francesa 国产弗兰卡

Touriga National 国产多瑞加

Traminer 琼瑶浆

Traminette 塔明内

Tramini 特拉米尼

Trbljan 特比昂

Trebbiano di Romagna 特雷比奥罗 - 罗马涅

Trebbiano toscano 特雷比奥罗

Treixadura 特雷萨杜拉

Trepat 查帕

Trincadeira 特林加岱拉

Trnjak 土加克

Trollinger 特罗灵格

Tsaoussi 托阿斯

Tsitska 吉斯卡

Tsolikouri 索利格乌里

Turbiana 特比安娜

U

Ugni Blanc 白玉霓

Usakhelouri 优艾罗

Uva di Troia 托雅

V

Vaccarese 瓦卡瑞斯

V.amurensis 山葡萄

Verdeca 维戴卡

Verdejo 弗德乔

Verdelho 华帝露

Verdicchio 维蒂奇诺

Verduzzo 维多佐

Vermentino 维蒙蒂诺

Vernaccia di San Gimignano 圣吉米亚诺维奈西卡

Vespaiola 维斯派拉

Vidal 威代尔

Vignoles 维诺

Viognier 维欧尼

Viosinho 维欧新

Vitovska Grganja 维托斯卡

Viura 维奥娜

Volitza 维里塔扎

Vranac 威尔娜

Vranec 韵丽

W

Weissburgunder 威斯堡格德

Weisser Riesling 维斯雷司令

X

Xarel-lo 沙雷洛

Xinomavro 黑喜诺

Xynisteri 辛尼特瑞

Z

Zefir 泽菲尔

Zierfandler 津芳德尔

Zilavka 兹拉卡

Zinfandel 仙粉黛

Zweigelt 兹威格